JN144885

# 天球のラビリンス III

Labyrinth Celestial Sphere

## 自己回帰調和波と分数形式の加法合成原理

佐俣 満夫

丸善プラネット

# はじめに

本書は天球のラビリンスII—球体類の加法合成原理—(第2巻)の続巻である．第2巻では加法合成原理を用いて球体類に属する多様体や自己回帰調和波について，その基礎事項を述べたが，本書は第2巻の応用編となっている．球体類としての自己回帰調和波は従来の直線波に対して循環する波であり，諸科学での基礎的な解析モデルや数値化などへの活用が期待される．また，卵形やサナギ形などの極めて興味深い多様体や多穴トーラスなどの位相構造等についても述べられている．第2巻では球体類の和，積などの加法合成原理について述べたが，本書では新たに分数形式の加法合成原理について述べることによって，加法合成原理の幾何学的四則演算を確立した．さらに，無限を確率の中に取り込むと何が見えるかなどを明かす．本書では従来の数学とは違い図形のもつ対称性から論理や算術が導かれる方法をとっており，新たな方法論による豊富な図形を載せた今までにない幾何学書となっている．

本書の内容は6編より構成されている．第1編は第1章に加法合成原理の基礎をわかりやすく説明してあり，本書だけでも理解できるように工夫されている．第2編では自己回帰調和波としての表面波を扱い，第2章では傾斜した円環波，第3章では様々な球面波，第4章ではトーラスの表面波，第5章では楕円体上での表面波，第6章では球の極を通過する球面波，第7章では2重になった円環波について述べている．第3編では流動波とラセン波を扱い，第8章では多様体内部での流動波，第9章では多様体内部で自己回帰するラセン波とその族について述べている．第4編では分数形式の加法合成原理について解説し，第10章では分数形式の加法合成原理の基礎について，第11章ではその原理を応用した各論となっている．第5編では球体類から得られる特殊な多様体を扱う．第12章では3次元空間での卵形体とサナギ形多様体，第13章では水平円環波の回転体，第14章では波状環トーラス，第15章では多孔2重球体と多穴トーラスの関係，第16章ではクラインの壺と穴あきU字管トーラスなど，極めて興味深い特殊な多様体について議論されている．第 6 編では球体類の確率表現について述べている．第 17 章では多様体内部の確率的一様性，第 18 章では第 3 種の多様体や自己回帰調和波の確率表現となっている．

いずれも多くの図形を用いて詳細に説明し，さらに，各論では図形によるたくさんの事例を紹介し，わかりやすくなるように工夫されている．

2017 年 4 月 1 日

佐　俣　満　夫

# プロローグ

むかしむかし　・・・・
ここはギリシャのアカデミアである.

カーン，カーン，カーン

アカデミアの一角から，木槌の音が聞こえてくる.
学舎の中にいた生徒たちは
「あっ，木槌の音だ．これはユークリッド先生の講義が始まるから，中庭に集まれという合図だ」
生徒たちは急いで中庭を目指して駆け出していく.
中庭には１本の線が引いてあり，線の向こうには砂が敷かれてきれいに清められている.
線のこちら側が生徒たちの集まる場所で，線の向こう側は生徒が絶対に入ってはいけない聖域なのだ.
砂敷きの左右にはアカデミアの副官たちが恭しくすわっている.
副官たちの後ろから白髪の老人が一人現れて砂敷きの中央に立つ.
「あっ，ユークリッド先生だ」
これまでガヤガヤ騒いでいた生徒たちが急に騒ぎをやめ，あたりは静寂につつまれる.
「これから，諸君たちに数と形の話をしよう」

「これまでわれわれは丸，四角，三角などのわれわれの最もよく知っている形の説明には，このように絵を画いて説明してきた」
その老人は近くに落ちていた手ごろな小枝を１本拾って，おもむろに砂の上に絵を描き始めた．
次に，清められた砂の上に小枝の先を突き立て
「さて，これは点である」
と言い，さらに小枝の先を横に伸ばして
「これは線である」
「点の本質的な性質とは何か．線の本質的な性質とは何か．わたしはこれに答えようと思う」
生徒たちからは咳声１つでない．あたりはますます緊張した静寂につつまれていく．
「点とは部分や大きさをもたないものである．そして線には幅があってはいけない」
「それゆえ，線の端は点でなければならぬ」
そのとき，生徒たちの間から，誰となくオーという感嘆の声がもれた．
「これらの性質は誰もが認め得ることがらであり，説明の余地はない．そしてこれらの事柄を結びつける性質として，全体は部分より大きいのであり，等しいものに等しいもの同士はこれも等しいのである」
このようにしてユークリッド先生の話は続いていく　・・・

「以上で今日のわたしの話は終わりだ．終わる前に一言いっておこう．今までわたしはこの絵を見ないで言葉だけで説明してきた．つまり，ことの本質を表した言葉があればなにもいちいち絵をかく必要はない．どこで，誰にでも言葉で説明すればよい．したがって今わたしの描いたこの絵も必要ない・・・　」
おもむろに，ゆっくりとユークリッドは片方の足で砂敷きに描かれた絵を消し始めた．

そのとき，生徒たちの後方に立っていた一人の若者が生徒たちをかき分けて前に出てきながら叫んだ．
「先生，その絵は消さないでください」
若者は既に生徒が絶対に越えてはいけない一線を越え，砂敷きの中まで入ってきて，もう一度叫んだ．

「先生，その絵は消さないでください」
びっくりした副官が慌ててその若者を取り押さえて，ユークリッドの前にひれふせさせた.
ユークリッドは「もうよい」と言ってもっていた小枝を置いてその場を後にした.
若者はその場で，しばらくその消えかかった絵を見続けていた.

若者が気づくともうその場には誰もいなくなっていた．ただ若者の傍に副官が一人立っていた．若者は副官にか細い声で言った.
「先生や副官さまにたいへんご迷惑をおかけして申し訳ございません」
「もうそれはよい．しかし，一線を越えてしまった君はもうこのアカデミアにはいられないことは，わかっておろうな」
「は・・・　はい．わかっております」
「それではわたしの荷物をまとめてきます」
「いや，もう既にわしがまとめてここにもってきておる」
副官は小さな麻袋を右手にもってきていた．そして副官は講義のときユークリッドの使った小枝を拾いながら言った.
「先ほど先生のところへ行き君の非礼を詫びたが，先生は何も申されなかった．ただわしが部屋を出るとき，一言その若者にわたしの使った小枝をもたせてやりなさいと申された」と言って小枝と麻袋を若者に渡した.

若者は小枝と麻袋をもって副官に向き直って深く頭を下げて
「本当におせわになりました．わたしは今すぐここを去ります」
副官は若者の肩に手を載せて
「ところでここを出て，いずこに行くのだ」
「はい，オリエントへ行こうかと思います」
「ほぉー，オリエントへか・・・」
若者は東の方角へと歩き出した.
すでにアカデミアの空は夕焼けに染まりつつあった.
副官は小さくなっていく若者の背をいつまでも見送っていた　・・・
「オリエントへか・・・」

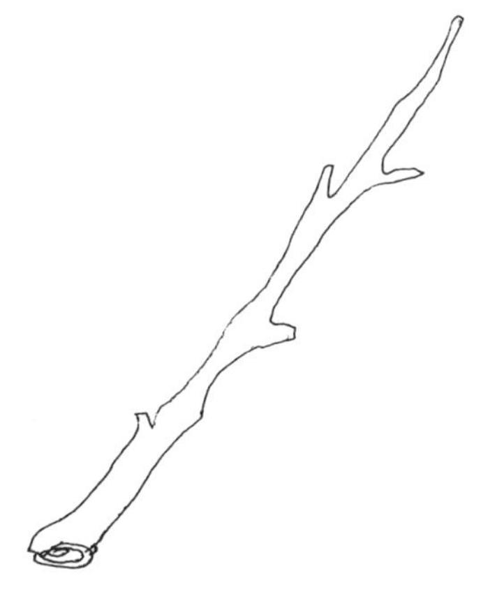

# 目　次

## 第3編　流動波とラセン波



## 第4編　分数形式の加法合成原理



## 第5編　特殊な多様体

## 第6編　球体類の確率表現

# 「天球のラビリンスⅡ」構成

## 第１編　基礎論

### 第１章　加法合成原理 (1)

1.1　球体類の球体次元
1.2　加法合成における和
1.3　加法合成における積
1.4　３次元での加法合成

### 第２章　加法合成原理 (2)

2.1　加法合成図の作成方法
2.2　従属円の回転方向
2.3　加法合成における既約形式と可約形式
2.4　加法合成図と構造図
2.5　自己相似

## 第２編　一般楕円環トーラスと傾斜楕円環トーラス

### 第３章　一般楕円環トーラス族

3.1　一般楕円環トーラスの加法合成
3.2　一般楕円環トーラス族
3.3　一般楕円環トーラスの可約形式

### 第４章　傾斜楕円環トーラス族

4.1　２次元でのパラメータ型傾斜楕円
4.2　３次元での傾斜楕円環トーラスの加法合成
4.3　傾斜楕円環トーラス族 (1)
4.4　傾斜楕円環トーラス族 (2)

## 第３編　クローバー族と２重ハートタイプ

### 第５章　クローバー曲線族

5.1　クローバー曲線
5.2　クローバー曲線上の楕円
5.3　クローバー曲線上の円
5.4　クラッシュパイの加法合成

### 第６章　２次元でのパターン分類

6.1　同形タイプ
6.2　楕円タイプ
6.3　クローバータイプ
6.4　傾斜楕円タイプ

### 第７章　多葉クローバー族

7.1　倍角三角関数による多葉クローバータイプ
7.2　３次元空間での GET への多葉クローバー環の埋め込み
7.3　２次元クローバーの３次元回転
7.4　倍角クローバー族と倍角クローバー環

### 第８章　半倍角クローバー族

8.1　２次元半倍角クローバー
8.2　３次元半倍角クローバー環

### 第９章　２重ハートタイプ

9.1　２次元２重ハートタイプ
9.2　３次元２重ハート環トーラス

## 第4編　波動ポテンシャルと波動空間



## 第5編　球の内部反転

## 英文略記号

ADE　：全方位楕円体
CET　：円環楕円トーラス
CT　：円環トーラス
DCW　：2 重調和円環波
DEW　：2 重調和楕円環波
DHC　：2 重ハートタイプ
DHCT　：2 重ハート環トーラス
CLV　：クローバー曲線
CN　：円錐
EGGB　：卵形体
EIFW　：楕円体内流動波
FSRW　：分数形式の自己回帰調和波
GET　：一般楕円環トーラス
GETW　：一般楕円環トーラス表面波
GHSW　：一般調和球面波
GHTW　：一般調和円環トーラス表面波
GPD　：幾何確率密度
GPM　：幾何確率測度
GU　：幾何ユニット
HCNW　：調和傾斜円環波
HCTW　：調和円環トーラス表面波
HCW　：調和円環波
HENW　：調和傾斜楕円環波
HEW　：調和楕円環波
HFW　：調和流動波
HMP　：調和周期
HREW　：回転楕円体表面波
HRM　：水平円環波の回転体
HSW　：調和球面波
ICF　：無理数の切断関数

MCET　：多葉クローバー環
MCL　：多葉クローバー
MCT　：倍角クローバー環
MFGW　：多葉クローバー型楕円環流動波
MHS　：多孔 2 重球体
PCEW　：pole 交点型多葉クローバー楕円体表面波
PCSW　：pole 交点型多葉クローバー球面波
PPB　：サナギ形多様体
PSW　：射影球面波
SCC　：単連続曲線
SHS　：単孔 2 重球体
SIFW　：球内流動波
SPGW　：自己回帰ラセン波
SPM　：紡錘体
SRHW　：自己回帰調和波
TET　：ねじれ楕円環トーラス
THS　：2 孔 2 重球体
TSW　：第 3 種の自己回帰調和波
WCT　：波状環トーラス
WMCT　：波状環トーラスによる多葉クローバー環
WMSW　：波状環自己回帰ラセン波

## その他の記号

if～rejection　：サンプリングの棄却
$\mathfrak{C}(\quad)$　：切断代数の作用素
$\xi$　：波動ポテンシャル
Ⱦ$(T)$　：ターミナル関数（$T$ 関数）
‖Pr　：確率空間
～|except　：～を除く

# 第 1 編

# 基 礎 論

# 第 1 章

# 球体類と加法合成

球体類とは，本シリーズ第 1 巻の主に第 16 章で定義された多様体の族である．第 2 巻では球体類の基本的解析方法として加法合成原理を述べ，各論として代表的な球体類としての多様体や自己回帰調和波について議論した．本書ではさらなる発展として，球体類の表面波，分数形式の加法合成および球体類の特殊な多様体などが議論される．これらの議論には，第 2 巻での加法合成原理のさらなる発展が要求される．したがって，本章では第 1 巻および第 2 巻での球体類や加法合成原理の要約を述べておく．また，この第 3 巻で議論されるのはほとんどが 3 次元空間での加法合成であるので，第 2 巻の 1.4 節の議論だけでは不十分と考えられ，3 次元空間での加法合成および加法合成図の作成方法の詳細について，なるべく平易にここでまとめるようにした．さらに，第 3 巻で必要となる補足事項や本書を読むにあたって混同しやすい概念の相異などについても解説を加えた．さらに，本書での記述はすべて実数空間 $\mathbb{R}^3$ に張られた直交座標系 $\Gamma(x,y,z)$ を前提にしているので，各パラグラフでは必要な場合以外は煩雑を避けて省いていることに注意しよう．なお，第 1 巻および第 2 巻を十分理解された読者には本章は飛ばして読まれてもよい．

## 1.1　球体類

球体類は基体として単一もしくは複数の球をもち，この基体となる球体により分類，構成された多様体の族を球体類とよぶ．球体類の基体となる球体の数を $n$ として球体類を $SM(n)$ で表す．したがって，球体類は主に三角パラメータ演算式の群によって表現される．また，球体類で重要なことは，位相縮退あるいは拡大という操作により基体となる球体を減らしたり，増やしたりすることにより，トーラスから球などへと連続的に変換することが可能なことである．その代表的な例として一般楕円環トーラスGET（general ellipse torus）から球への変換過程を示そう．

一般楕円環トーラスGETのパラメータ式は3次元で次のように与えられる．

$$
\begin{aligned}
x &= (R_1 + R_3 \cos\nu)\cos\theta \\
y &= (R_2 + R_4 \cos\nu)\sin\theta \\
z &= R_5 \sin\nu
\end{aligned}
\tag{1.1.1}
$$

ここで，$R_1$〜$R_5$は主円$C_1$〜$C_5$の半径であるが，3次元空間においてはこの$R_1$〜$R_5$は基体となる球$S_1$〜$S_5$の半径となる．また，図1.1.1にGETの作図における基本楕円環内での$S_1$〜$S_5$を示す．これよりGETの球体次元数は$SM(5)$である．詳細は第1巻16.1.4節を参照してほしい．式(1.1.1)からの代表的な変換過程は次のようになる．

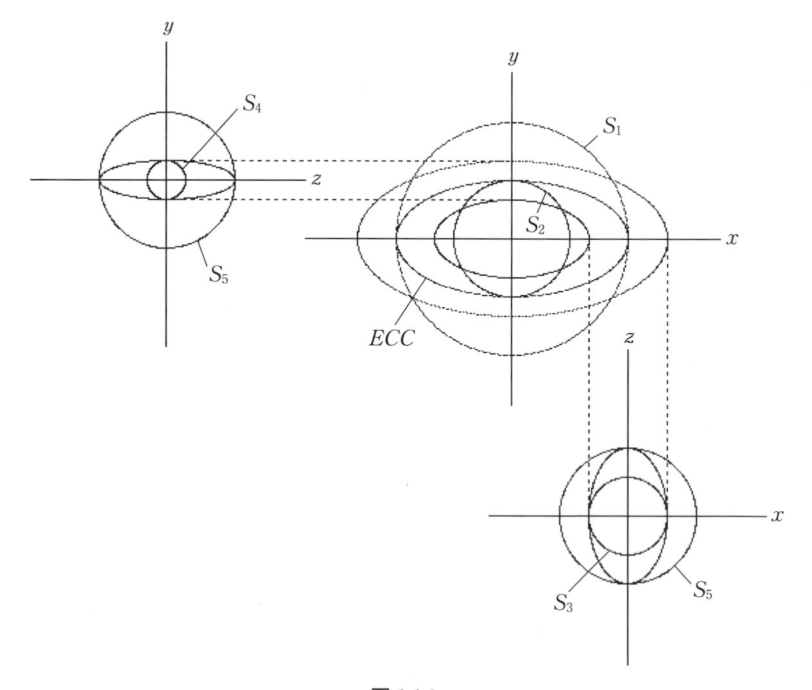


**図 1.1.1**

**〈円環トーラス〉**

式(1.1.1)において

$$R_1 = R_2 = R$$
$$R_3 = R_4 = R_5 = r \qquad (1.1.2)$$
$$R > r$$

**〈全方位楕円体〉**

式(1.1.1)において

$$R_1 = R_2 = 0$$
$$R_3 = r_1$$
$$R_4 = r_2 \qquad (1.1.3)$$
$$R_5 = r_3$$

**〈球〉**

式(1.1.1)において

$$R_1 = R_2 = 0$$
$$R_3 = R_4 = R_5 = R \qquad (1.1.4)$$

で与えられる．これらのパラメータ式は3次元空間での2次元曲面を形成するが，式(1.1.1)の内部空間に別の多様体を埋め込むことができる．さらに，表面や内部空間に閉1次曲線の埋め込みによって，後述するような多様な自己回帰調和波を形成することが可能となる．

## 1.2　3次元での加法合成

式(1.1.1)のように，複数のパラメータ式より構成された多様体Gのパラメータ演算式を幾何ユニットGUに分離し，その積としての合成と，和としての加法により，各幾何ユニットの構造を調べ，その各幾何ユニットの構造からGの全体構造を構築していく方法を加法合成（additive composition）とよぶ．2次元の場合は，2次元平面に描かれた加法合成図をそのままみて行けばよいが，3次元では直交座標系$\Gamma(x, y, z)$に張られた$xy$面，$yz$面，$zx$面などの上にそれぞれで得られた基底点（軌跡点）を作成し，面から面へと写像しなければならない．たとえば，はじめに$xy$面で2次元平面での軌跡点としての基底点$\mathrm{P}_1$を作成し，$\mathrm{P}_1$を$zx$面に写像し$\mathrm{P}_1$を中心とした加法合成図を$z$方向に作図する．さらに，多様体全体の軌跡点と

なる $zx$ 面での基底点Pを作成することになる．われわれは2次元平面には明るいのであるが，3次元立体になると急に暗くなるのが常である．何かの機械部品を3方向からの設計図により製品をイメージすることと似ているので，ぜひ慣れてほしい．ここでは3次元での加法合成の例として，円環トーラスCTの加法合成図の作り方あるいは見方についてみていこう．

円環トーラスCTのパラメータ式は，式(1.1.1)に式(1.1.2)を代入して次のように与えられる．

$$\begin{aligned} x &= (R + r\cos\nu)\cos\theta \\ y &= (R + r\cos\nu)\sin\theta \\ z &= r\sin\nu \end{aligned} \tag{1.2.1}$$

式(1.2.1)で与えられるCTの概念図を図1.2.1に示す．CTの中心は $\Gamma(x, y, z)$ の原点oである．$CC$ は外円 $C_1$ の中心Aが通る軌跡としての中央円である．ここで $CC$ の半径は $R$ であり，$C_1$ の半径が $r$ である．図1.2.1では $xy$ 面でAが $xy$ 面を回転する角度を $\theta$ とすると $\angle x\mathrm{oA} = \theta$ となり，CTの軌跡点Pが $C_1$ を回転する角度を $\nu$ とすると，$\angle L\mathrm{AP} = \nu$ で与えられる．これにより $\theta$，$\nu = 0 \sim 2\pi$ の間で軌跡点PはCTの表面を稠密に覆う．ここで注意したいのは，$\theta$ の細分 $\delta\theta$ ごとに $\nu = 0 \sim 2\pi$ による $C_1$ の円が形成される必要があるということである．

さて，加法合成原理では幾何ユニットGUへの分離と組み合わせが重要となるのであるが，そのとき幾何ユニットには既約形式と可約形式があり，既約形式とは幾何ユニットがこれ以上因数分解可能な因子に分解できない形式であり，可約形式とは因数分解可能な形式である．また，加法合成式を幾何学的に説明するために，加法合成図を描く必要があるが，加法合成図は各GUの基底点の写像関係を明確にす

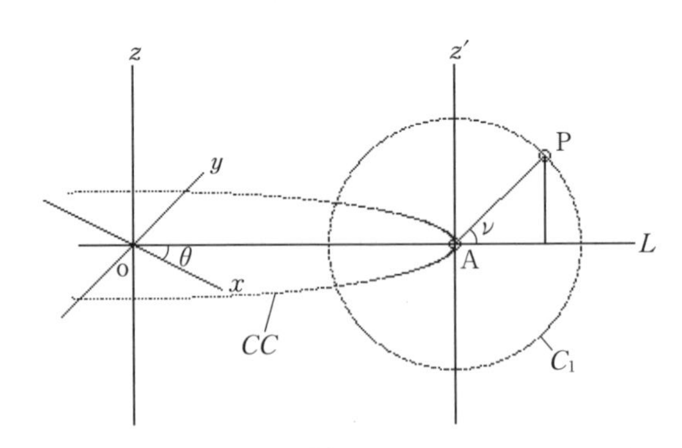


**図1.2.1**

る図であるから，図中の角度や半径などの計量は常に保たれなければならない．ここでは，円環トーラスの既約形式と可約形式による加法合成図の比較と実際を具体的にみていく．

### 1.2.1　円環トーラスの既約形式

式(1.2.1)の $x$，$y$ 成分を既約なユニットに分離すると加法合成式は次式のようになる．

$$\begin{pmatrix} x \\ y \end{pmatrix} = \begin{pmatrix} x_1 = R\cos\theta \\ y_1 = R\sin\theta \end{pmatrix}_{P_1} + \begin{pmatrix} x_2 = r\cos\nu\cos\theta \\ y_2 = r\cos\nu\sin\theta \end{pmatrix}_{P_2} \tag{1.2.2}$$

ここで，$P_1$は幾何ユニット$(x_1, y_1)$での基底点であり，$P_2$は幾何ユニット$(x_2, y_2)$での基底点である．これより，CT が $xy$ 面で描く軌跡点は $P_2$ となる．既約形式での $xy$ 面での加法合成図を図 1.2.2(1)に示す．CT の中央円 $CC$ の半径と外円 $C_1$ の半径は

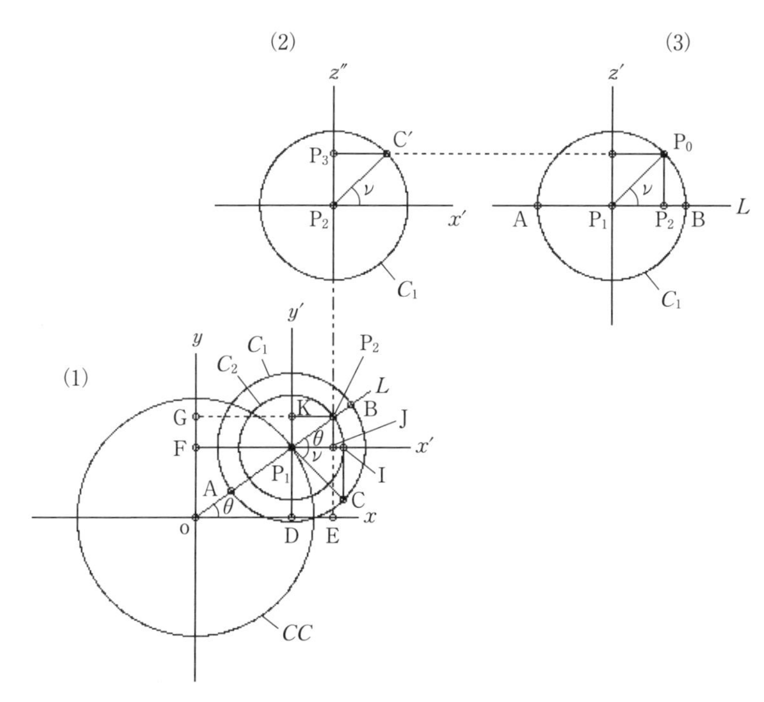


図 1.2.2

$$CC：半径\quad R=\overline{\mathrm{oP_1}}$$
$$C_1：半径\quad r=\overline{\mathrm{CP_1}} \tag{1.2.3}$$

である．まず，中央円 $CC$ 上を回転する外円 $C_1$ の中心点を $\mathrm{P_1}$ とすると，$\mathrm{P_1}$ は $x$ 軸から角度 $\theta$ で反時計回りに回転しているとしよう．このとき，加法合成図ではこの $\theta$ はすべて同じ値を指定して図を作成しなければならない．また，円半径など他の計量もすべて同じ操作である．この操作によって基底点間の写像が可能となる．そこで $\mathrm{P_1}(x_1, y_1)$ として図 1.2.2(1) から $x_1$，$y_1$ の値を求めよう．$x_1$ は $\overline{\mathrm{oD}}$ であり，$y_1$ は $\overline{\mathrm{oF}}$ であるから，

$$x_1=\overline{\mathrm{oD}}=\overline{\mathrm{oP_1}}\cos\theta=R\cos\theta$$
$$y_1=\overline{\mathrm{oF}}=\overline{\mathrm{oP_1}}\sin\theta=R\sin\theta \tag{1.2.4}$$

で与えられる．これより，式(1.2.4)の作図は式(1.2.2)の右辺第1項の幾何ユニットの加法合成図となっている．次に，$\mathrm{P_1}$ を中心にもつ基底点 $\mathrm{P_2}$ の作図に移ろう．これは式(1.2.2)の右辺第2項の幾何ユニットの加法合成図の作成となるのであるが，第2項は cos と sin の作用素の合成となっている．そこでまず $x$，$y$ 軸と平行に $\mathrm{P_1}$ を原点とした従属座標 $(x', y')$ をとろう．そして第2項中の $r\cos\nu$ の作図を行う．このとき角度 $\nu$ による $r\cos\nu$ の値は $x'$ 軸上にとる．すると，

△$\mathrm{P_1CI}$ について，

$$\overline{\mathrm{P_1I}}=\overline{\mathrm{P_1C}}\cos\nu=r\cos\nu \tag{1.2.5}$$

を得る．ここで，この $r\cos\nu$ の上に $\theta$ の項を合成するために，$\mathrm{P_1}$ を中心にした半径 $\overline{\mathrm{P_1I}}$ の新たな円 $C_2$ を作成する．$C_2$ は主円 $C_1$ から導かれた従属円となっている．この $C_2$ はあくまで $\theta$ の項を合成するための補助円なのであるから，式(1.2.5)が成り立つならば，$\nu$ はどの位置にとってもよいのである．これより，

$$C_2：半径=\overline{\mathrm{P_1I}}=r\cos\nu \tag{1.2.6}$$

である．ここで，この $C_2$ 上に $x'$ 軸から角度 $\theta$ による基底点 $\mathrm{P_2}$ をとる．

また，△$\mathrm{P_1JP_2}$ について，

$$\overline{\mathrm{P_1I}}=\overline{\mathrm{P_1P_2}}$$
$$\overline{\mathrm{P_1J}}=\overline{\mathrm{P_1P_2}}\cos\theta=r\cos\nu\cos\theta \tag{1.2.7}$$
$$\overline{\mathrm{P_1K}}=\overline{\mathrm{P_1P_2}}\sin\theta=r\cos\nu\sin\theta$$

を得る．この $\overline{\mathrm{P_1J}}$ と $\overline{\mathrm{P_1K}}$ はそれぞれ $(x', y')$ 座標上の距離であるから，これを $(x, y)$ 座標上に戻すと，$x_2$ と $y_2$ の値はそれぞれ

$$x_2=\overline{\mathrm{DE}}=\overline{\mathrm{P_1J}}=r\cos\nu\cos\theta$$
$$y_2=\overline{\mathrm{FG}}=\overline{\mathrm{P_1K}}=r\cos\nu\sin\theta \tag{1.2.8}$$

となる．式(1.2.8)より式(1.2.2)右辺第2項の幾何ユニットの加法合成が得られた

ことになる．これを $x$，$y$ 成分の加法合成式に直すと，

$$\begin{pmatrix} x \\ y \end{pmatrix} = \begin{pmatrix} x_1 \\ y_1 \end{pmatrix}_{\mathrm{P}_1} + \begin{pmatrix} x_2 \\ y_2 \end{pmatrix}_{\mathrm{P}_2}$$
$$x = \overline{\mathrm{oE}} = \overline{\mathrm{oD}} + \overline{\mathrm{DE}} \tag{1.2.9}$$
$$y = \overline{\mathrm{oG}} = \overline{\mathrm{oF}} + \overline{\mathrm{FG}}$$

で与えられる．さて，この図 1.2.2(1) は一見して何を意味しているのかわからないと思われる読者も少なくないであろう．この図(1)中の原点 o からの線 $L$ は図 1.2.1 での $L$ 線と同じものである．この $L$ 線上の A～B の間を $\mathrm{P}_1$ を中心とした $z$ 方向の $C_1$ の外円が回転するため，$xy$ 面上ではこの A～B の間を $\mathrm{P}_2$ の軌跡点が動くという意味である．

これで，$xy$ 面での加法合成図が作成されたので，次に $z$ 方向の加法合成に移ろう．3次元の場合，$x$，$y$ 成分の幾何ユニットの集合を $[\mathrm{GU}]_{xy}$ とし，$z$ 成分の幾何ユニットの集合を $[\mathrm{GU}]_z$ とすると3次元での加法合成式は

$$(x, y, z) = [\mathrm{GU}]_{xy} : \mathrm{P}_2 \oplus [\mathrm{GU}]_z : \mathrm{P}_0 \tag{1.2.10}$$

で表される．ここで⊕の記号は幾何学的直和を表す記号であるが，この場合は $xy$ 面に作成された基底点 $\mathrm{P}_2$ 上の直角方向の $z$ 方向に $[\mathrm{GU}]_z : \mathrm{P}_0$ による加法合成図を作成するという意味である．これを図 1.2.2(2) に示す．図(2)は $(x', z'')$ 座標となっている．このとき図(1)：$\mathrm{P}_2 \rightarrow \mathrm{P}_2$：図(2)へと $\mathrm{P}_2$ は写像される．また，図(2)での $x'$ 軸は本来は $xy$ 面を水平に見たときの面と考えてよい．ここで欲しい値は $z$ 方向の $\overline{\mathrm{P}_2\mathrm{P}_3}$ の値である．よって，図 1.2.2(2) において，

$$C_1 : \text{半径} = r = \overline{\mathrm{P}_2\mathrm{C}'}$$

であるから

$$z = \overline{\mathrm{P}_2\mathrm{P}_3} = \overline{\mathrm{P}_2\mathrm{C}'} \sin\nu = r \sin\nu \tag{1.2.11}$$

で与えられる．これより，角度 $\theta$，$\nu$ および半径距離 $R$，$r$ を固定値として，図 1.2.2(1)，(2) より

$$x = \overline{\mathrm{oE}}$$
$$y = \overline{\mathrm{oG}} \tag{1.2.12}$$
$$z = \overline{\mathrm{P}_2\mathrm{P}_3}$$

である．たしかに加法合成図の図(1)，(2)だけからでは，一見して円環トーラスの構造が思い浮かばないかもしれない．そこで，補助図として図 1.2.2(3) を加える．図(3)は図(1)中の $L$ 線を水平軸にして，$L$ 線上の $\mathrm{P}_1$ 点の垂直方向に $z'$ 軸をとったものである．これによって図(1)では外円 $C_1$ の中心 $\mathrm{P}_1$ が角度 $\theta$ で $CC$ 上を回転し，図(3)からは $\mathrm{P}_1$ を中心とした $z$ 方向の $C_1$ 上を軌跡点 $\mathrm{P}_0$ が角度 $\nu$ で回転していることを

とがわかる．これより基底点の写像は

$$P_1 \to P_2 \to P_3 \to P_0 \tag{1.2.13}$$

となって，$P_0$ が CT での軌跡点となる．

### 1.2.2　円環トーラスの可約形式

図 1.2.2 は式(1.2.2)による既約形式での加法合成であったが，ここでは可約形式による加法合成を示そう．式(1.2.1)の $x$，$y$ 成分はそのままで 1 つの可約ユニットになっているから，加法合成式は

$$\begin{aligned} x &= (R + r\cos\nu)\circ\cos\theta \\ y &= (R + r\cos\nu)\circ\sin\theta \end{aligned} \tag{1.2.14}$$

で表される．式(1.2.14)中の“∘”は合成記号であり幾何学的積を表す．この場合，$x$，$y$ 成分の $(R+r\cos\nu)$ の項を 1 つの幾何ユニットとして扱う．この場合の加法合成図を図 1.2.3 に示す．図 1.2.3 では，$x$ 軸から $\theta$ だけ回転した $L$ 線を基本軸として構成されている．したがって，図(1)では $(x, y)$ の座標系のほうが回転するように描かれている．ここで，図 1.2.3(1)において

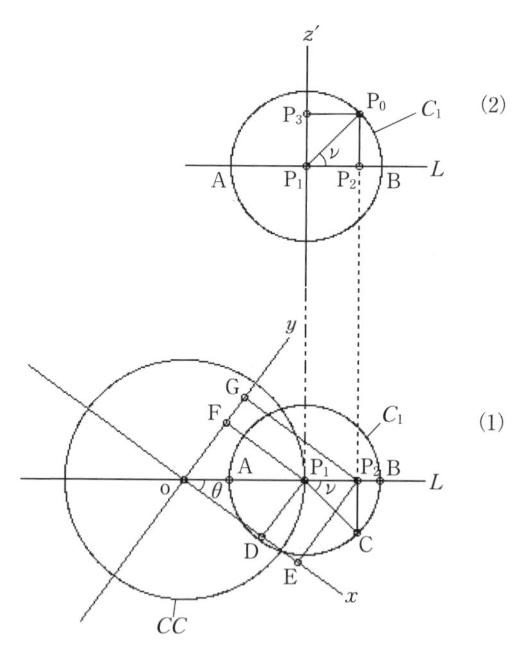


図 1.2.3

$$CC：半径 = R = \overline{\mathrm{oP_1}}$$
$$C_1：半径 = r = \overline{\mathrm{P_1C}} = \overline{\mathrm{P_1B}} = \overline{\mathrm{P_1A}} \quad (1.2.15)$$

である．そこで，$L$ 線上で $(R + r\cos\nu)$ の距離を求めよう．$\triangle\mathrm{P_1CP_2}$ より，

$$\overline{\mathrm{P_1P_2}} = \overline{\mathrm{P_1C}}\cos\nu = r\cos\nu \quad (1.2.16)$$

さらに，

$$\overline{\mathrm{oP_2}} = \overline{\mathrm{oP_1}} + \overline{\mathrm{P_1P_2}}$$
$$= R + r\cos\nu \quad (1.2.17)$$

となって，$L$ 線上で $(R + r\cos\nu)$ の距離は $\overline{\mathrm{oP_2}}$ で与えられる．そこで図(1)で $L$ 線上の距離 $\overline{\mathrm{oP_2}}$ を $\mathrm{P_2}(x, y)$ として角度 $\theta$ 回転した $x$，$y$ 軸の $x$，$y$ 値にそれぞれ振り分けよう．

$\mathrm{P_2}(x, y)$：

$$x = \overline{\mathrm{oE}} = \overline{\mathrm{oP_2}}\cos\theta = (R + r\cos\nu)\cos\theta$$
$$y = \overline{\mathrm{oG}} = \overline{\mathrm{oP_2}}\sin\theta = (R + r\cos\nu)\sin\theta \quad (1.2.18)$$

この式(1.2.18)が $x$，$y$ 成分の可約形式より得られた式(1.2.14)である．さて，$xy$ 面では中央円 $CC$ 上の $\mathrm{P_1}$ が円環トーラスの外円 $C_1$ の中心点であるから，図(1)での $L$ 線上の $C_1$ をそのまま上方へ平行移動させて，平行移動させた $L$ 線上で $C_1$ を 90° 回転させて $L$ 線の垂直方向に $z'$ 軸をとることができる．これが図 1.2.3(2)である．これより，

図 1.2.3(1)：

$$L：\mathrm{A, P_1, P_2, B} \quad \rightarrow \quad \mathrm{A, P_1, P_2, B}：L：図 1.2.3(2) \quad (1.2.19)$$

と図(1)の $L$ 線上の点は図(2)の $L$ 線上の点へと写像される．この図(2)に式(1.2.1)での $z$ 方向の加法合成図を作成すると，

$$C_1：\overline{\mathrm{P_1P_0}} = r$$
$$z = \overline{\mathrm{P_2P_0}} = \overline{\mathrm{P_1P_3}} = \overline{\mathrm{P_1P_0}}\sin\nu = r\sin\nu \quad (1.2.20)$$

となって，式(1.2.1)の $z$ 値を得る．CT の軌跡点を $\mathrm{P_0}$ とすれば，$\mathrm{P_0}(x, y, z)$ として

$\mathrm{P_0}(x, y, z)$：

$$x = \overline{\mathrm{oE}}$$
$$y = \overline{\mathrm{oG}}$$
$$z = \overline{\mathrm{P_2P_0}}$$

となる．また，基底点の写像は

$$\mathrm{P_1} \rightarrow \mathrm{P_2} \rightarrow \mathrm{P_0}$$

または

$$P_1 \to P_3 \to P_0$$

となる．図1.2.3では図(1)の $L$ 線上の $P_1$ を中心にして図(2)での $C_1$ 上を $P_0$ が $\nu=0\sim 2\pi$ 回転する．さらに，$xy$ 面上の $L$ 線が $\theta=0\sim 2\pi$ 回転することがわかる．ここで，図1.2.2と図1.2.3を比較すると，図1.2.3(2)と図1.2.2(3)はまったく同じ図であることがわかる．そこで，$xy$ 面で $L$ 線を $\theta$ によって回転させたとき，$L$ 線上のA～B間の線分を $H$ とするとその集合 $\{H\}$ は $xy$ 座標の原点oを通る射影線上の線分となり，これを図1.2.4(1)に示す．これが $xy$ 面での $\delta\theta$ によるCTの軌跡である．また，$x$ 軸上で $z$ 方向に切断した切断面を図1.2.4(2)に示す．これはCTの切断面としての $xz$ 面である．多様体の軌跡点の集合を $P(x,y,z)$ とすると，

$$P(x,y,z)=P(x,y)\cup P(y,z)\cup P(z,x) \tag{1.2.21}$$

となり，$P(x,y,z)$ は3つの2次元和集合で表される．一般に $P(x,y)$ などの部分集合は3次元軌跡点の2次元での $xy$ 面，$yz$ 面，$zx$ 面への投影写像である．式(1.2.21)で重要なことは，3つの投影写像を調べることと $P(x,y,z)$ を調べることは同値であるということである（ただし，ダイヤモンドの結晶構造や第1巻での対

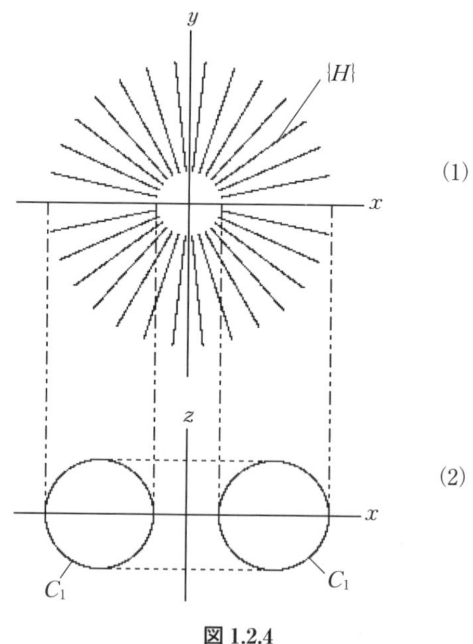


図1.2.4

角投影(DL)のように式(1.2.21)に適さないものがあることに注意)．このように，一般に可約形式のほうが既約形式より加法合成図は簡素になり得る．しかし，その分作図が省略されることになる．もともと加法合成図は加法合成式での各幾何ユニットの構造を説明するための図であるから，角度や半径などの計量を保持してその写像関係がわかれば，どのようなものでもよいのである．このように，加法合成図は幾何学的計量の具体的写像関係を表すものであるから，抽象化された数式からは得られないことを注意すべきである．

### 1.2.3　円環トーラスの立体図

加法合成図から円環トーラス CT の作成原理はわかっても実際の外観を別途知りたいものである．3次元立体を2次元平面で表現することはなかなか難しい．人間の視覚には眼と脳の間に“らしく見える”という機能が常に働く．一般には視覚を優先するためグラフィック的な陰影を強調した図となるが，これは一種の“手書き図”である．本書のシリーズではこの手書き図を避けるため，式(1.2.1)を用いて3次元の角度を回転させ，その2次元投影図を立体構造図として用いている．3次元の $x$，$y$，$z$ 軸をそれぞれ 27° 回転させた式(1.2.1)を用いて $\nu=0\sim2\pi$ として $\theta$ を等細分 $\delta\theta$ ごとに描いたものを図 1.2.5 に示す．また，逆に $\theta=0\sim\pi$ として $\nu$ を等

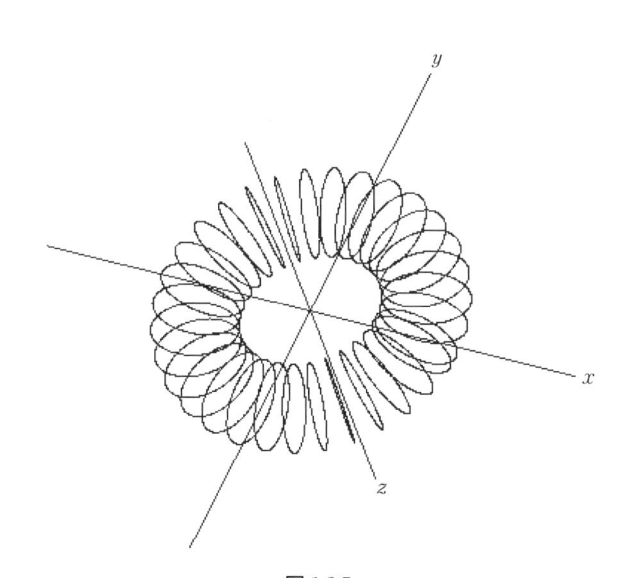


**図 1.2.5**

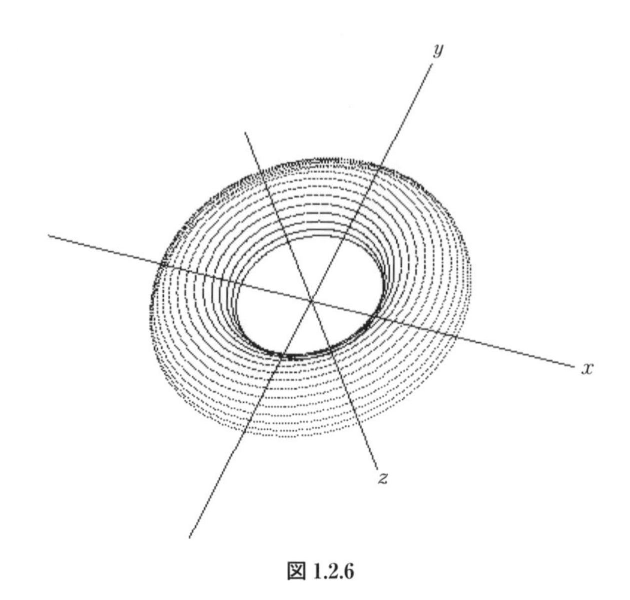


**図 1.2.6**

細分 $\delta\nu$ ごとに描いたものを図 1.2.6 に示す．この図は見やすいようにトーラスの表面だけで裏面は省いてある．図 1.2.6 からは一般的ないわゆるドーナツ形がわかる．しかし，第 2 巻で議論したような内部への埋め込み構造などを理解するには図 1.2.5 のほうが適している．本書でも自己回帰調和波などの埋め込み構造が多いので図 1.2.5 での立体構造図を多用する．

## 1.3　三角作用素の対称性

よく数学書間で同じ対象のものが異なった式で記述されていることがしばしば見受けられる．特に三角関数を用いた場合に多い．そこで，ここではその一致と相違点をまとめておく．本シリーズでの球のパラメータ式は次式のように記される．

$$
\begin{aligned}
x &= R\cos\nu\cos\theta \\
y &= R\cos\nu\sin\theta \\
z &= R\sin\nu
\end{aligned}
\tag{1.3.1}
$$

ここで，$R$ は球の半径である．一方，極座標系での球の表記は

$$
\begin{aligned}
x &= R\sin\omega\sin\lambda \\
y &= R\sin\omega\cos\lambda
\end{aligned}
\tag{1.3.2}
$$

$$z = R\cos\omega$$

として表記されることが一般には多い．式(1.3.1)と式(1.3.2)の表記では一見はなはだ異なっているように見えるが，ともに球の表面を稠密に覆うことでは等価なのである．この違いは sin と cos では $\pi/2$ の位相の違いだけで互換可能なことによる．同じ数学書の中で球の表記には式(1.3.2)を用い，トーラスでは式(1.3.1)の拡張である式(1.2.1)を用いているケースがしばしばみられる．それでは円環トーラスから球への位相縮退の様子はみえてこない．三角関数ではしばしばみられることであるが，この互換性の相異と一致をここでおさえておこう．三角公式より

$$\cos\theta = \sin\left(\theta + \frac{\pi}{2}\right) \tag{1.3.3}$$

$$\sin\theta = -\cos\left(\theta + \frac{\pi}{2}\right) \tag{1.3.4}$$

である．そこで，式(1.3.1)の cos に式(1.3.3)を代入し，sin に式(1.3.4)を代入しよう．すると結果は

$$\begin{aligned} x &= R\sin\left(\nu + \frac{\pi}{2}\right)\sin\left(\theta + \frac{\pi}{2}\right) \\ y &= -R\sin\left(\nu + \frac{\pi}{2}\right)\cos\left(\theta + \frac{\pi}{2}\right) \\ z &= -R\cos\left(\nu + \frac{\pi}{2}\right) \end{aligned} \tag{1.3.5}$$

を得る．式(1.3.5)に $\omega$，$\lambda$ を適用すると，

$$\omega = \nu + \frac{\pi}{2}$$

$$\lambda = \theta + \frac{\pi}{2}$$

となり，式(1.3.1)と式(1.3.5)の間は

$$\theta,\ \nu : (x, y, z) \rightarrow (x, -y, -z) : \omega,\ \lambda \tag{1.3.6}$$

となるが，角度範囲が $\pi$ の整数倍であれば，sin と cos の位相の違い $\pi/2$ の整数倍であるから，式(1.3.6)は互いに互換の関係にある．

ここで，$\omega = \theta + \dfrac{\pi}{2}$ とおいて式(1.3.3)，(1.3.4)の関係を加法合成図の上で考察しよう．対象円 $C_1$ を半径$=1$の単位円として $\omega$ の始点を $+x$ 軸にとった加法合成図を図 1.3.1 に示す．$\overline{\mathrm{oD}}$ を距離とすると

$$\cos\omega = \cos\left(\theta + \frac{\pi}{2}\right) = -\overline{\mathrm{oD}}$$

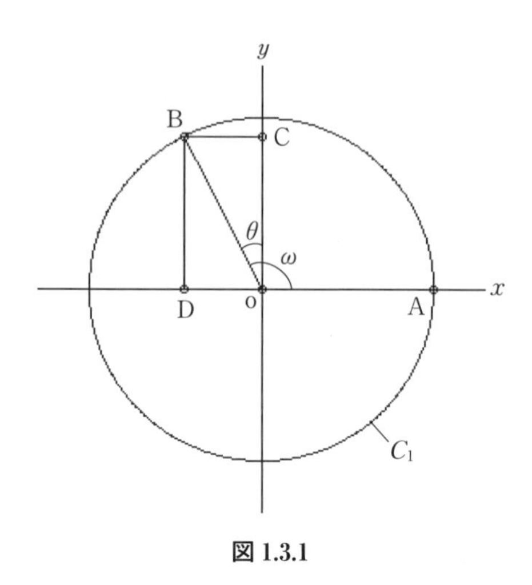


**図 1.3.1**

$$\sin\theta = \overline{\mathrm{BC}} = \overline{\mathrm{oD}}$$

これより，

$$\sin\theta = -\cos\left(\theta + \frac{\pi}{2}\right)$$

となって，式(1.3.4)を得る．また，

$$\sin\omega = \sin\left(\theta + \frac{\pi}{2}\right) = \overline{\mathrm{oC}}$$

$$\cos\theta = \overline{\mathrm{oC}}$$

これより，式(1.3.3)を得る．図 1.3.1 中で $\omega$ の始点は $x$ 軸であるが，$\theta$ の始点は $y$ 軸となっていることがわかる．これは $\pi/2$ の位相の差による．本書では角度に倍角などを適用した場合にこうした関係が重要となる．次に，角度の進行方向が正，負逆に進行した場合が考えられる．三角公式では

$$\begin{aligned} \cos\theta &= \sin\left(\frac{\pi}{2} - \theta\right) \\ \sin\theta &= \cos\left(\frac{\pi}{2} - \theta\right) \end{aligned} \tag{1.3.7}$$

が適用される．ここで，$\omega = \pi/2 - \theta$ とした単位円 $C_1$ による加法合成図を図 1.3.2 に示す．

ここで，

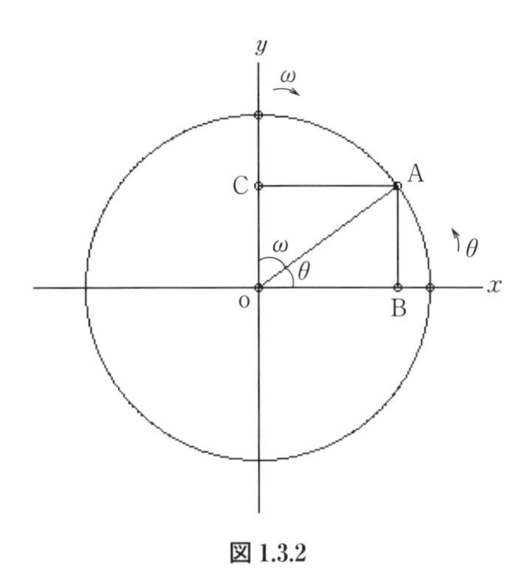


**図 1.3.2**

$$\cos\theta = \overline{\mathrm{oB}}$$

$$\sin\omega = \overline{\mathrm{AC}} = \overline{\mathrm{oB}} \qquad \text{これより} \qquad \cos\theta = \sin\omega$$

また，

$$\sin\theta = \overline{\mathrm{AB}} = \overline{\mathrm{oC}}$$

$$\cos\omega = \overline{\mathrm{oC}} \qquad \text{これより} \qquad \cos\omega = \sin\theta$$

となって式(1.3.7)を満たす．この場合，$\theta$ は $x$ 軸を始点に反時計回りに回転するが，$\omega$ は逆に $y$ 軸を始点に時計回りに回転する．すなわち，これらの違いが式(1.3.1)と式(1.3.2)で表記された球上の軌跡点の回転方向の違いとして現れる．

ここで，式(1.3.1)と式(1.3.2)に同じ角度値を与えて，その回転方向を実際に調べてみよう．$\theta$, $\lambda=0$ とおいて，$\nu$, $\omega=0\sim2\pi$ とした式(1.3.1)：$\alpha$ 円と式(1.3.2)：$\beta$ 円の軌跡を図 1.3.3 に示す．$\alpha$ 円の始点($\alpha$SP)は $+x$ 軸上にあり，$\nu$ の増大とともに $+z$ 方向へ回転する．また，$\beta$ 円の始点($\beta$SP)は $+z$ 軸上にあり，$\omega$ の増大とともに $+y$ 方向へ回転する．これより，$\alpha$ 円は $xz$ 面上にあり，$\beta$ 円は $zy$ 面上にある．さらに，$\theta$ の増大により $\alpha$ 円は $z$ 軸を中心にして $+y$ 方向へ回転する．それに対し $\beta$ 円は $\lambda$ の増大により $z$ 軸を中心にして $+x$ 方向へ回転する．これらの違いは，これまで述べてきた sin と cos の互換性の違いと一致している．これより，式(1.3.1)と式(1.3.2)の表記では球表面を稠密に覆うことでは一致しているが，同じ角度値で計算すると異なる軌跡点を描くことがわかる．

極座標表記では，式(1.3.2)の拡張として $n$ 次元空間での超球の演算式が知られ

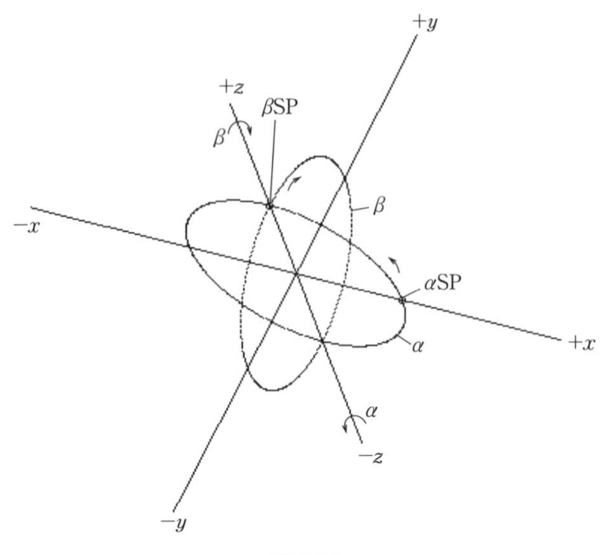


**図 1.3.3**

ている．その場合でもその演算式の sin と cos を置き換えても成り立つ．したがって，式(1.3.1)の拡張として，以下に示すような 4 次元球のパラメータ式が得られる．

$$
\begin{aligned}
x&=R\cos\nu\cos\theta\cos\omega\\
y&=R\cos\nu\sin\theta\cos\omega\\
z&=R\sin\nu\cos\omega\\
t&=R\sin\omega
\end{aligned}
\tag{1.3.8}
$$

4 次元の超球から 4 つの 3 次元空間での球が得られる．この式(1.3.8)を基にして 4 つの 3 次元球のパラメータ式を求めることは読者への課題としておこう．なお，この sin と cos の互換性は式(1.1.1)や式(1.2.1)などのトーラスでも成り立つのである．角度範囲が $\pi/2$ の整数倍をとり，パラメータ式の群が sin と cos のみから構成されている場合は一般にこの互換性が成り立つもの考えてよいだろう．このように，三角パラメータ式の群より構成されているパラメータ式を見てそれが唯一の式と思ってはいけなのである．

## 1.4　波動ポテンシャル

球体類での多様体や自己回帰調和波を扱うにあたって重要な概念に波動ポテンシャル$\xi$がある．$\xi$は実数値で与えられ，球体類での多様体や自己回帰調和波は$\xi$が自然数，有理数，無理数により第0種～第3種に類別されるからである．$\xi$は角度$\theta$に直接作用し$\xi\theta$で表される．例をあげれば

$$x = R\sin(\xi\theta) \tag{1.4.1}$$

のように表現される．この$\xi$はパラメータ式の群の中にいくらあってもよく，異なる複数の$\xi$を含む場合は多重波動ポテンシャルとよばれる．これまで議論してきた円環トーラスでの加法合成図中の角度$\theta$，$\nu$は互いに独立ではあるが，角速度はすべて同じ扱いであった．したがって，ただ固定すればよかった．$\xi$が角度に導入されると，この角速度が変わり，各幾何ユニットでの回転速度が変化するようになる．そのため$\xi\theta$は波動角速度WASとよばれる．これより，ここでは1.2節でのCTの式(1.2.1)は$\xi=1$の場合となる．したがって，ここでの$\xi$とは自己回帰する多様体や波の調和(同じ回転周期を繰り返すこと)を決定づける因子である．ここで，物理学などで用いられる波動関数との違いをみておこう．

物理学などで用いられる波動関数は，一般に次式のように記述される．

$$f(t) = A\sin(at+b) \tag{1.4.2}$$

ここで，$t$は時間であり，

$A$：振幅

$b$：初期位相

$a$：角周波数

また，

$$T = \frac{2\pi}{a}\ ：周期$$

$$\frac{1}{T} = \frac{a}{2\pi}\ ：振動数または周波数$$

で与えられる．このとき，角周波数：$a$とは1秒間にどれだけの角度を通過するか，または$2\pi$秒間での振動数などと説明される．もともと式(1.4.2)で記述される波動は時間とともに変動する直進波であるから，われわれの議論のように自己回帰することはない．したがって，角周波数$a$での議論は$a$の大小による波の圧縮や引き延ばしとしての周波数問題となる．$t$は時間なのに角度値をもってしまうから，一

般にシミュレーションや微分方程式中では相対的に無次元化された無次元時間変数として扱われる．しかし，今日最も正確な時計を原子時計とするならば時間が角度値をもっていてもおかしくはないのである．

次のような調和円環波 HCW を用いて $\xi$ の実際的な適用について説明しよう．

$$x=R_2\sin\theta$$
$$y=R_1\sin(\xi\theta) \tag{1.4.3}$$
$$z=R_2\cos\theta$$

これは半径 $R_2$ の円周をもつ円筒の表面 CL 上を sin カーブを描いて回る円環波である．この CL の周りを有限回回って始点に戻り，そこから同じ周期を繰り返すことを調和(harmony)とよぶ．そして円環波のように自己内でのこの始点への繰り返しを自己回帰とよぶ．式(1.4.3)が円環を描くことは$(x,\ z)$のパラメータ式が半径 $R_2$ の円を描くことから保障されている．そこで，$\xi$ の値が次のような有理数をとったとしよう．

$$\xi=\frac{N}{m} \tag{1.4.4}$$

このとき式(1.4.4)の右辺の有理数は既約な有理数でなければならない．このHCW は周期を $N$ 回繰り返し，CL を $m$ 回回ったとき，はじめて始点に戻る．この $m$ は CL を回る周期でもあるため，この $m$ を調和周期 HMP（harmonic period）とよぶ．たとえば，$\xi=1.2$ での HMP を求めると，

$$\xi=1.2=\frac{12}{10}=\frac{6}{5} \tag{1.4.5}$$

となって，$N=6$，$m=5$ であるから HMP$=5$ となる．この式(1.4.5)を式(1.4.3)の HCW に適用すると，この HCW は sin カーブの周期を 6 回繰り返し，CL を 5 回回ったとき，はじめて始点に戻ることになる．このように必ず自己回帰してサイクルを繰り返す閉 1 次曲線群には HCW のほかにも自由調和波など多くの波があり，これらを自己回帰調和波 SRHW（serf regression harmonic wave）とよぶ．SRHW には空間でコンパクトな境界をもつという特徴がある．ここで，$\xi$ を含む加法合成図の一例を図 1.4.1 に示す．パラメータ式を次のようにとろう．

$$x=R\cos(\xi\theta)$$

$\xi=3$ とすると，図 1.4.1 において，

$$\overline{\mathrm{oB}}=\overline{\mathrm{oC}}=R$$
$$\overline{\mathrm{oA}}=\overline{\mathrm{oB}}\cos\theta=R\cos\theta$$

$\xi\theta$ については $\overline{\mathrm{oD}}$ を距離とすると

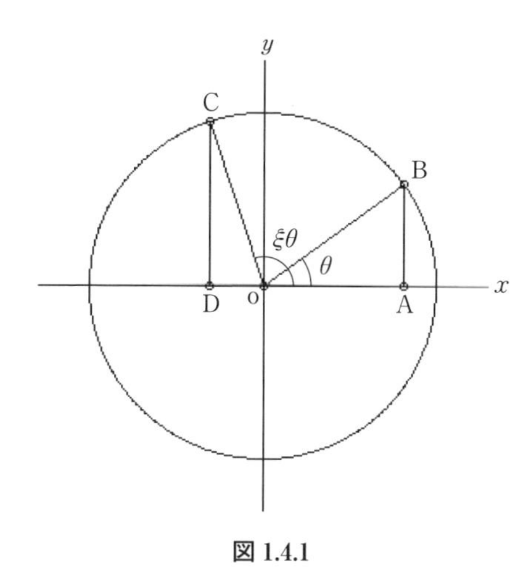


**図 1.4.1**

$$\overline{\mathrm{oC}}\cos(\xi\theta)=R\cos(\xi\theta)=-\overline{\mathrm{oD}}$$
$$x=-\overline{\mathrm{oD}}=R\cos(\xi\theta)$$

により，作図上で $x$ 値が得られる．

ここで，$\xi$ による HMP の関係と第 0 種～第 3 種の類別を以下に示す．

$$\begin{aligned}&\text{第 0 種(基本形)}：\xi=1：\mathrm{HMP}=1\\&\text{第 1 種}：\xi=1\text{ を除く自然数}：\mathrm{HMP}=1\\&\text{第 2 種}：\xi=\text{有理数}：\mathrm{HMP}=m\\&\text{第 3 種}：\xi=\text{無理数}：\mathrm{HMP}=\infty\end{aligned}\tag{1.4.6}$$

この式(1.4.6)の分類は球体類の自己回帰調和波にも多様体にも適用される．特に第 3 種は $\theta$ が有限値である限り，決して調和しないことを表しており，非調和波や超限多様体とよばれる．

本章は第 2 章以降の各論を理解するための基礎事項の記述となっており，第 2 巻の要約と補足であるから，詳細は第 2 巻を参照されたい．

# 第 2 編

# 自己回帰調和波としての表面波

# 第2章

# 傾斜した円環波

## 2.1　調和傾斜円環波

第2巻第10章で調和円環波 HCW を紹介した．HCW は円筒 CL の表面に円周を中心軸に埋め込まれた閉1次曲線であった．したがって，円周に対して常に垂直方向に振動する波である．ここでは HCW の拡張として HCW の中心円 EQ：$C_2$ を中心軸として三角関数カーブの円筒 CL を傾斜させることを考えよう．この波は CL の代わりに円錐 CN にカーブを埋め込むことになるから，これを調和傾斜円環波 HCNW（harmonic conic wave）とよぶ．図 2.1.1 において，円錐の頂点 $T_0$ を下方におくと，半径 $R_2$ の円 $C_2$：EQ が HCW での中心円であり，CL が円筒となっている．この CL 上の HCW の $C_2$ からの距離（波高）を円錐 CN の側線 $L_0$ 上に写す．CN は中心垂線 $\overline{oT_0}$ により $T_0$ の頂角を二等分し，その1つを $\omega$ とする．円錐 CN の上方の底面を $C_1$ とすると，$T_0$ までの中間に $C_1$ と平行に $C_2$ をとる．これより，$L_0$ 上の $AT_0$ の中間に $C_2$ と $L_0$ の交点 $C$ が定まる．HCW での波の波高距離を $T$ とすると，CL 上の $T$ 値を CN 上の側線 $L_0$ に距離を保存して写すことを考えよう．これより，

（距離）　円筒 CL：$T \rightarrow T$：$L_0$：CN 円錐　　(2.1.1)

これにより，距離として，

$$\mathrm{CL} : T = T : L_0 \qquad (2.1.2)$$

となる．CL と $L_0$ の角度は図 2.1.1 より $\omega$ である．CN 上の HCNW への HCW からの写像を加法合成図として図 2.1.2 に示す．図 2.1.2 において，HCW の中心円

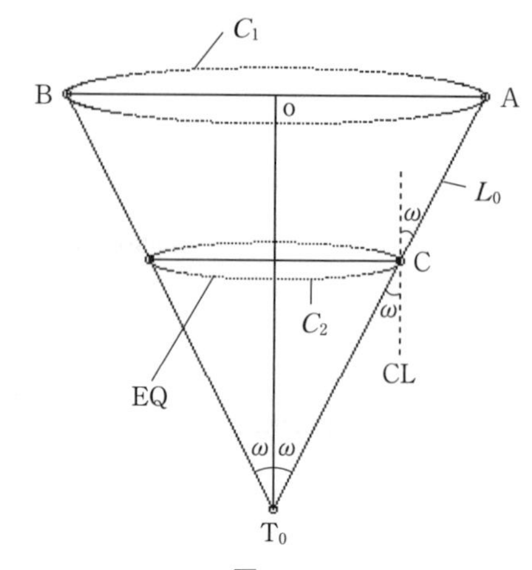
$C_1$
B
o
A
$L_0$
$\omega$
C
$\omega$
$C_2$
EQ
CL
$\omega$ $\omega$
$T_0$

**図 2.1.1**

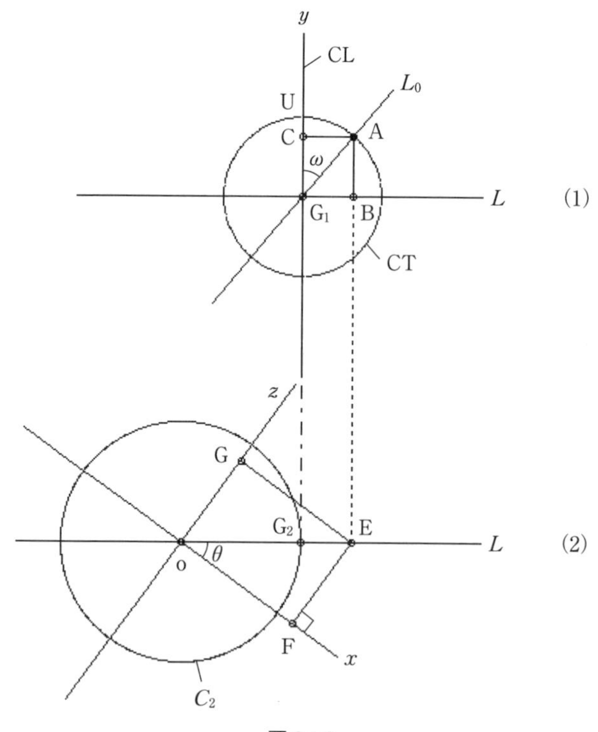
$y$
CL
$L_0$
U
C
A
$\omega$
L
(1)
$G_1$
B
CT
$z$
G
$G_2$
E
L
(2)
o
$\theta$
F
$x$
$C_2$

**図 2.1.2**

$C_2$ 上の $x$ 軸から $\theta$ だけ回転した $L$ 線をとり，図(2)の $L$ 線上の円 $C_2$ との交点 $G_2$ を図(1)の $G_1$ へ写像する．さらに $G_1$ を中心とし，半径を $T$ とした円 CT をとる．

$$\text{CT}：半径=T \tag{2.1.3}$$

ここで，図 2.1.2(1)の $y$ 軸を円筒 CL とすると，CL から $\angle y\mathrm{G}_1L_0=\omega$ となる直線 $L_0$ をとろう．これにより式(2.1.1)の $T$ による CL → $L_0$ への距離を保持した写像が構成できる．これより，

$$\overline{\mathrm{UG_1}}=\overline{\mathrm{AG_1}}=T \tag{2.1.4}$$

となる．ここで，円 CT は HCW の $T$ 値を $L_0$ 上へ写すための補助円となっている．

図 2.1.2(1)において

$$\begin{aligned}\overline{\mathrm{BG_1}}=\overline{\mathrm{EG_2}}&=\overline{\mathrm{AG_1}}\sin\omega\\&=T\sin\omega\end{aligned} \tag{2.1.5}$$

また，$y$ 値は

$$\begin{aligned}y=\overline{\mathrm{CG_1}}&=\overline{\mathrm{AG_1}}\cos\omega\\&=T\cos\omega\end{aligned} \tag{2.1.6}$$

となる．さらに，図(2)において

$C_2：\overline{\mathrm{oG_2}}=R_2$ より

$$\begin{aligned}Q=\overline{\mathrm{oE}}&=\overline{\mathrm{oG_2}}+\overline{\mathrm{EG_2}}\\&=R_2+T\sin\omega\end{aligned} \tag{2.1.7}$$

である．また，$x$，$z$ 成分は

$$x=\overline{\mathrm{oF}}=\overline{\mathrm{oE}}\cos\theta=Q\cos\theta \tag{2.1.8}$$

$$z=\overline{\mathrm{oG}}=\overline{\mathrm{oE}}\sin\theta=Q\sin\theta \tag{2.1.9}$$

を得る．

ここで，先に述べた HCW の波高距離とは，たとえば HCW が $T=\sin\theta$ で与えられた場合，$\theta$ によって与えられる $T$ 値，すなわち sin カーブの値のことである．したがって，直進波の場合でも HCW の場合でもこの $T$ 値は変わらない．HCW → HCNW での変換においてこの $T$ は保存される．これより $T$ が三角関数で与えられる場合，この $T$ の関数は系の中で原初的な役割をもつ．つまり，この $T$ の関数は表面波での基本カーブを与える．よって，この $T$ の関数を新たな $\not T$ と置き換えて $\not T$ をターミナル関数（terminal function）あるいは $T$ 関数とよぶ．これより，

$$\text{HCW}：T：\not T=f(\xi\theta) \tag{2.1.10}$$

とおく．以上の議論より，$\omega$ は CN の傾斜角度であるから，これを $\omega_0$ に固定すると，HCNW のパラメータ式は

$\text{HCW}：T：\not T=f(\xi\theta)$

$$
\begin{aligned}
&Q=R_2+\mathcal{T}\sin\omega_0\\
&x=Q\cos\theta\\
&y=\mathcal{T}\cos\omega_0\\
&z=Q\sin\theta
\end{aligned}
\tag{2.1.11}
$$

で与えられる．$\omega_0$ の範囲は

$$
\mathrm{CN}:0\leqq\omega_0\leqq\frac{\pi}{2} \tag{2.1.12}
$$

である．これより HCNW の HCW からの傾斜角度は $\omega$ によって与えられる．この式(2.1.12)において，

$$
\begin{aligned}
&\omega=0 \text{ のとき} \rightarrow \mathrm{HCW}\\
&\omega=\frac{\pi}{2} \text{ のとき} \rightarrow \text{水平円環波}
\end{aligned}
\tag{2.1.13}
$$

となる．この式(2.1.13)によって HCNW は HCW を含み

$$
\mathrm{HCNW}\supset\mathrm{HCW}
$$

として，より一般化した表現となる．また，$\omega=\pi/2$ で与えられる水平円環波は平面上を円環する波で後述するように多様な応用が考えられる．

### 2.1.1　HCNW の実際

ここでは，式(2.1.11)を用いた HCNW の実際例を示す．

**〈$\boldsymbol{\mathcal{T}=R_1\sin(5\theta)}$ での HCNW〉**

$T$ 関数において，この場合は $\xi=5$ の自然数であるから HMP=1 となる．$\mathcal{T}=R_1\sin(5\theta)$ での HCNW の立体図を図 2.1.3 に示す．傾斜角度 $\omega$ は $0.2\pi$ である．これからわかるように HCW が円錐面で傾斜した場合，中央円 EQ の上下で sin カーブの形状は異なり，CN の底辺側では引き延ばされ，頂点側では縮むようになるが，sin カーブの $T$ 値は不変である．

**〈$\boldsymbol{\mathcal{T}=R_1\cos(2.5\theta)\sin\theta}$ での HCNW〉**

この場合は，$\xi=2.5$ より HMP=2 である．よって 2 回回転する．図 2.1.4 にこの場合の HCNW の立体図を示す．これより，HCNW でも第 0 種～第 3 種の類別が可能である．また，HCNW の最大・最小値は図 2.1.1 の A と $\mathrm{T_0}$ の間に存在しなければならないから，$\omega$ と $R_1$ および $R_2$ は A～$\mathrm{T_0}$ の間になるように設定しなければならない．よって，

$$
\min(T)\sim\max(T)\rightarrow \mathrm{A}\sim\mathrm{T_0}:L_0
$$

となる．

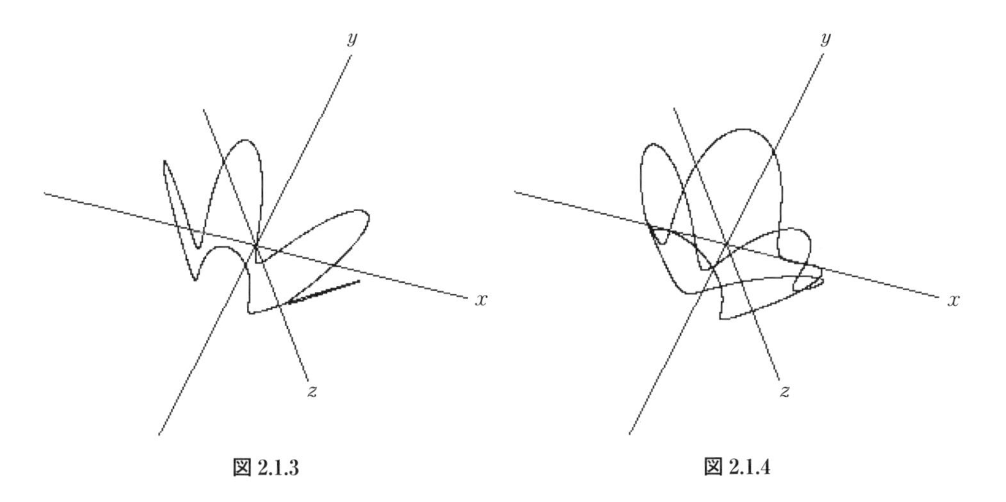


図 2.1.3　　図 2.1.4

### 2.1.2 水平円環波

水平円環波は HCNW の式(2.1.13)での $\omega=\pi/2$ の場合であり，式(2.1.11)について

$\omega=\pi/2$ より

$$\sin\frac{\pi}{2}=1 \qquad \cos\frac{\pi}{2}=0 \tag{2.1.14}$$

となり，式(2.1.14)を式(2.1.11)の $\omega_0$ に代入して，

水平円環波のパラメータ式として

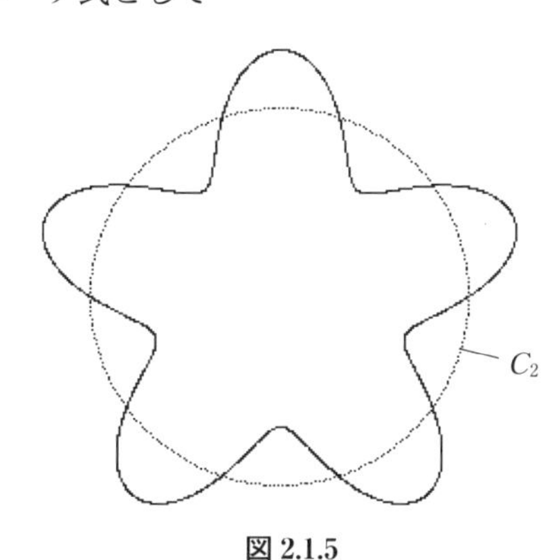


図 2.1.5

$$
\begin{aligned}
&\mathcal{T}=f(\xi\theta)\\
&\qquad x=(R_2+\mathcal{T})\cos\theta\\
&\qquad z=(R_2+\mathcal{T})\sin\theta
\end{aligned}
\tag{2.1.15}
$$

を得る．これは $xz$ 面での $\theta$ のみの作図となる．例として $\mathcal{T}=R_1\sin(5\theta)$ での水平円環波を図 2.1.5 に示す．これは HMP=1 である．中心円 $C_2$ からの波高距離は $C_2$ の中心点からの放射線上の距離として保存される．したがって，水平円環波のカーブは $C_2$ を境に内側では中心点に向かって縮み，外側では広がるようになる．

## 2.2　調和傾斜楕円環波

### 2.2.1　調和傾斜楕円環波

調和傾斜円環波 HCNW は中心円 EQ：$C_2$ 上に形成される閉 1 次曲線であったが，これが楕円 $E_0$ の上に形成される調和波を考えよう．これを調和傾斜楕円環波 HENW とよぶ．HCNW の場合は，回転対称性から軌跡のどの位置に始点をとっても同相である．しかし，HENW の場合は $E_0$ に方向性があるため，始点の位置によって波形が異なるようになる．したがって，HCNW の作成が図 2.1.1 の円錐 CN の側面上であったが，HENW ではこの CN が楕円錐 EN に変わるだけである．

HCNW：CN → EN：HENW

となる．ここでは HCW の代わりに第 2 巻の 10.2 節で議論された調和楕円環波 HEW を用いる．そこで HENW の場合も HCW → HCNW と同じく，楕円 $E_0$ の中心点 o から $E_0$ 上の $T$ 値を o からの放射線上に距離として写すことによって，楕円錐 EN 上で HENW が作成される．ここで，図 2.2.1 において $xz$ 面上で $x$ 径＝$QX$，$z$ 径＝$QZ$ の楕円 $E_0$ をとり，$x$ 軸から $\eta$（ラジアン）だけ回転させた $E_0$ 上の点を H とし，この点を角度 $\theta=0$ から $T$ 値の始点とする．

$T$ の始点：H：$\theta=0$ → $x$ 軸から $\eta$ 回転した点

これより $T$ 値は $\theta$ によるターミナル関数として表される．

$$T=\mathcal{T}=R_1 f(\xi\theta) \tag{2.2.1}$$

これを図 2.2.1(2)に示すと $E_0$ 上の点 H が $\theta=0$ の始点となり，$\overline{\mathrm{oH}}=H_0$ が始点軸となる．そして H から $\theta$ だけ回転した $E_0$ 上の点 $G_2$ が H から $\theta$ による $T$ 値となる．角度 $\omega$ による $T$ 値の距離の保存は HCNW での図 2.1.2(1)と同じであり，図 2.1.2 で変わるのは図 2.2.1(2)のみである．つまり，円が楕円に変わり，角度が $\theta$ と $\eta$ に分かれることになる．図 2.2.1(1)において式(2.2.1)による $T$ 値を円 CT の半径としてとる．これより，

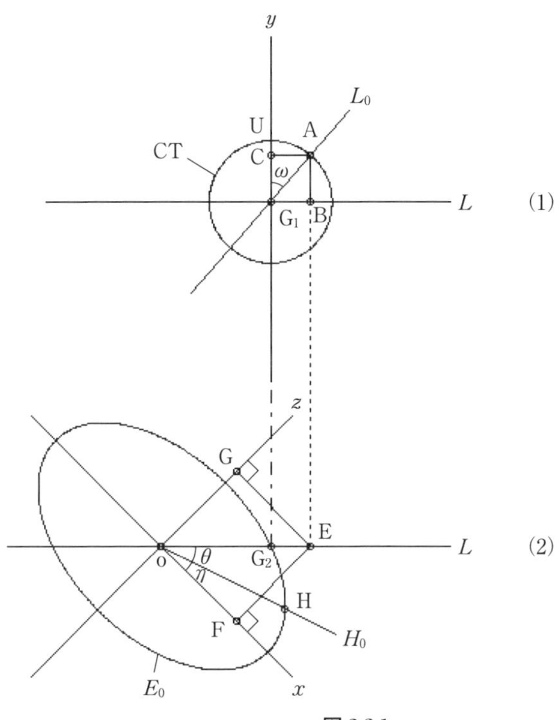


**図 2.2.1**

$$\text{円 CT：半径} = T = \overline{\mathrm{AG_1}} \tag{2.2.2}$$

これより，

$$\overline{\mathrm{BG_1}} = \overline{\mathrm{EG_2}} = \overline{\mathrm{AG_1}} \sin\omega = T \sin\omega \tag{2.2.3}$$

また，$y$ 値は

$$y = \overline{\mathrm{CG_1}} = \overline{\mathrm{AG_1}} \cos\omega = T \cos\omega \tag{2.2.4}$$

となる．ここで，楕円 $E_0$ の $x$，$z$ 径は

$E_0$：

$$\begin{aligned} x\text{径} &= QX \\ z\text{径} &= QZ \end{aligned} \tag{2.2.5}$$

であるから，$E_0$ 上の $\overline{\mathrm{oG_2}}$ の距離を $rr$ とすると第 2 巻 4.4 節の式(4.4.5)より得られて

$$\overline{\mathrm{oG_2}} = rr = \frac{QX \cdot QZ}{\sqrt{(QZ \cdot \cos(\theta+\eta))^2 + (QX \cdot \sin(\theta+\eta))^2}} \tag{2.2.6}$$

で与えられる．式(2.2.3)および式(2.2.6)より $\overline{\mathrm{oE}}$ を $Q$ とおくと，

$$
\begin{aligned}
Q &= \overline{\mathrm{oE}} = \overline{\mathrm{oG_2}} + \overline{\mathrm{EG_2}} \\
&= rr + T\sin\omega
\end{aligned}
\tag{2.2.7}
$$

$x$，$z$ 値については

$$
\begin{aligned}
x &= \overline{\mathrm{oF}} = Q\cos(\theta+\eta) \\
z &= \overline{\mathrm{oG}} = Q\sin(\theta+\eta)
\end{aligned}
\tag{2.2.8}
$$

で与えられる．ここで，角度 $\eta$，$\theta$ は

$\eta$：$E_0$ の $x$ 軸から $T$ 関数の始点 H までの角度

$\theta$：始点 H から $\theta=0$ より始まる $T$ 関数の角度

である．これより HENW のパラメータ式は，式(2.2.1)，(2.2.4)，(2.2.7)および式(2.2.8)より $T=\mathcal{T}$ として，

$$
\begin{aligned}
&\mathcal{T} = R_1 f(\xi\theta) \\
&\quad Q = rr + \mathcal{T}\sin\omega \\
&\quad x = Q\cos(\theta+\eta) \\
&\quad y = \mathcal{T}\cos\omega \\
&\quad z = Q\sin(\theta+\eta)
\end{aligned}
\tag{2.2.9}
$$

となる．式(2.2.6)および式(2.2.9)より HENW は同じ $T$ 値であってもその波形は $\eta$ の値によって変わることになる．

ここで，$\mathcal{T}=R_1\sin(5\theta)$ での $\eta$ の値による波形の違いを示そう．これは $\xi=5$ より HMP＝1 である．楕円錐 EN の傾斜角度：$\omega=0.2\pi$，$\eta=0$ での立体図を図 2.2.2 に，$\omega=0.2\pi$，$\eta=0.3\pi$ での立体図を図 2.2.3 にそれぞれ示す．このように $E_0$ を中心とした波形は $\eta$ の値によって異なることがわかる．次に，より複雑なターミナ

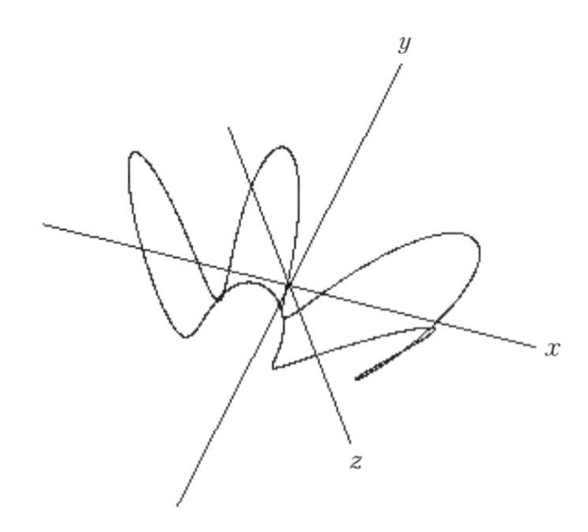


**図 2.2.2**

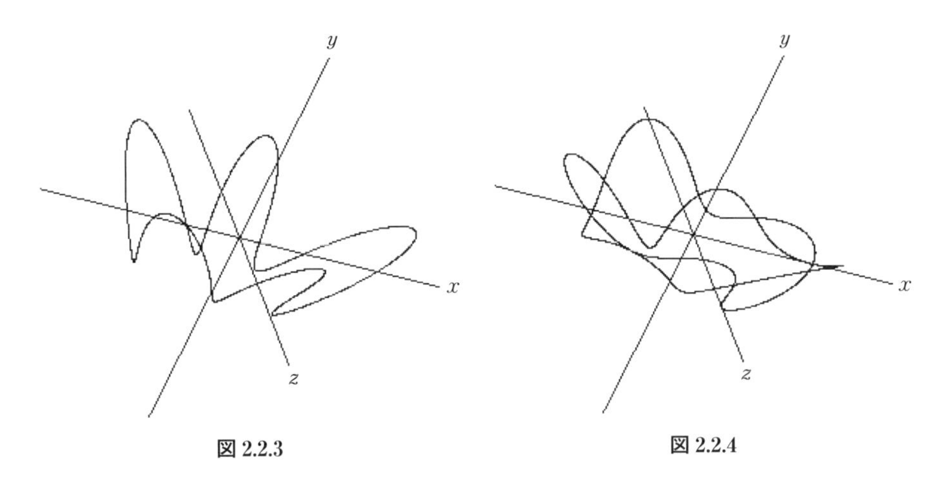


図 2.2.3　　　　図 2.2.4

ル関数をもつ $\mathcal{T}=R_1\cos(2.5\theta)\sin\theta$ の場合を示そう．$\omega=0.2\pi$，$\eta=0.2\pi$ での立体図を図 2.2.4 に示す．この場合 $\xi=2.5$ より HMP=2 であるから，楕円周を 2 回回っていることがわかる．

### 2.2.2　水平楕円環波

HENW の場合も水平楕円環波が得られる．条件は式(2.1.13)と同じで，

$$
\begin{aligned}
&\omega=0 \text{ のとき} \rightarrow \text{HEW} \\
&\omega=\frac{\pi}{2} \text{ のとき} \rightarrow \text{水平楕円環波}
\end{aligned}
\tag{2.2.10}
$$

である．そこで，式(2.2.9)に $\omega=\pi/2$ を代入すると水平楕円環波のパラメータ式

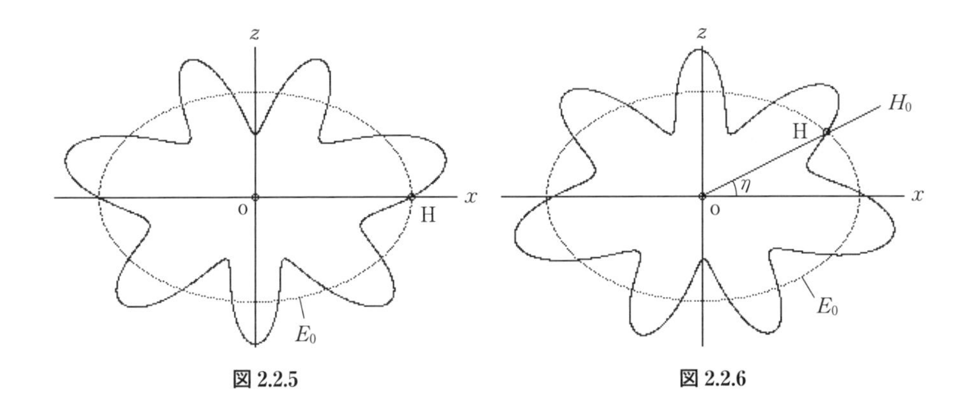


図 2.2.5　　　　図 2.2.6

として

$$
\begin{aligned}
\mathcal{T} &= R_1 f(\xi\theta) \\
Q &= rr + \mathcal{T} \\
x &= Q\cos(\theta+\eta) \\
z &= Q\sin(\theta+\eta)
\end{aligned}
\tag{2.2.11}
$$

を得て，$rr$ は式(2.2.6)を用いる．水平楕円環波を用いると $\eta$ の値による波形の違いがよくわかる．例として $\mathcal{T}=R_1\sin(7\theta)$ で $\eta=0$ の波形を図 2.2.5 に示す．$x$ 軸の点 H は $T$ 関数の $\theta=0$ での始点であり，$E_0$ の軌跡と交わっている．次に，同じ $T$ 関数で $\eta=0.15\pi$ での波形を図 2.2.6 に示す．$\overline{\mathrm{oH}_0}$ 上の点 H は $\theta=0$ の点であり，その点から反時計回りに波形を描く．ここで，$\angle \mathrm{Ho}x=\eta$ である．この2つの図の違いにより，波形が $\eta$ により異なることがわかる．

# 第3章 調和球面波

## 3.1 3次元調和球面波

第2章では傾斜した円環波について議論したが，ここでは球表面に張られた調和波について議論する．一般に球面波という用語はしばしば物理学などにみられる．物理学などでの球面波とは，点波源より球の半径方向に等方に広がっていく波のことであるが，角度方向に振動が調和していれば球表面上にサインカーブなどの波を描くことになる*)．

しかし，これらの波は微分方程式で記述された微分空間での波であるから，視覚的に見ようとすると，いきおいシミュレーションによる近似波である場合が多い．今われわれが議論するのは，調和円環波 HCW からのターミナル関数を用いた実際に球表面に張られた自己回帰調和波である．これを調和球面波 HSW（harmonic spherical wave）とよぶ．

---

*) たとえば，量子論において球のパラメータ式 $S(x, y, z)$ が与えられた場合，$S$ の $(r, \theta, \nu)$ のラプラシアン $\nabla^2$ をとり，この $\nabla^2$ を波動方程式に適用したとき，$\upsilon(r, \theta, \nu) = R(r)Y(\theta, \nu)$ と変数分離されて，この角度項 $Y(\theta, \nu)$ は spherical harmonic（球面調和関数）とよばれる．この $Y(\theta, \nu)$ を波として考えたとき，量子論ではこれを球面波とよぶ．また，球面上に速度の三角関数による調和を仮定した場合などは，これを調和球面波とよぶことがある．また，一般相対論ではこの $\nabla^2$ に重力方程式などを作用して重力球面波などとよぶことがあるなど．たとえば，L. I. Schiff：Quantum Mechanics, Mcgraw-Hill(1968) など．

### 3.1.1　調和球面波の加法合成

1.4節で示した調和円環波HCWの式(1.4.3)をここに再び示そう．

$$
\begin{aligned}
x &= R_2 \sin\theta \\
y &= R_1 \sin(\xi\theta) \\
z &= R_2 \cos\theta
\end{aligned}
\tag{3.1.1}
$$

式(3.1.1)の$xz$面の$x$，$z$成分は

$$
\begin{aligned}
x &= R_2 \sin\theta \\
z &= R_2 \cos\theta
\end{aligned}
$$

となり，これは半径$R_2$の円筒CLの円周となる．このHCWの軌跡を波高距離を保存してCLから球の表面SS上へ写すことを考えよう．ここで，CL上で$y=0$を与える円環を$CL_0$とする．

$$\mathrm{HCW}:\mathrm{CL}:y=0 \to \mathrm{CL}_0$$

球$S$の大円として$CL_0$に対応する大円を$S$の赤道equatorとしてこれをEQとする．CLと$S$の半径が同じであれば$CL_0$はそのまま$S$上のEQへ写る．SS上でEQと直角に交わる子午線MR meridianの極（pole）PLが上下に1つずつある．CL上でHCWでの$CL_0$から各軌跡点までの波高距離の集合を$\{L\}$とする．この$\{L\}$をSS上のEQからそれに対応するMR上へ集合$\{H_0\}$として写す．これより

$$\mathrm{HCW}:\mathrm{CL}:\{L\} \to \{H_0\}:\mathrm{MR}:\mathrm{SS} \tag{3.1.2}$$

となる．式(3.1.2)は円筒上を描く軌跡の中心円からの距離を球面の赤道からの距離へ写す距離から距離への写像である．そこで，CLの半径＝EQを半径＝$R_2$とすると

$$(\text{波高距離})\quad \{L\} = \{H_0\} \tag{3.1.3}$$

を得る．これより

$$\mathrm{CL}:\mathrm{HCW} \xrightarrow[\text{波高距離}]{} \mathrm{HSW}:\mathrm{SS} \tag{3.1.4}$$

となって，HCWをターミナル関数として，その波高距離をそのまま球の表面に写すことができる．そこで，図3.1.1(1)にsinカーブの$y$成分によるHCWの展開図を示す．中心ラインは$CL_0$であり，$\overline{\mathrm{AA'}}$はこの軌跡の＋の波高距離，$\overline{\mathrm{BB'}}$は－の波高距離である．これらをSSのMR上にそれぞれ距離を保存して写すと図3.1.1(2)のようになる．

$$
\begin{aligned}
\mathrm{HCW}:\overline{\mathrm{AA'}} &= \widehat{\mathrm{DF}}:\mathrm{MR} \\
\overline{\mathrm{BB'}} &= \widehat{\mathrm{EF}}
\end{aligned}
\tag{3.1.5}
$$

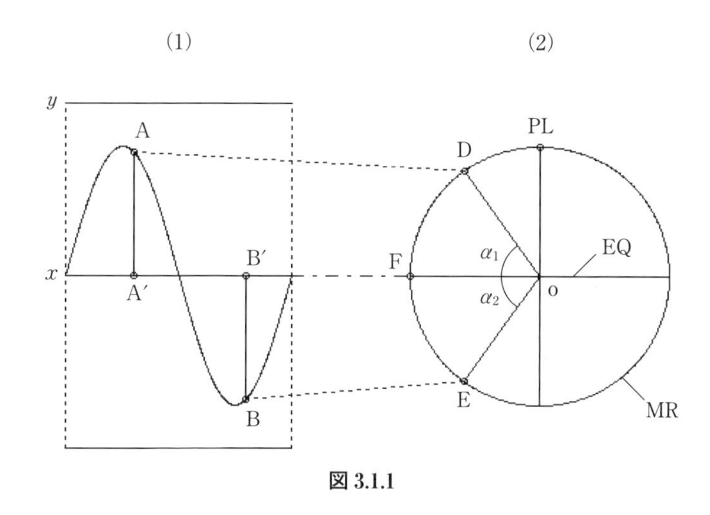


**図 3.1.1**

このとき，

$$\begin{aligned} &\mathrm{HCW}：\mathrm{A}\rightarrow\mathrm{D}：\mathrm{HSW} \\ &\mathrm{HCW}：\mathrm{B}\rightarrow\mathrm{E}：\mathrm{HSW} \end{aligned} \tag{3.1.6}$$

として CL 上の点から SS 上の点へ写される．

さらに，図 3.1.1(2)において，MR 上で D と o のなす角度を $\alpha_1$，E と o のなす角度を $\alpha_2$ とすると，CL と SS の半径はともに $R_2$ であるから，

$$\overline{\mathrm{Do}}=\overline{\mathrm{Eo}}=\overline{\mathrm{Fo}}=R_2 \tag{3.1.7}$$

である．ここで，$\alpha_1$，$\alpha_2$ を単に $\alpha$（ラジアン）とすると，図 3.1.1(2)において MR の 1 周の距離は $2\pi\cdot R_2$ であり，その回転角度は $2\pi$ である．$\widehat{\mathrm{DF}}$ の円弧の距離を $T$ とすると，$\alpha=\alpha_1$ として

$$T=\widehat{\mathrm{DF}}=2\pi R_2\cdot\frac{\alpha}{2\pi}=R_2\cdot\alpha \tag{3.1.8}$$

となる．これより

$$\alpha=\frac{T}{R_2} \tag{3.1.9}$$

で与えられる．ここで，HCW の場合と同様に，EQ を $xz$ 面におき $x$ 軸から HSW が $\theta$ だけ回転したとき，その軌跡点が MR 上の G をとったときを考えよう．この場合の加法合成図を図 3.1.2 に示す．図 3.1.2(2)の $\widehat{\mathrm{GI}}$ の円弧が図 3.1.1 での $\widehat{\mathrm{DF}}$ に対応する．また図 3.1.2(1)において，$x$ 軸から $\theta$ だけ回転して $L$ 線上に G に対応する点 J がある．ここで，$\overline{\mathrm{o'G}}=R_2$ である．さて，$T$ は HCW での波高距離であ

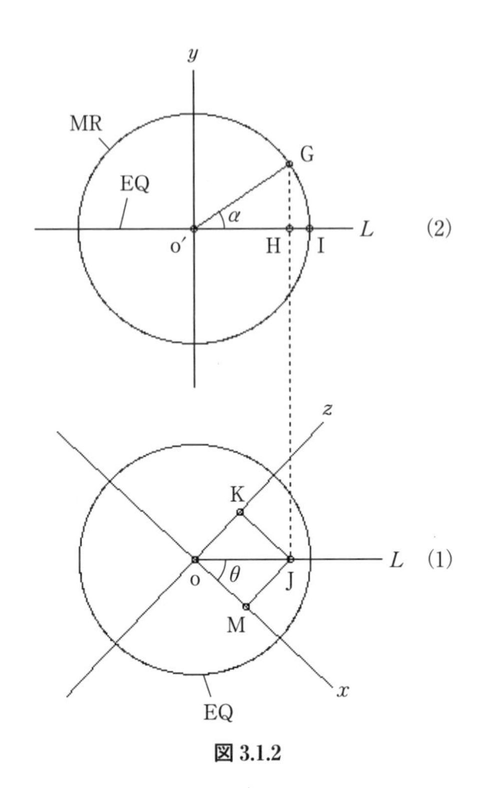


**図 3.1.2**

るから，HCW に式(3.1.1)を用いると $T$ は $y$ 成分である．これより一般化して

　　式(3.1.1)：

$$T=y=R_1\sin(\xi\theta)=R_1 f(\theta) \tag{3.1.10}$$

となる．そして，この $T$ 値は HSW のターミナル関数でもあるから

$$T=\not{T}=R_1 f(\theta) \tag{3.1.11}$$

となる．図 3.1.2 において

$$T=\widehat{\mathrm{GI}}$$

である．また，

$\overline{\mathrm{Go'}}=R_2$ より

$$y=\overline{\mathrm{GH}}=\overline{\mathrm{Go'}}\sin\alpha=R_2\sin\alpha \tag{3.1.12}$$

さらに

$$\overline{\mathrm{Ho'}}=\overline{\mathrm{oJ}}=\overline{\mathrm{Go'}}\cos\alpha=R_2\cos\alpha \tag{3.1.13}$$

$x$，$z$ 成分については

$$x=\overline{\mathrm{oM}}=\overline{\mathrm{oJ}}\cos\theta$$
$$z=\overline{\mathrm{oK}}=\overline{\mathrm{oJ}}\sin\theta \qquad (3.1.14)$$

で与えられるから，式(3.1.14)に式(3.1.13)を代入すると，

$$x=R_2\cos\alpha\cos\theta$$
$$z=R_2\cos\alpha\sin\theta \qquad (3.1.15)$$

を得る．これより，HSW のパラメータ式はターミナル関数を用いて式(3.1.9)，(3.1.11)，(3.1.12)および式(3.1.15)より求められて以下のように表される．球の半径$=R_2$として

$$\mathcal{T}=R_1 f(\theta)$$
$$\alpha=\frac{\mathcal{T}}{R_2}$$
$$x=R_2\cos\alpha\cos\theta \qquad (3.1.16)$$
$$y=R_2\sin\alpha$$
$$z=R_2\cos\alpha\sin\theta$$

### 3.1.2　調和球面波の実際（1）

ここでは，HSW の場合でも$\xi$の値によって第 0 種～第 3 種に類別されることを示す．これは三角関数としてのターミナル関数の形による．初めにターミナル関数に

$$\mathcal{T}=R_1\sin(\xi\theta) \qquad (3.1.17)$$

をとり，$\xi=5$ で $\theta=0\sim2\pi$ での $xy, yz, zx$ 面での投影図を図 3.1.3 に示す．$T$ 関数の$\xi$は 5 であるから第 1 種の HMP$=1$ である．$xz$ 面の円は球の赤道 EQ$=R_2$ である．$xy$ 面での波高の高さは球面上の距離として $R_1$ である．$yz$ 面では軌跡が開曲線となっているが，これは投影対称による．さらに，この場合の立体図を図 3.1.4 に示す．この閉 1 次曲線が半径 $R_2$ の球表面に埋め込まれているのがわかるであろう．次に，式(3.1.17)に$\xi=2.5$ をとろう．これは HMP$=2$ の第 2 種である．$xy$, $yz, zx$ 面での投影図を図 3.1.5 に示すが，$xz$ 面も波形は 2 回回っている．そして $xy$ 面は開 1 次曲線としての投影対称である．そして，$yz$ 面は単連続曲線 SCC となっている．この立体図を図 3.1.6 に示す．曲線が交差していることがわかる．さらに，式(3.1.17)で$\xi=1.2$ の場合の 3 方向の投影図を図 3.1.7 に示す．この場合は HMP$=5$ より，$xz$ 面は 5 回回転することになる．この立体図を図 3.1.8 に示す．

**〈HSW が極に達する場合〉**

これまでの議論での波形は球の極 PL に達しないように $R_1$ をとってある．調和円環波 HCW の場合は $R_1$ が増大しても波形が垂直方向に伸びるだけであったが，

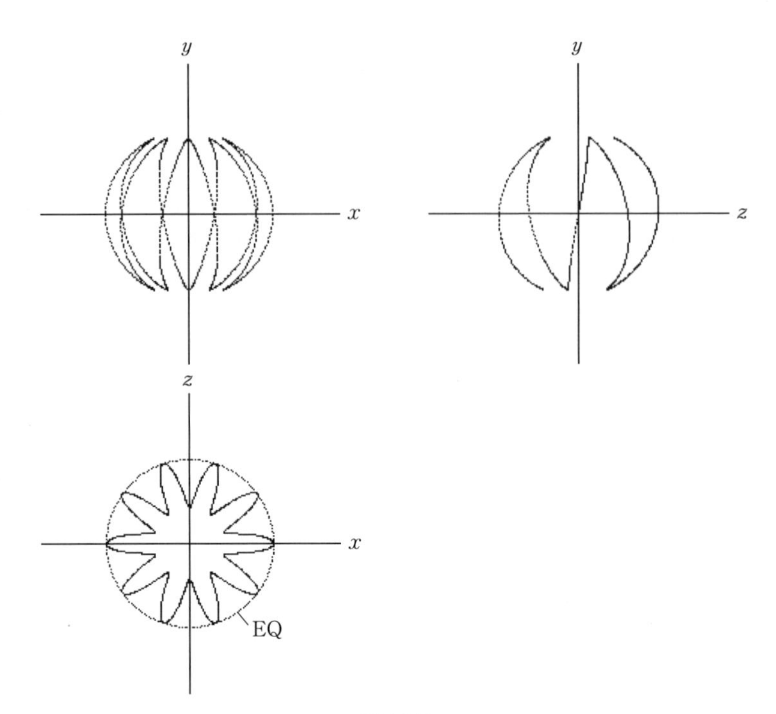


図 3.1.3

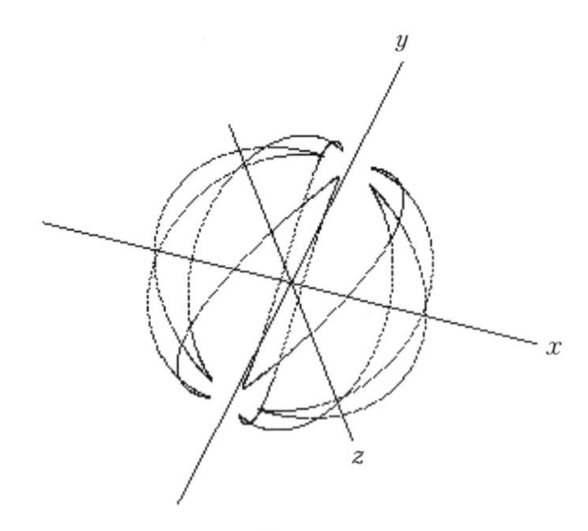


図 3.1.4

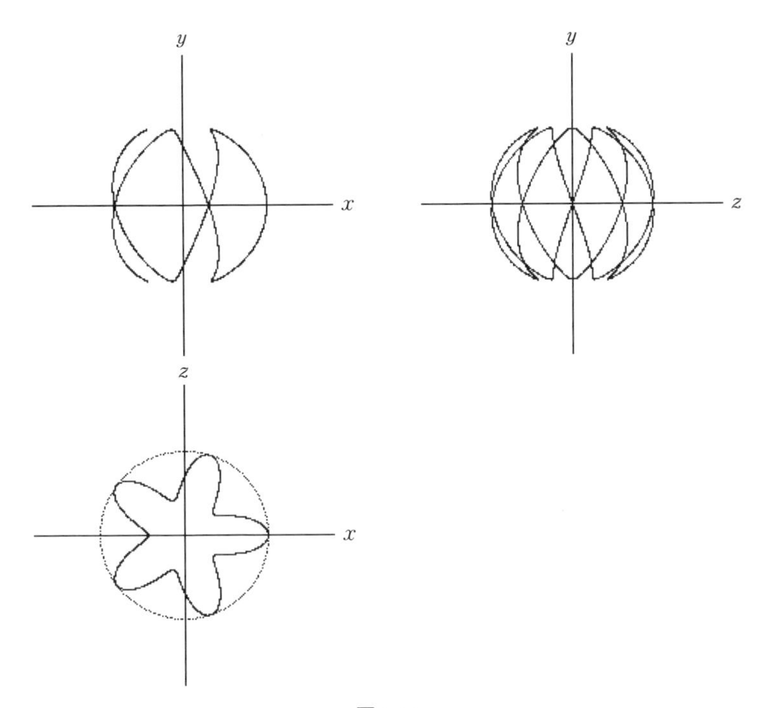


図 3.1.5

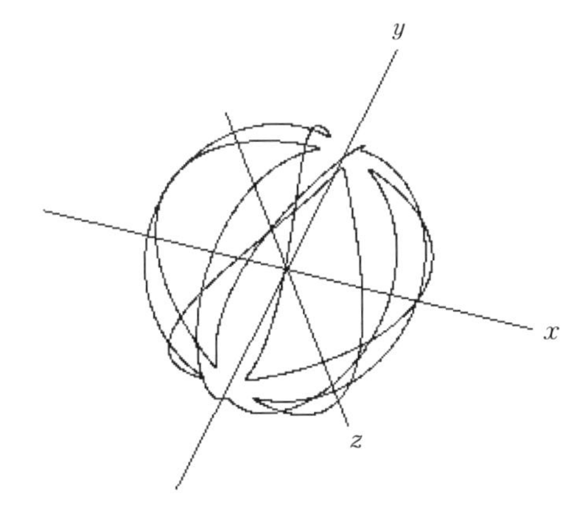


図 3.1.6

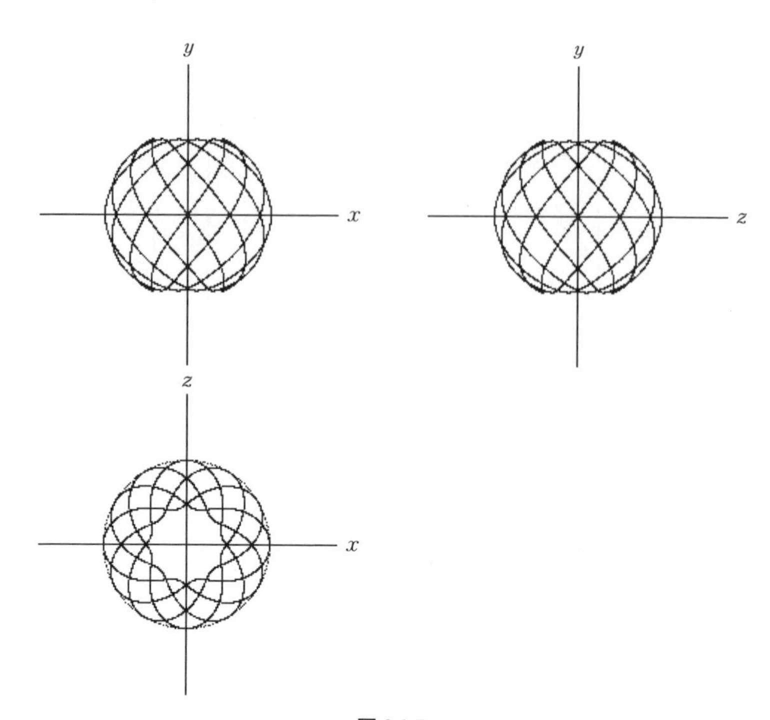


図 3.1.7

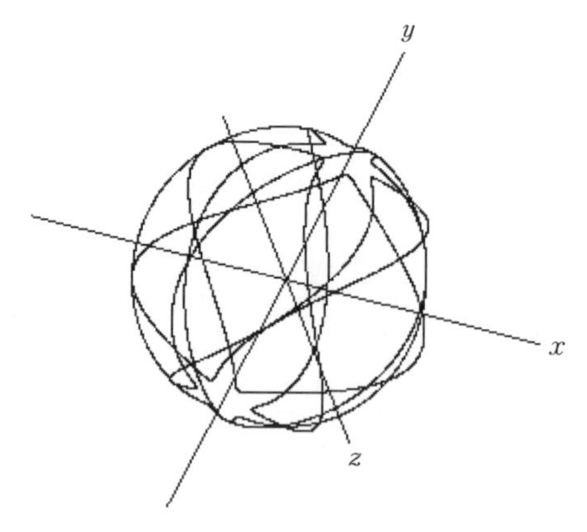


図 3.1.8

HSW では PL を超えてしまう．そこで，PL に達する $R_1$ の値を求めよう．図 3.1.1 を再び見てみよう．図 3.1.1(2)において HSW の軌跡が PL に達する場合は，$\widehat{\mathrm{DF}}$ が円周の 1/4 に達する場合である．$T=R_1 f(\theta)$ とおくと，

$$\mathrm{MAX}=\max(f(\theta))\ :\ \theta>0$$

$$R_1\cdot\mathrm{MAX}=\frac{\pi\cdot R_2}{2}$$

これより，PL に達する $R_1$ の値は

$$\mathrm{PL}\rightarrow R_1=\frac{\pi}{2}\cdot\frac{R_2}{\mathrm{MAX}} \tag{3.1.18}$$

で与えられる．そこで，式(3.1.17)で $\xi=1.2$ での波形が PL に達したケースを考えると，$\max(\sin(\xi\theta))=\mathrm{MAX}=1$ であるから，式(3.1.18)より $R_1=\dfrac{\pi}{2}R_2$ である．この $R_1$ 値による 3 方向の投影図を図 3.1.9 に，またその立体図を図 3.1.10 に示す．これより $y$ 軸の上下の極に波形の先端が集中していることがわかる．

さらに，波形が極を超えるとどうなるであろうか．$T=R_1\sin(5\theta)$ での $R_1$ が PL

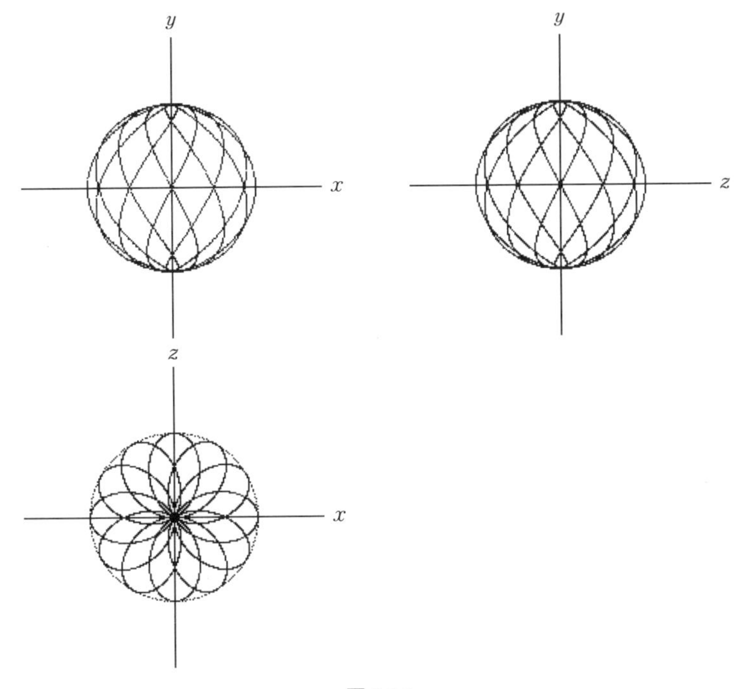


**図 3.1.9**

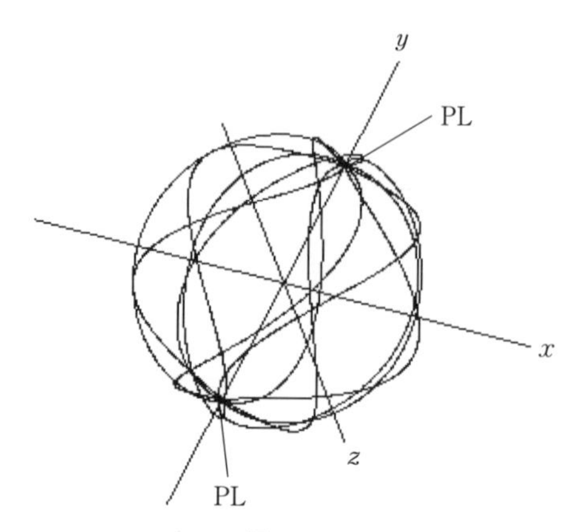


図 3.1.10

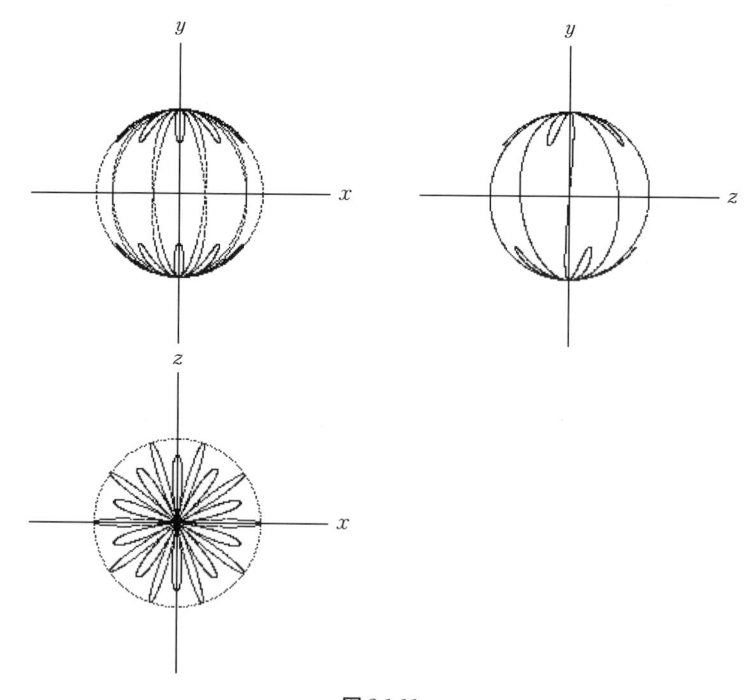


図 3.1.11

を超えた場合の3方向の投影図を図3.1.11に示す．これより$R_1$がどんなに大きくなろうとも波形はSS上にとどまり，外に出ることはない．軌跡はPL以上に成長するとPLから折り返すようにSS面へ戻ってくる．

### 3.1.3　調和球面波の実際（2）

これまでのHSWはターミナル関数が式(3.1.17)のように単調な正弦波であったが，ここでは，さらに複雑な三角関数の場合を議論しよう．そこでターミナル関数を

$$\mathcal{T}=R_1\cos(\xi\theta)\sin\theta \tag{3.1.19}$$

ととろう．この場合でもHSWのパラメータ式は式(3.1.16)で表される．式(3.1.19)において$\xi=5$とすると，HMP=1である．この場合の立体図を図3.1.12に示す．3つの投影面での軌跡はすべてSCCであるから，図3.1.12の軌跡は自己交点をもっていない．

次に，$\xi=2.5$ではHMP=2となる．$\xi=2.5$での$xz, xy, yz$の投影図を図3.1.13に示す．$yz$面はSCCであるが，$xz, xy$面は2回回転している．この場合の立体図を図3.1.14に示す．式(3.1.19)に$\xi=2.5$を与えたHCWの立体図が第2巻の図10.1.15となっている．したがって，HSWの図3.1.14でも自己交点をもつ．さらに，第2巻の図10.1.16(3)は円筒の投影図であるが，球の投影図は図3.1.13の$xz$面となる．

次に，$\xi=1.2$ではHMP=5となる．これより角度範囲は$\theta=0\sim5\times2\pi$となる．$\xi=1.2$での3つの投影図を図3.1.15に示す．この場合，$xz, xy$面はSCCであるが，$yz$面はSCCではない．立体図を図3.1.16に示す．この場合も多くの自己交点をもっ

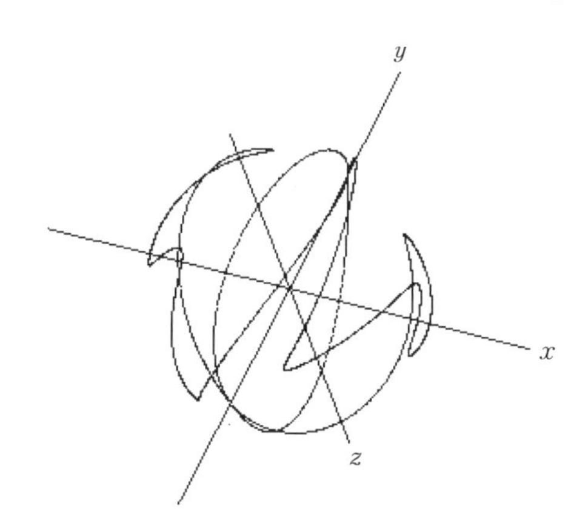


図3.1.12

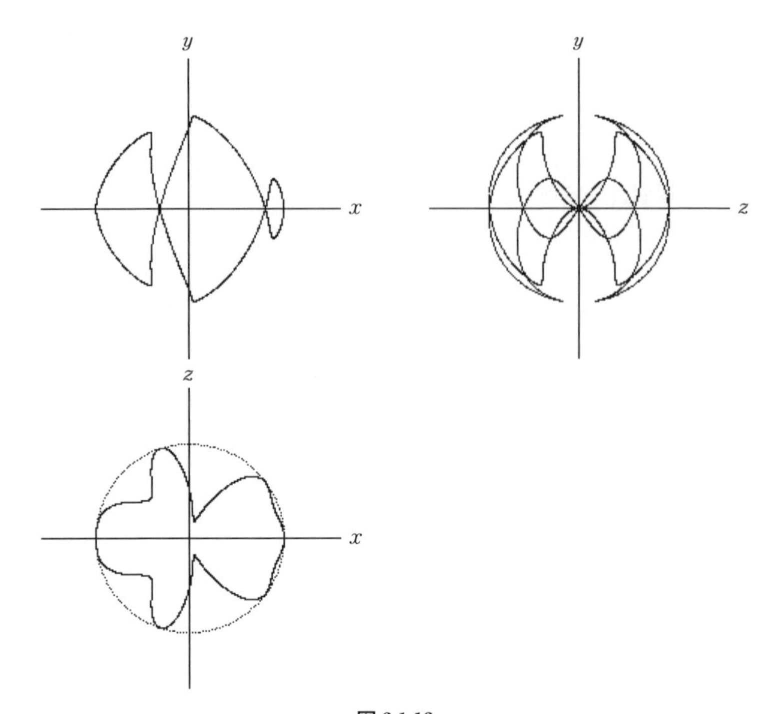


図 3.1.13

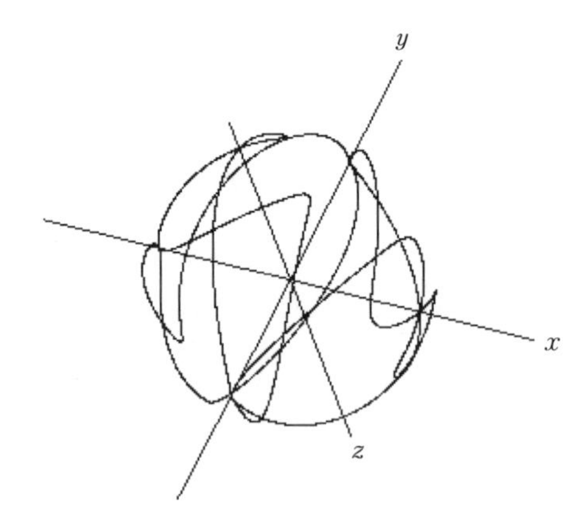


図 3.1.14

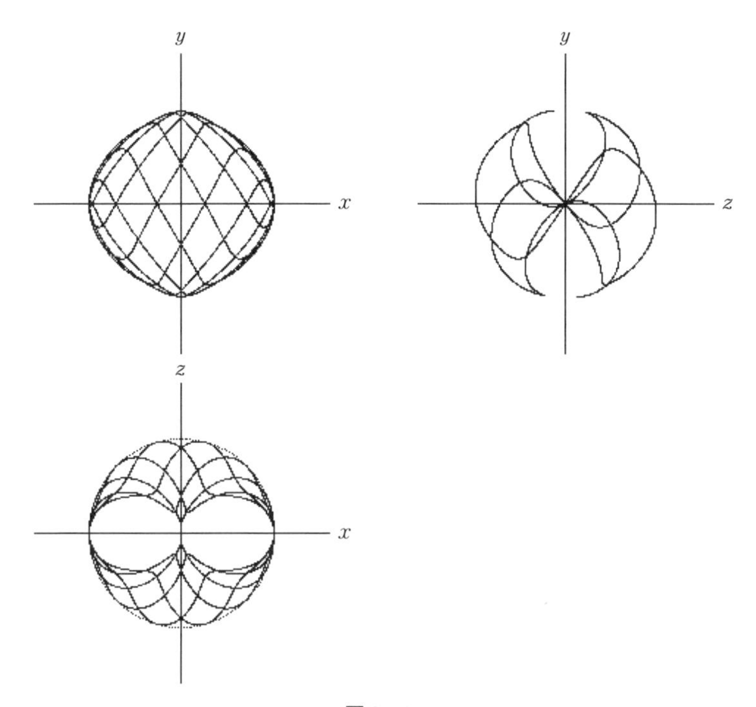


図 3.1.15

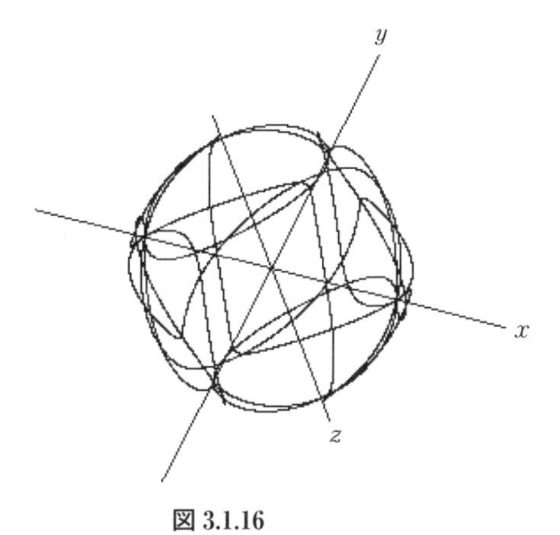


図 3.1.16

ていると推測される（自己回帰調和波の自己交点の詳細は第2巻11章を参照）.

これらの議論よりHSWでもHCWと同じく式(1.4.6)に示した第0種～第3種の類別が成り立つ.

### 3.1.4　第3種の調和球面波

式(1.4.6)より，$\xi$＝無理数ではHMP＝∞となって$\theta$がどんなに増大しても軌跡は始点に戻ることはない．ここでは，式(3.1.17)のターミナル関数を用いて，この軌跡が極（pole）に達した場合を考えよう．極に達する$R_1$は式(3.1.18)にMAX＝1を代入して得た$R_1$を$RR_1$と置き換えよう．すると

$$RR_1=\frac{\pi}{2}R_2 \tag{3.1.20}$$

となり，式(3.1.17)の$R_1$に$RR_1$を代入すると

$$\mathcal{T}=RR_1\sin(\xi\theta) \tag{3.1.21}$$

を得る．式(3.1.17)のターミナル関数に，この式(3.1.21)を用いると第3種の調和

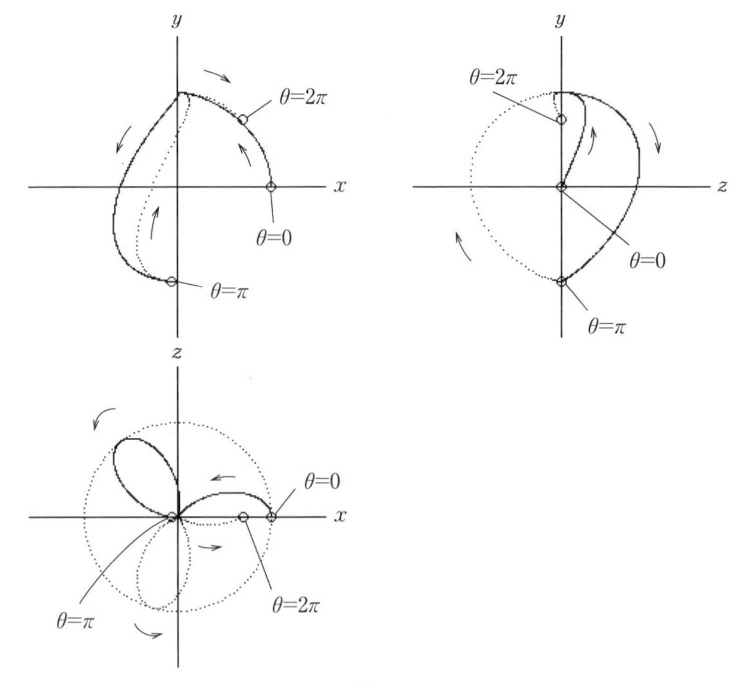


**図 3.1.17**

球面波で球を覆うことができる．

そこで，$\xi=\sqrt{2}$ を与えると式(3.1.21)は

$$\mathcal{T}=\frac{\pi}{2}R_2\sin(\sqrt{2}\,\theta) \tag{3.1.22}$$

となる．$R_2$ は球の半径であるから，式(3.1.22)は球の半径にのみ依存する．式(3.1.22)による HSW を HSW(1)としよう．HSW(1)での 3 方向の $\theta=0\sim2\pi$ までの投影図を図 3.1.17 に示す．実線は $\theta=0\sim\pi$ の軌跡であり，点線は $\theta=\pi\sim2\pi$ の軌跡である．$\theta=0$，$\pi$，$2\pi$ の点を○印で示す．$2\pi$ の点はいずれも始点に戻っていないことがわかる．$xz$ 面をみると $2\pi$ の点は $\theta$ の増大により円周内を葉を描きながら反時計回りに回転する．さらに，$\theta$ を増大させた $\theta=0\sim20\pi$ での 3 方向の投影図を図 3.1.18 に示す．$xz$ 面では多葉を描きながら回転するが軌跡は決して始点に戻ることはない．$\theta=0\sim20\pi$ での立体図を図 3.1.19 に示す．SP（○印）は始点である．軌跡は $y$ 軸を極として球表面を覆うようになる．

次に，$T$ 関数がさらに複雑となった第 3 種の HSW を示そう．ターミナル関数を

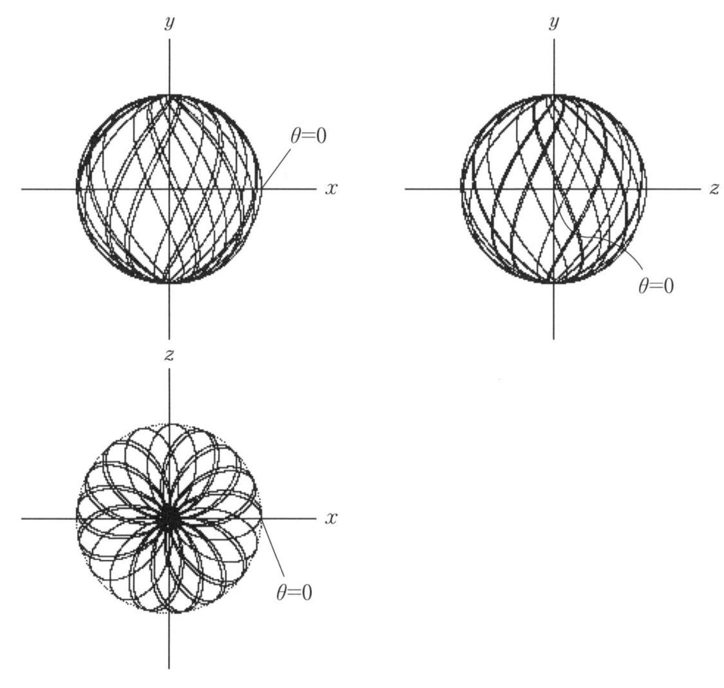


**図 3.1.18**

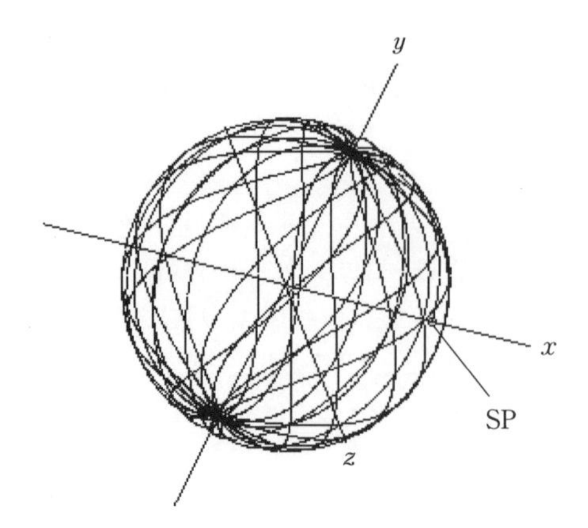


**図 3.1.19**

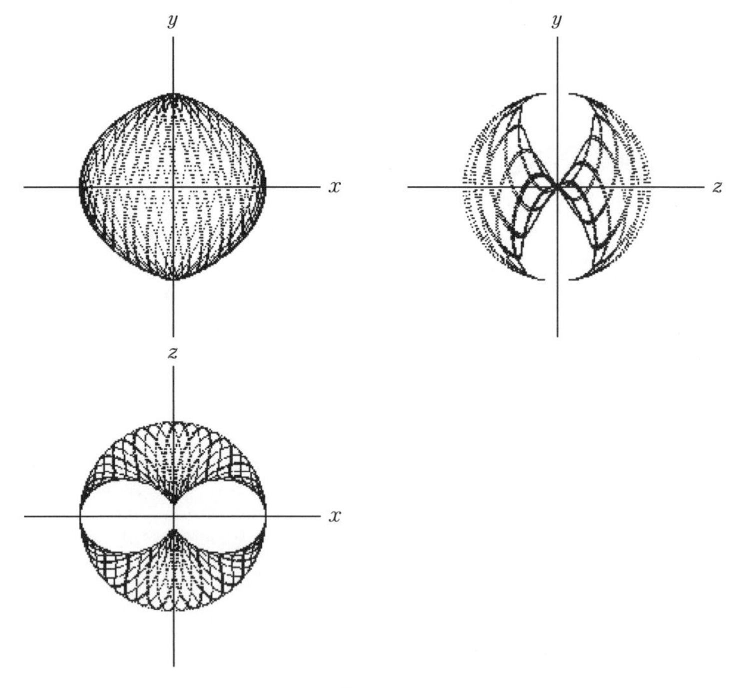


**図 3.1.20**

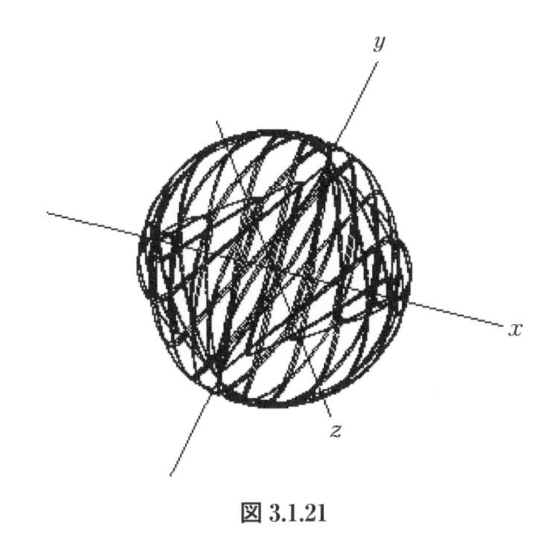


**図 3.1.21**

次のようにおく．

$$T = R_1 \cos(\xi\theta) \sin\theta \qquad (3.1.23)$$

この場合は，式(3.1.18)の MAX は $\xi$ の値によるから，$R_1 : R_2 = 13 : 9$ で作図する．式(3.1.23)に $\xi = \pi$ を与えた第 3 種の HSW を HSW(2)とする．$\theta = 0 \sim 20\pi$ までの 3 方向の投影図を図 3.1.20 に示す．$xz$ 面では内部がコクーン状の空隙となっている．HSW(2)の立体図を図 3.1.21 に示す．この図より外見上で斜めになった長方形状の部分が密になって見えるが，これは図 3.1.20 での $xz$, $yz$ 面での空隙が影響しているものと考えられる．

## 3.2　一般調和球面波

3.1 節で述べた調和球面波 HSW は，いずれも球の赤道 EQ を中心円とした球面波であった．これを拡張して球表面 SS の任意の緯度を中心円 $C_0$ としてとった調和球面波を一般調和球面波 GHSW（general harmonic spherical wave）とよぶ．これにより，SS のどの部位にも極 PL を中心とした球面波を構成することが可能となる．GHSW の加法合成図を図 3.2.1 に示す．図 3.2.1(1)において $y$ 軸の $y$ 方向の延長上に円錐 CN の頂点をとり，CN の側線 $L_0$ を球の大円 $C_1$ に接するようにとると，HSW での式(3.1.4)と同じく HCW の円筒 CL 上の波高距離は $L_0$ 上へ距離を保存して写像される．したがって，図(1)での $C_0$(AB)と AB の $C_1$ 上の点 A と $L_0$ は接点となり，$L_0$ は点 A による $C_1$ の接線となる．これより，A を中心点として $C_1$ 上へ $L_0$ 上の $T$ 値（波高距離）を $C_1$ 上へ距離として写せばよいことになる．

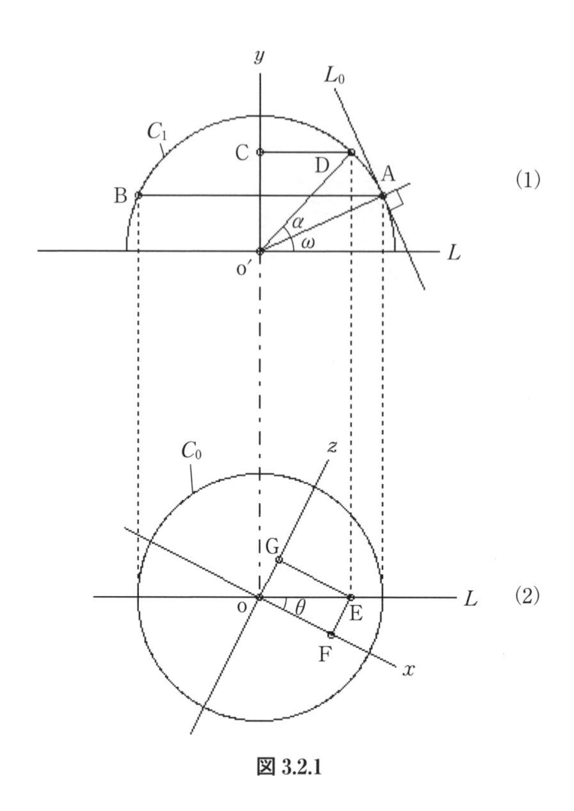


**図 3.2.1**

この距離の写像は

$$\mathrm{HCW}:T\to\mathrm{CN}:L_0\to C_1:T:\mathrm{GHSW} \tag{3.2.1}$$

となる．ここで，球 S の緯度を $\omega$ とすると

$\omega$（ラジアン）$=$o′ から EQ($L$) の角度

となる．ここで，緯度 $\omega$ での SS 上の緯度線（円）：$C_0$（直径$=\overline{\mathrm{AB}}$）とする．

図 3.2.1(1)において

$$\begin{aligned} &C_1:半径=R_1=\overline{\mathrm{o'A}}=\overline{\mathrm{o'D}} \\ &C_0:半径=R_2 \end{aligned} \tag{3.2.2}$$

とすると

$$L_0\perp \mathrm{o'A} \tag{3.2.3}$$

$$R_2=\overline{\mathrm{o'A}}\cos\omega=R_1\cos\omega \tag{3.2.4}$$

である．ここで，$L_0$ 上の $T$ 値は

$$L_0:T=\overset{\frown}{\mathrm{AD}}=R_3 f(\xi\theta) \tag{3.2.5}$$

と与えられて，$C_1$ 上で o′ から $\widehat{\mathrm{AD}}$ の角度を $\alpha$ とすると式(3.1.9)と同じく

$$\alpha=\frac{T}{R_1} \tag{3.2.6}$$

となる．

図(1) → 図(2)において，$\overline{\mathrm{oE}}$ を $Q$ とおくと式(3.2.2)より

$$\begin{aligned} Q=\overline{\mathrm{oE}}=\overline{\mathrm{DC}}&=\overline{\mathrm{o'D}}\cos(\omega+\alpha) \\ &=R_1\cos(\omega+\alpha) \end{aligned} \tag{3.2.7}$$

また，$y$ 値は

$$y=\overline{\mathrm{o'C}}=\overline{\mathrm{o'D}}\sin(\omega+\alpha)=R_1\sin(\omega+\alpha) \tag{3.2.8}$$

図 3.2.1(2)において，$x, z$ 値は，式(3.2.7)より

$$\begin{aligned} x&=\overline{\mathrm{oE}}\cos\theta=Q\cos\theta \\ z&=\overline{\mathrm{oE}}\sin\theta=Q\sin\theta \end{aligned} \tag{3.2.9}$$

で与えられる．ここで，式(3.2.5)の $T$ 値は $\theta$ によるターミナル関数 $\mathcal{T}$ であるから，$T=\mathcal{T}$ として，GHSW のパラメータ式は式(3.2.5)，(3.2.6)，(3.2.8)および式(3.2.9)より

$$\begin{aligned} &\mathcal{T}=R_3 f(\xi\theta) \\ &\alpha=\frac{\mathcal{T}}{R_1} \\ &x=R_1\cos(\omega+\alpha)\cos\theta \\ &y=R_1\sin(\omega+\alpha) \\ &z=R_1\cos(\omega+\alpha)\sin\theta \end{aligned} \tag{3.2.10}$$

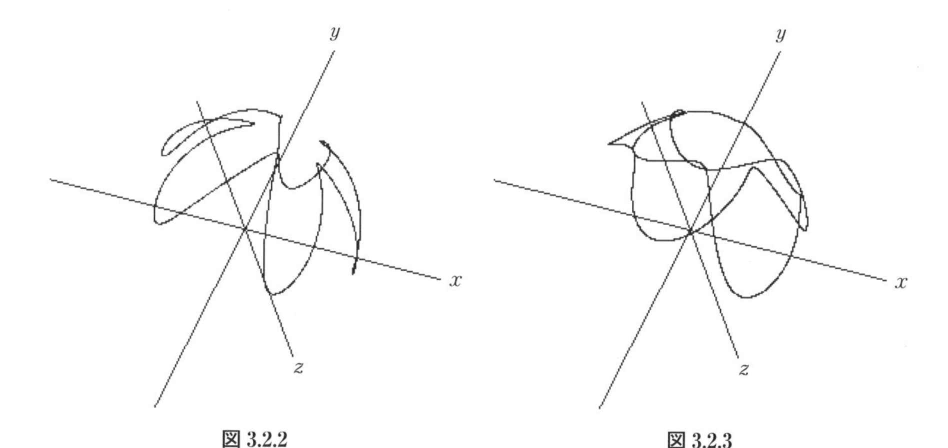


図 3.2.2　　図 3.2.3

で与えられる．$R_1$ は球の半径であり，$R_3$ は $T$ 関数での固有な値である．ここで，

$$0 \leqq \omega < \frac{\pi}{2} \tag{3.2.11}$$

であり，$\omega=0$ のときは3.1節での HSW と同値となる．

ここで，ターミナル関数に $\mathcal{T}=R_3\sin(5\theta)$ をとり $\omega=0.2\pi$ での立体図を図3.2.2に示す．これは sin カーブが5個より構成されており，EQ より 36° 傾いた GHSW となっている．さらに，$\mathcal{T}=R_3\cos(2.5\theta)\sin\theta$ で $\omega=0.2\pi$ での立体図を図3.2.3に示す．この場合は，HMP=2 であるから球面上を2回回転している．

## 3.3　2次元自己回帰調和波の球面波

これまでの議論より，HCW を任意の角度 $\omega$ により球表面 SS 上に埋め込み GHSW を得ることを述べた．このとき，加法合成図の図3.2.1を拡張して第2巻で明らかにした多葉クローバーや2重ハートタイプ DHC などの2次元多様体を2次元自己回帰調和波として SS 上に埋め込み，球面波を構成することが可能である．多葉クローバーのパラメータ式は

$$\begin{aligned} x &= R_3\cos(n\theta)\cos\theta \\ y &= R_4\cos(n\theta)\sin\theta \end{aligned} \tag{3.3.1}$$

で与えられ，DHC のパラメータ式は

$$\begin{aligned} x &= R_3\cos\theta\sin\theta \\ y &= R_4\sin\theta\cos(2\theta) \end{aligned} \tag{3.3.2}$$

である．ここで，DHC などは2次元平面上に作成されるが，この $xy$ 面の原点 o を球表面の1点 A に接して，$xy$ 面を $L_0$ の2次元平面とすると，$L_0 \to$ SS へ DHC などの距離を写すことができる．2次元平面 $L_0$ 上に作成される自己回帰調和波（1次元閉曲線）を

$$\begin{aligned} x &= f(\theta) \\ y &= g(\theta) \end{aligned} \tag{3.3.3}$$

とすると，パラメータは $\theta$ であり，$\theta=0\sim2\pi$ で閉曲線を描くものとする．この式(3.3.3)は球表面へ軌跡を埋め込むための原始的関数であるから，式(3.3.3)をそのまま用いてこれをターミナル関数 $\mathcal{T}_x$，$\mathcal{T}_y$ としよう．これより，

$$\begin{aligned} \mathcal{T}_x &= f(\theta) \\ \mathcal{T}_y &= g(\theta) \end{aligned} \tag{3.3.4}$$

となり，$\mathcal{T}_x$ は $x$ 方向に作用する $T$ 関数であり，$\mathcal{T}_y$ は $y$ 方向に作用する $T$ 関数で

ある．このときの加法合成図を図 3.3.1 に示す．図 3.3.1 では新たに直交座標 $\Gamma(x, y, z)$ をとり，$L_0$ はこの $\Gamma$ 中での平面とする．図 3.3.1 において球 S の半径を $R_1$ とし，球面波の $y$ 方向の傾斜緯度を $\omega$ とする．これより

$$\begin{aligned} &C_1\ (\text{S}の大円)：半径 = R_1 = \overline{\mathrm{Ao'}} = \overline{\mathrm{Bo'}} \\ &C_2：半径 = R_2 = \overline{\mathrm{oH}} = \overline{\mathrm{oG}} \end{aligned} \tag{3.3.5}$$

また

$$R_2 = \overline{\mathrm{oG}} = \overline{\mathrm{Ao'}} \cos\omega = R_1 \cos\omega \tag{3.3.6}$$

である．このとき，平面 $L_0$ は図(1)では直線 $L_1$ として点 A，図(2)では直線 $L_2$ として点 H とのみ接している．

$$\begin{aligned} &L_0：(L_1, L_2)： \\ &\quad \mathrm{A} = \mathrm{H} \\ &\quad \mathrm{o'A} \perp L_1 \\ &\quad \mathrm{oH} \perp L_2 \end{aligned} \tag{3.3.7}$$

ここで，式(3.3.3)の角度 $\theta$ を固定したときの $L_1, L_2$ 上の A, H からの $\theta$ による距離は式(3.3.4)のターミナル関数値を与えるから，

$$\begin{aligned} &L_1：\overline{\mathrm{AD}} = \mathcal{T}_y = g(\theta) \\ &L_2：\overline{\mathrm{HF}} = \mathcal{T}_x = f(\theta) \end{aligned} \tag{3.3.8}$$

となる．$y$ 方向ではこの AD の距離を $C_1$ 上の円弧 $\widehat{\mathrm{AB}}$ へ距離として写すことになるから，図 3.3.1(1)において

$$y\,方向：\overline{\mathrm{AD}} = \widehat{\mathrm{AB}} \tag{3.3.9}$$

より，$C_1$ 上での角度 $\alpha$ は

$$\alpha = \frac{\widehat{\mathrm{AB}}}{R_1} = \frac{\mathcal{T}_y}{R_1} \tag{3.3.10}$$

を得る．さらに，

$$\angle \mathrm{Bo'}L = \omega + \alpha$$

より，$y$ 成分は

$$y = \overline{\mathrm{Co'}} = \overline{\mathrm{Bo'}} \sin(\omega+\alpha) = R_1 \sin(\omega+\alpha) \tag{3.3.11}$$

を得る．$x, z$ 成分は図(2)より

$$\overline{\mathrm{HF}} = \widehat{\mathrm{HG}} \tag{3.3.12}$$

として，$\widehat{\mathrm{HG}}$ の円弧のとる角度を $\angle \mathrm{GoH} = \beta$ とすると，

$$\beta = \frac{\widehat{\mathrm{HG}}}{R_2} = \frac{\mathcal{T}_x}{R_2} \tag{3.3.13}$$

となる．また，図(1) → 図(2)において，$\overline{\mathrm{BC}}=Q$ とすると

$$Q=\overline{\mathrm{BC}}=\overline{\mathrm{oI}}=\overline{\mathrm{Bo'}}\cos(\omega+\alpha)=R_1\cos(\omega+\alpha) \tag{3.3.14}$$

である．ここで，図(2)の $L$ 線上の oI が $x, z$ 値を与えるから，

$$\begin{aligned} x&=\overline{\mathrm{oJ}}=\overline{\mathrm{oI}}\cos\beta=Q\cos\beta \\ z&=\overline{\mathrm{oK}}=\overline{\mathrm{oI}}\sin\beta=Q\sin\beta \end{aligned} \tag{3.3.15}$$

より，$(x, z)$ 値を得る．また，2次元自己回帰調和波（DHC など）にも $\xi\theta$ が成り立つ．これより，2次元自己回帰調和波による球面波のパラメータ式は，式(3.3.4)，(3.3.6)，(3.3.10)，(3.3.11)，(3.3.13)，(3.3.14)および式(3.3.15)より

$$\begin{aligned} \mathcal{T}_x&=f(\xi\theta) \\ \mathcal{T}_y&=g(\xi\theta) \\ R_2&=R_1\cos\omega \\ \alpha&=\frac{\mathcal{T}_y}{R_1} \\ \beta&=\frac{\mathcal{T}_x}{R_2} \\ x&=R_1\cos(\omega+\alpha)\cos\beta \\ y&=R_1\sin(\omega+\alpha) \\ z&=R_1\cos(\omega+\alpha)\sin\beta \end{aligned} \tag{3.3.16}$$

で与えられる．式(3.3.16)は球の半径 $R_1$ と傾斜緯度 $\omega$ を指定すれば，$\theta=0\sim2\pi$ のみで決まることになる．

**〈2次元自己回帰調和波による球面波の実際〉**

式(3.3.1)の多葉クローバーに $n=5$ をとると，ターミナル関数は

$$\begin{aligned} \mathcal{T}_x&=R_3\cos(5\theta)\cos\theta \\ \mathcal{T}_y&=R_4\cos(5\theta)\sin\theta \end{aligned} \tag{3.3.17}$$

で与えられる．式(3.3.17)で $\omega=0$ とし，$\theta=0\sim2\pi$ による立体回転図を図3.3.2に示す．この図は5葉となっており，中心点は $x$ 軸上にあって2次元平面での5葉クローバーを球面に埋め込んだ構造となっている．式(3.3.17)で $\omega=0.15\pi(27°)$ 傾斜した立体図を図3.3.3に示す．次に，式(3.3.2)による DHC のターミナル関数は

$$\begin{aligned} \mathcal{T}_x&=R_3\cos\theta\sin\theta \\ \mathcal{T}_y&=R_4\sin\theta\cos(2\theta) \end{aligned} \tag{3.3.18}$$

で与えられる．式(3.3.18)で $\omega=0$ とした DHC の球面波を図3.3.4に示す．$x$ 軸上を中心として DHC が球面上に埋め込まれていることがわかる．

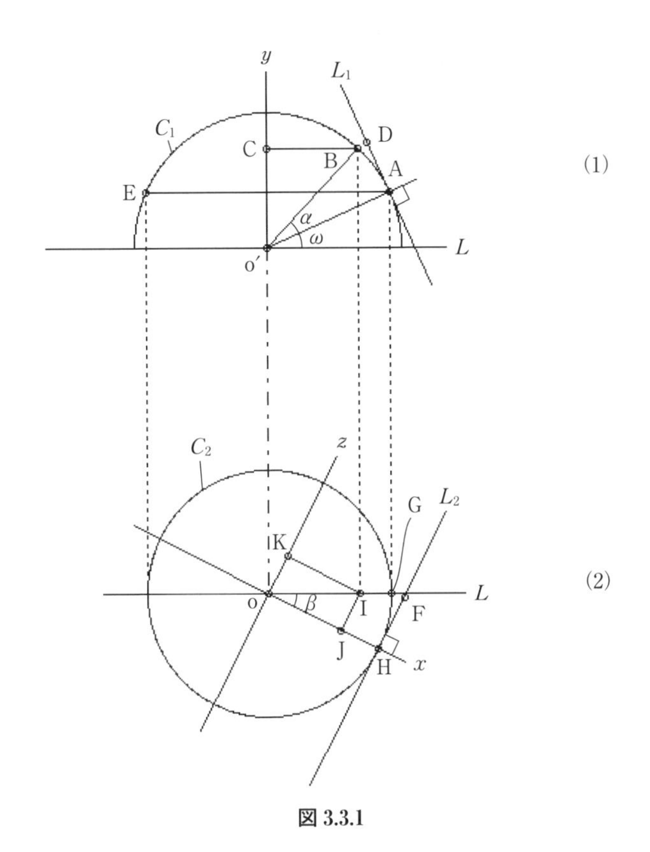


**図 3.3.1**

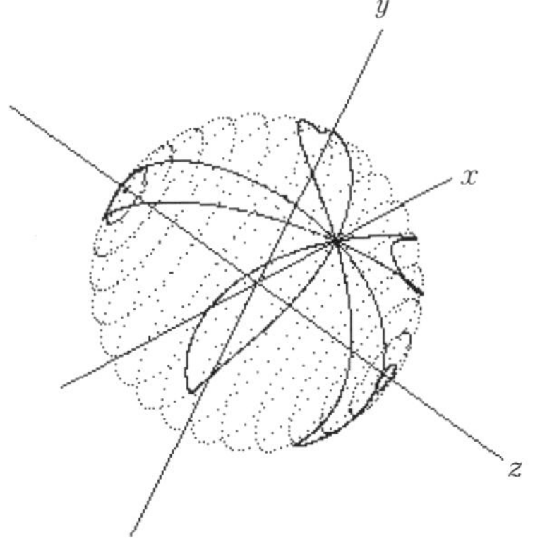


**図 3.3.2**

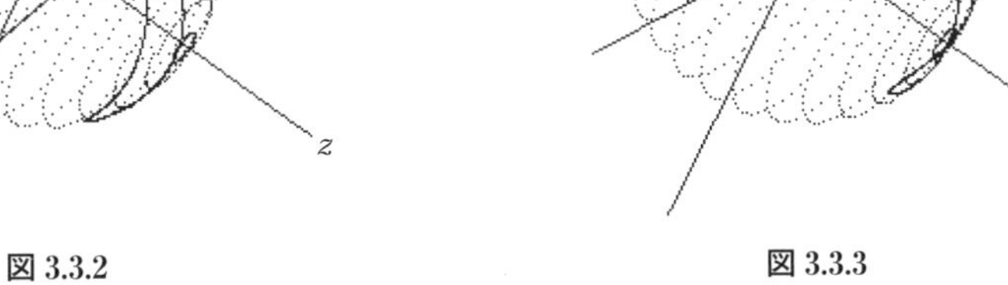


**図 3.3.3**

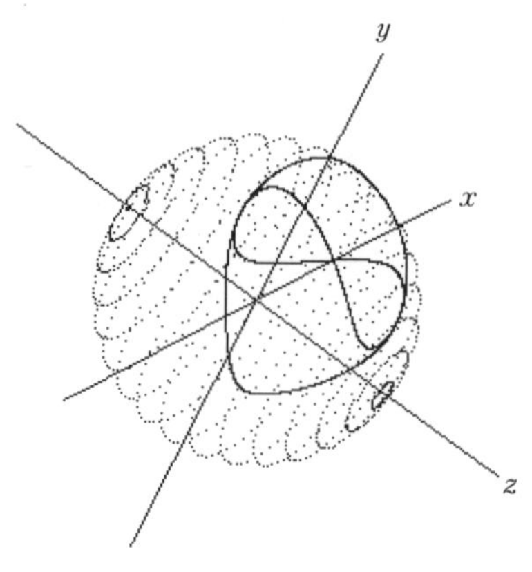


図 3.3.4

## 3.4　射影空間での球面波

これまでの調和球面波 HSW は，HCW から HSW への距離から距離への写像であった．ここでは射影空間 PS での円筒 CL から球表面 SS への球の中心 o からの射影線による写像を扱う．この球面波を射影球面波 PSW とよぶ．よって

$$\mathrm{PS}:\mathrm{o}:\mathrm{CL}\xrightarrow[\text{射影}]{}\mathrm{S}\quad(\text{距離の比})\tag{3.4.1}$$

である．これは CL の内部に接するように置かれた球はリーマン球となる．これを図 3.4.1 に示す．球 S は赤道線 $H_0$ で CL と接しており，S の中心 o からの射影線 $L$ は S と CL のそれぞれ 1 点を定める．このとき，PS の中では CL の上方の無限遠の $H_1$ は CL の無限遠点の集合となる．同様に下方の $H_2$ も無限遠点の集合となる．リーマン球ではこの S の極 $P_1$，$P_2$ はそれぞれ $H_1$，$H_2$ と PS 中で同相となる．

$$\mathrm{PS}:H_1\simeq P_1$$
$$H_2\simeq P_2$$

これより，CL 中の HCW の波高がどれほど高くても，SS 上に写像されたとき，$P_1$，$P_2$ を超えることはない．

### 3.4.1　PSW の加法合成

図 3.4.2 に PSW の加法合成図を示す．球 S の大円 $C_1$ の半径を $R$ とする．ここで，CL 上の基本となる HCW の $z$ 方向値をターミナル関数 $\mathcal{T}$ ととると，

$$z=\mathcal{T}=f(\xi\theta)\tag{3.4.2}$$

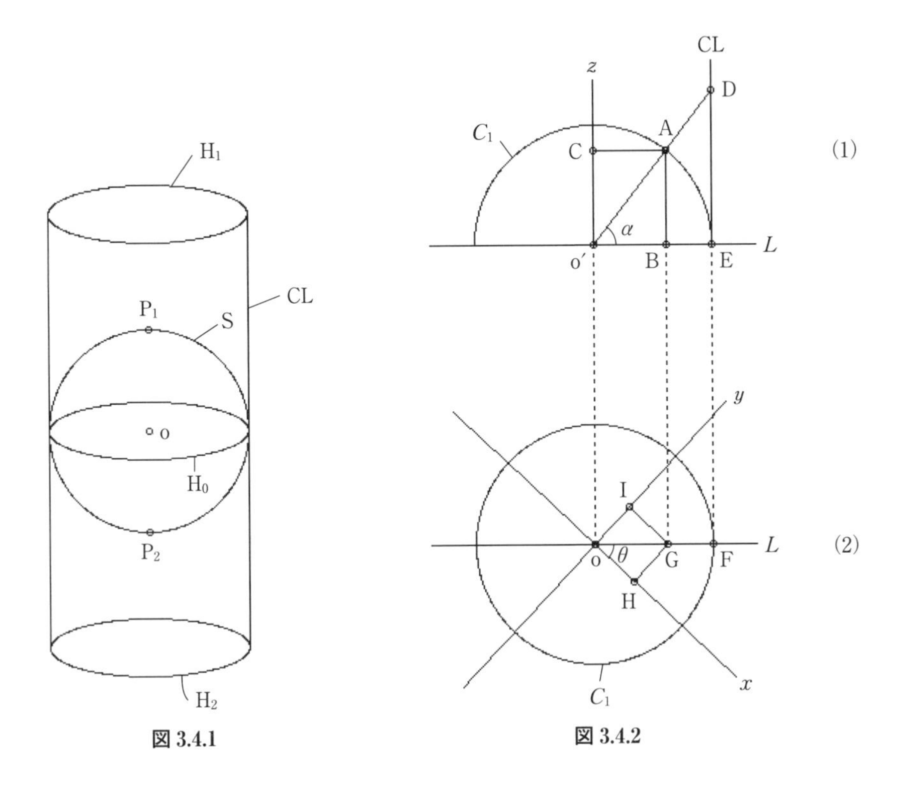


**図 3.4.1**　**図 3.4.2**

である．図 3.4.2(2)に HCW が $x$ 軸上より $\theta$ だけ反時計回りに回転した線として $L$ をとる．$z$ 方向はこの $L$ 線上に図(1)のように $Lz$ 面をとる．$x$ 軸より $\theta$ 回転したときの $z$ 値（$T$ 値）は図(1)の CL 上の DE として与えられる．これより

$$L : \mathrm{o}=\mathrm{o}',\ \mathrm{B}=\mathrm{G},\ \mathrm{E}=\mathrm{F}$$
$$\mathrm{CL} : T=\overline{\mathrm{DE}}=f(\xi\theta) \tag{3.4.3}$$

である．この CL 上の点 D は o′D の射影線により $C_1$ 上の点 A へ写る．

$$\mathrm{PS} : \mathrm{CL} : \mathrm{D} \xrightarrow[\text{射影}]{} \mathrm{A} : C_1 : \mathrm{S} \tag{3.4.4}$$

これより，A の集合 {A} が S 上での PSW の軌跡となる．ここで，

$$\overline{\mathrm{o'A}}=\overline{\mathrm{o'E}}=\overline{\mathrm{oF}}=R \tag{3.4.5}$$

直角三角形 △Do′E より，

$$AA=\overline{\mathrm{o'D}}=\sqrt{\overline{\mathrm{o'E}}^2+\overline{\mathrm{DE}}^2}=\sqrt{R^2+T^2} \tag{3.4.6}$$

また，角度 $\alpha$ を ∠Do′E＝$\alpha$ とすると

$$\cos\alpha = \frac{\overline{\mathrm{o'E}}}{\overline{\mathrm{o'D}}} = \frac{R}{AA} \tag{3.4.7}$$

$$\sin\alpha = \frac{\overline{\mathrm{DE}}}{\overline{\mathrm{o'D}}} = \frac{T}{AA} \tag{3.4.8}$$

となる．さらに，式(3.4.5)～(3.4.7)より

$$BB = \overline{\mathrm{o'B}} = \overline{\mathrm{oG}} = \overline{\mathrm{o'A}}\cos\alpha = \frac{R^2}{AA} \tag{3.4.9}$$

を得る．また，$z$ 方向値は式(3.4.8)より

$$z = \overline{\mathrm{o'C}} = \overline{\mathrm{o'A}}\sin\alpha = R\sin\alpha = \frac{R \cdot T}{AA} \tag{3.4.10}$$

となる．さらに，$(x, z)$ 値は図3.4.2(2)より，$\overline{\mathrm{o'B}} = \overline{\mathrm{oG}}$ であるから，式(3.4.9)より

$$\begin{aligned} x &= \overline{\mathrm{oH}} = \overline{\mathrm{oG}}\cos\theta = BB\cos\theta \\ y &= \overline{\mathrm{oI}} = \overline{\mathrm{oG}}\sin\theta = BB\sin\theta \end{aligned} \tag{3.4.11}$$

となる．ここで，角度 $\alpha$ は式(3.4.7)および式(3.4.8)より，$\theta$ による従属角度であるから，PSW は $\theta$ にのみ依存する．$T = \mathcal{T}$ とし，球Sの半径を $R$ とすると，PSW のパラメータ式は，式(3.4.3)，(3.4.6)，(3.4.9)，(3.4.10)および式(3.4.11)より，

$$\begin{aligned} &\mathcal{T} = f(\xi\theta) \\ &AA = \sqrt{R^2 + \mathcal{T}^2} \\ &x = \frac{R^2}{AA}\cos\theta \\ &y = \frac{R^2}{AA}\sin\theta \\ &z = \frac{R \cdot \mathcal{T}}{AA} \end{aligned} \tag{3.4.12}$$

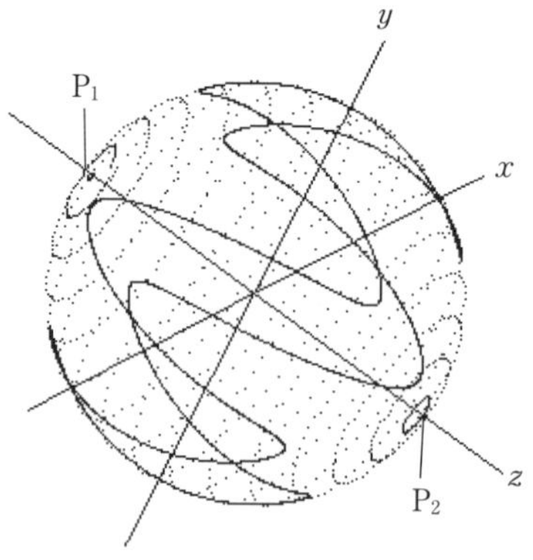


**図 3.4.3**

で与えられる．

PSW の一例として，$T=R_1\sin(5\theta)$，$\theta=0\sim2\pi$ での立体図を図 3.4.3 に示す．$z$ 軸上の $P_1$，$P_2$ は S の極である．この $T$ 関数の $R_1$ がどれほど大きくなっても，S 上の軌跡が $P_1$，$P_2$ を超えることはない．

# 第 4 章

# 円環トーラス表面波

## 4.1　調和円環トーラス表面波

図 3.1.1 を再びみてみよう．これは調和円環波 HCW から調和球面波 HSW への波高距離の写像を示している．この図 3.1.1(2) での球の大円 MR を図 1.2.1 での円環トーラス CT の外円 $C_1$ と同一視すると，$L$ 線上に $C_1$ を $xz$ 面で原点 o を中心にして $2\pi$ 回転させると CT の内側の円ができ，これを CT の内円とする．さらに，CT に垂直に $z$ 方向にこの内円に接した円筒 CL を置くことができる．この CL 表面には内円を中心円とした HCW が構成でき，この HCW は図 3.1.1 と同様に CT 表面に HCW の波高距離を写すことが可能となる．この HCW の CL は CT の外側にも置くことができ，この外側 CL の円をここでの外円とよぶ．このように，CT 表面に HCW の波高距離を距離から距離へ写像された閉 1 次曲線群を調和円環トーラス表面波 HCTW（harmonic circular torus wave）とよぶ．これより，HCTW は座標原点を中心とした CT の中央円 $CC$ の円周方向へ回転する閉 1 次曲線となる．また，HCTW は内円と外円の場合に分かれる．

### 4.1.1　CT の内円による調和円環トーラス表面波

図 4.1.1 に CT の内円による HCTW の加法合成図を示す．図 4.1.1 において

$$\begin{aligned} &C_1\text{：CTの垂直円：半径}=R_1 \\ &C_2\text{：CTの内円：半径}=R_2 \end{aligned} \qquad (4.1.1)$$

とする．ここで，$W_1$ の垂線は HCW の円筒 CL である．ここでも CL 上の HCW

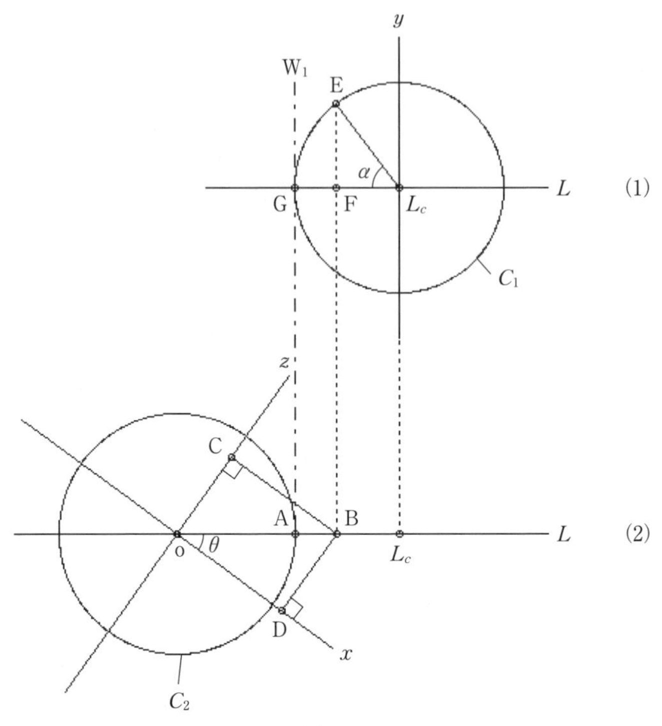


**図 4.1.1**

による波高距離を $T$ とする．これより CT の場合は CL 上の HCW の波高距離は，$W_1$ から $C_1$ 上の $\widehat{EG}$ へ距離として写る．よって

$$\mathrm{HCW} : W_1 : T \quad \rightarrow \quad \widehat{EG} : C_1 : \mathrm{HCTW} \tag{4.1.2}$$

である．ここで，$C_1$ 上の $\widehat{EG}$ の角度を $\alpha$ とすると，

$$T = \widehat{EG} = 2\pi R_1 \frac{\alpha}{2\pi} = R_1\alpha \tag{4.1.3}$$

これより

$$\alpha = \frac{T}{R_1} \tag{4.1.4}$$

を得る．ここで，式(4.1.3)の $T$ 値はターミナル関数であるから，

$$T = \mathcal{T} = f(\xi\theta) \tag{4.1.5}$$

である．図 4.1.1(1)において

$$\begin{aligned}&\overline{L_c\mathrm{E}}=R_1\\&\overline{L_c\mathrm{F}}=\overline{L_c\mathrm{E}}\cos\alpha=R_1\cos\alpha\end{aligned}\tag{4.1.6}$$

$y$ 値は

$$y=\overline{\mathrm{EF}}=\overline{L_c\mathrm{E}}\sin\alpha=R_1\sin\alpha\tag{4.1.7}$$

となる．また，$\overline{\mathrm{GF}}$ は

$$\begin{aligned}\overline{\mathrm{GF}}&=\overline{\mathrm{AB}}=R_1-\overline{L_c\mathrm{F}}\\&=R_1-R_1\cos\alpha\\&=R_1(1-\cos\alpha)\end{aligned}\tag{4.1.8}$$

で与えられる．図 4.1.1(1)→(2)において，$\overline{\mathrm{oB}}$ を $Q$ とおくと式(4.1.8)より，

$$\begin{aligned}&\overline{\mathrm{oA}}=R_2\\&Q=\overline{\mathrm{oB}}=\overline{\mathrm{oA}}+\overline{\mathrm{AB}}=R_2+R_1(1-\cos\alpha)\end{aligned}\tag{4.1.9}$$

となる．図(2)より，$x$，$z$ 値は

$$\begin{aligned}&x=\overline{\mathrm{oD}}=\overline{\mathrm{oB}}\cos\theta=Q\cos\theta\\&z=\overline{\mathrm{oC}}=\overline{\mathrm{oB}}\sin\theta=Q\sin\theta\end{aligned}\tag{4.1.10}$$

である．

以上の議論により，CT の内円による調和円環トーラス表面波のパラメータ式は，式(4.1.4)，(4.1.5)，(4.1.7)，(4.1.9)および式(4.1.10)より，

$$\begin{aligned}&\mathcal{T}=f(\xi\theta)\\&\alpha=\frac{\mathcal{T}}{R_1}\\&Q=R_2+R_1(1-\cos\alpha)\\&x=Q\cos\theta\\&y=R_1\sin\alpha\\&z=Q\sin\theta\end{aligned}\tag{4.1.11}$$

で与えられ，$R_1$ は CT の垂直円の半径，$R_2$ は CT の内円の半径であり，$\alpha$ は 2 次パラメータとなっている．また，$\theta=0\sim2\pi$ でトーラス円周を回転する．

**〈内円による HCTW の実際〉**

$\mathcal{T}=R_3\sin(5\theta)$ での $xz$，$xy$，$yz$ 面での投影図を図 4.1.2 に示す．$xz$ 面での $CC$ は CT の中央円である．$xy$，$yz$ 面より HCTW が CT 表面に内側から埋め込まれているのがわかる．また，この場合の立体図を図 4.1.3 に示す．次に，$T$ 関数のさらに複雑な場合として，$\mathcal{T}=R_3\cos(2.5\theta)\sin\theta$ での 3 方向の投影図を図 4.1.4 に示す．この場合は HMP=2 であるから，$xz$，$xy$ 面は 2 回回転している．この場合の立体図を図 4.1.5 に示す．この立体図は CT の表面を 2 回回転した閉 1 次曲線となって

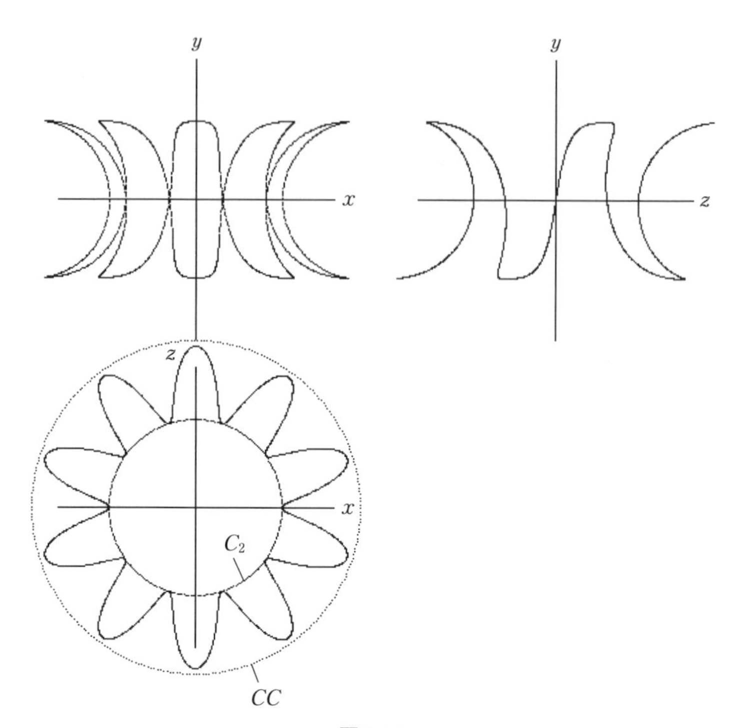


図 4.1.2

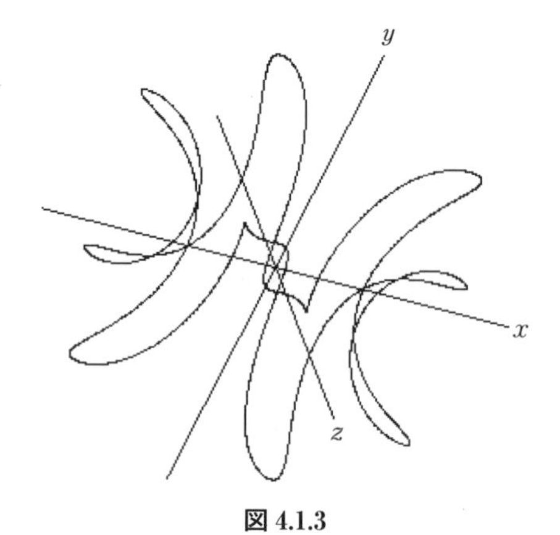


図 4.1.3

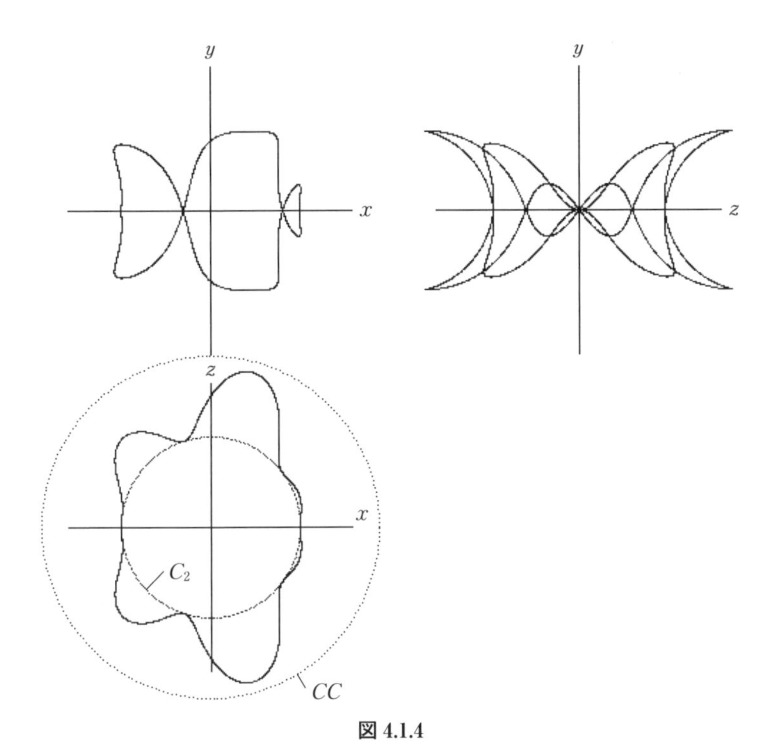


図 4.1.4

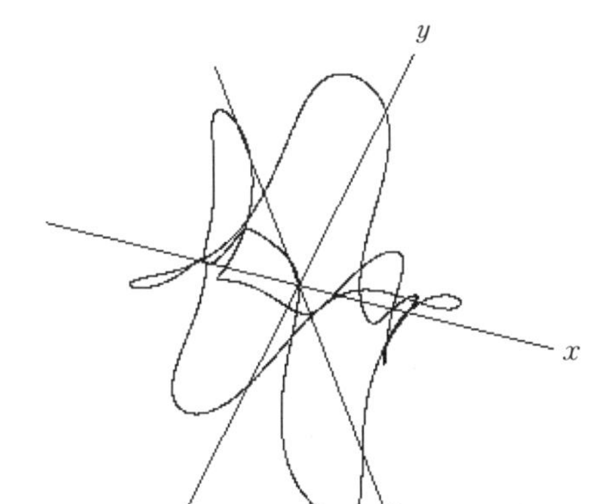


図 4.1.5

いる．これより，HCTW の場合も $\xi$ の値により第0種～第3種に分かれる．

### 4.1.2　CT の外円による調和円環トーラス表面波

図4.1.6 に CT の外円による HCTW の加法合成図を示す．$C_2$ を内円，$C_4$ を外円として，$C_4$ の半径を $R_4$ とする．HCW の CL は $C_4$ となり，その垂直面を $W_2$ とする．これより，

$$\mathrm{HCW} : \mathrm{W}_2 : T \ \rightarrow \ \widehat{\mathrm{GI}} : C_1 : \mathrm{HCTW} \tag{4.1.12}$$

である．また，$W_2$ 上の $T$ 値は HCW によるターミナル関数であるから，

$$T=\mathcal{T}=f(\xi\theta) \tag{4.1.13}$$

となり，この場合も，$\widehat{\mathrm{GI}}$ の角度 $\alpha$ は，式(4.1.4)と同じく

$$\alpha=\frac{T}{R_1} \tag{4.1.14}$$

である．ここで，

$$\overline{\mathrm{o'G}}=R_1$$

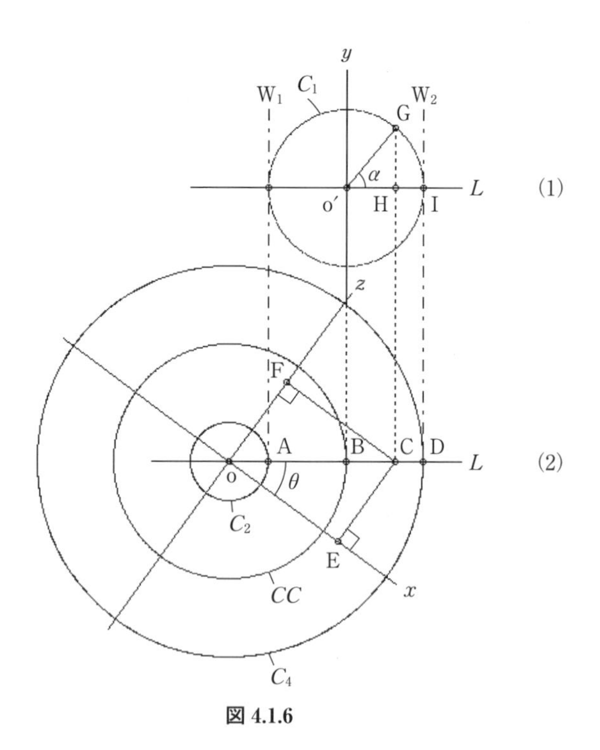


図 4.1.6

より，

$$\overline{o'H}=\overline{BC}=\overline{o'G}\cos\alpha=R_1\cos\alpha \tag{4.1.15}$$

また，図 4.1.6(1) より，$y$ 値は

$$y=\overline{GH}=\overline{o'G}\sin\alpha=R_1\sin\alpha \tag{4.1.16}$$

となる．さらに，$\overline{oC}$ を $Q$ とすると，

$$\overline{oB}=R_1+R_2$$

$$\begin{aligned} Q&=\overline{oC}=\overline{oB}+\overline{BC}=R_1+R_2+R_1\cos\alpha \\ &=R_2+R_1(1+\cos\alpha) \end{aligned} \tag{4.1.17}$$

を得る．図(2) より，$x$，$z$ 値は

$$\left.\begin{aligned} x&=\overline{oE}=\overline{oC}\cos\theta=Q\cos\theta \\ z&=\overline{oF}=\overline{oC}\sin\theta=Q\sin\theta \end{aligned}\right. \tag{4.1.18}$$

である．

以上の議論により，CT の外円による調和円環トーラス表面波のパラメータ式は，式(4.1.13)，(4.1.14)，(4.1.16)，(4.1.17) および式(4.1.18) より，

$$\begin{aligned} T&=f(\xi\theta) \\ \alpha&=\frac{T}{R_1} \\ Q&=R_2+R_1(1+\cos\alpha) \\ x&=Q\cos\theta \\ y&=R_1\sin\alpha \\ z&=Q\sin\theta \end{aligned} \tag{4.1.19}$$

となり，式(4.1.11) との違いは $Q$ 値の扱いのみである．また，外円の場合でも必要な半径の値は $R_1$ と $R_2$ のみでよい．

**〈外円による HCTW の実際〉**

$T=R_3\sin(5\theta)$：HMP=1 での $xz$，$xy$，$yz$ 面での投影図を図 4.1.7 に示す．$xy$，$yz$ 面より，CT の外側からの HCTW であることがわかる．この場合の立体図を図 4.1.8 に示す．次に，$T=R_3\cos(2.5\theta)\sin\theta$ による立体図を図 4.1.9 に示す．この場合は HMP=2 であるから，CT の周りを 2 回回っている．

## 4.2　一般調和円環トーラス表面波

HCTW は，CT の中心円からの内円，外円による CT の垂直円方向へ波形の伸びた調和波であった．調和球面波 HSW では 3.2 節で述べたように赤道 EQ から緯

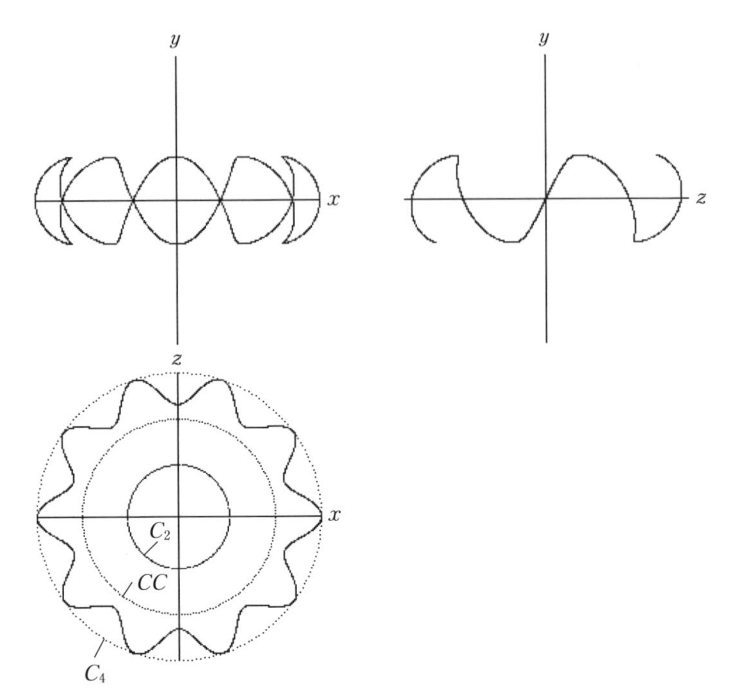


**図 4.1.7**

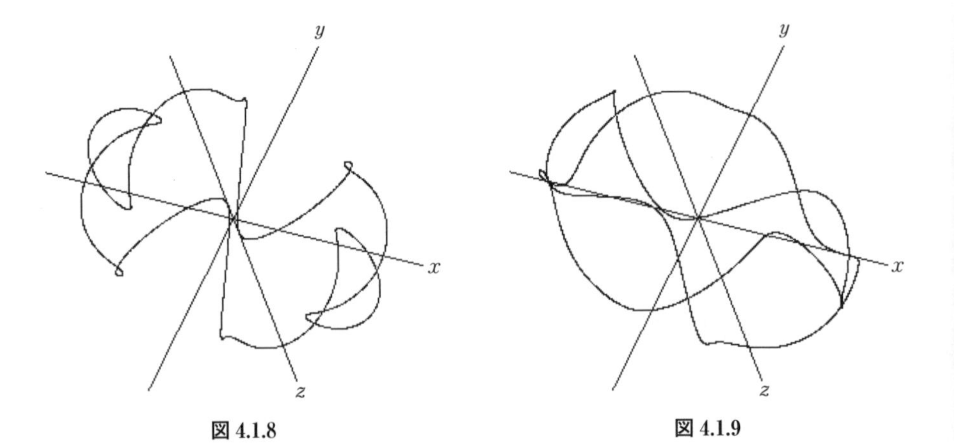


**図 4.1.8**

**図 4.1.9**

度 $\omega$ の位置に，球面波を形成することができ，これを一般調和球面波 GHSW とよんだ．HCTW の場合でも CT の垂直円 $C_1$ の中心 o′ と中心円からの角度を $\omega$ ととることによって，角度 $\omega$ の位置での調和円環トーラス表面波が得られる．これは HCTW の拡張となっているので，これを一般調和円環トーラス表面波 GHTW（general harmonic circular torus wave）とよぶ．GHTW の加法合成図を図 4.2.1 に示す．この図 4.2.1 は，図 3.2.1 の GHSW の加法合成図での角度 $\omega$ を HCTW の内円の加法合成図である図 4.1.1 の垂直円 $C_1$ へ適用したものとなっている．これより，$C_1$ での傾斜角度 $\omega$ は図 4.2.1(1)において

$$\angle \mathrm{Go'H} = \omega \tag{4.2.1}$$

である．点 H は $L_0$ と $C_1$ の接点であり，$L_0$ は GHSW の場合と同じく点 H を中心に HCW での波高距離 $T$ を与える．ここで，o′ と H を通る直線を LH とする．図(1)において

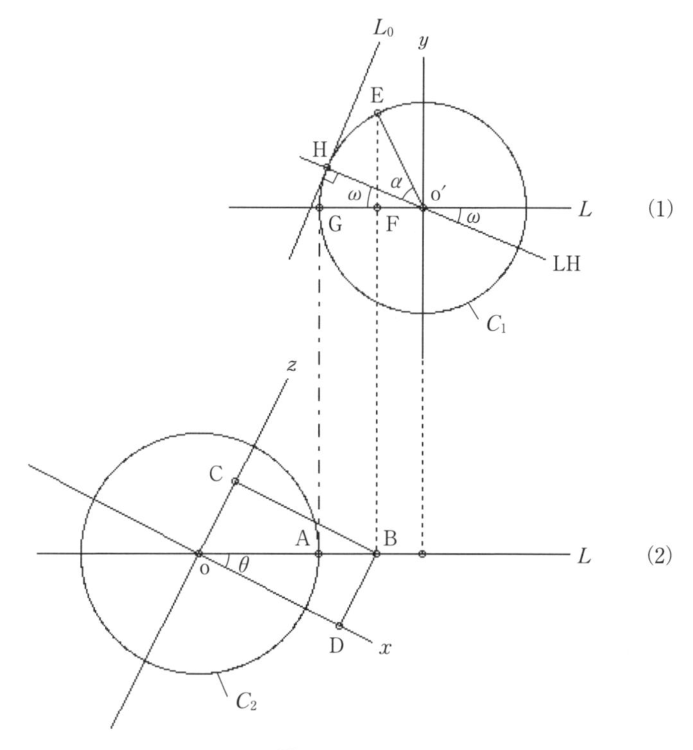


図 4.2.1

$$L_0 \perp \mathrm{LH}$$

より，$L_0$ 上の $T$ 値を H を中心にした $C_1$ 上に距離から距離の写像として写す．

$$\mathrm{HCW}: L_0 : T \quad \rightarrow \quad T : C_1(\mathrm{H}) : \mathrm{GHTW} \tag{4.2.2}$$

また

$$\begin{aligned} &C_1 : 半径 = R_1 \\ &C_2 : 半径 = R_2 \end{aligned} \tag{4.2.3}$$

であり，$L_0$ 上の $T$ 値を $C_1$ 上に写すと

$$L_0 : T = \widehat{\mathrm{EH}} : C_1 \tag{4.2.4}$$

となり，$C_1$ 上で $\widehat{\mathrm{EH}}$ のとる角度を $\alpha$ とすると，

$$\angle \mathrm{Ho'E} = \alpha$$

である．図 4.2.1(1)において

$$\begin{aligned} &\overline{\mathrm{o'G}} = \overline{\mathrm{o'H}} = \overline{\mathrm{o'E}} = R_1 \\ &\overline{\mathrm{o'F}} = \overline{\mathrm{o'E}} \cos(\alpha+\omega) = R_1 \cos(\alpha+\omega) \end{aligned} \tag{4.2.5}$$

また

$$\begin{aligned} \overline{\mathrm{AB}} = \overline{\mathrm{FG}} &= \overline{\mathrm{o'G}} - \overline{\mathrm{o'F}} \\ &= R_1 - R_1 \cos(\alpha+\omega) \\ &= R_1(1-\cos(\alpha+\omega)) \end{aligned} \tag{4.2.6}$$

さらに，図(2)において，$\overline{\mathrm{oA}} = R_2$ より，$\overline{\mathrm{oB}}$ を $Q$ とすると

$$Q = \overline{\mathrm{oB}} = \overline{\mathrm{oA}} + \overline{\mathrm{AB}} = R_2 + R_1(1-\cos(\alpha+\omega)) \tag{4.2.7}$$

を得る．ここで，$y$ 値は

$$y = \overline{\mathrm{FE}} = \overline{\mathrm{o'E}} \sin(\alpha+\omega) = R_1 \sin(\alpha+\omega) \tag{4.2.8}$$

で与えられる．また，$x$，$z$ 値は図(2)より

$$\begin{aligned} &x = \overline{\mathrm{oD}} = \overline{\mathrm{oB}} \cos\theta = Q \cos\theta \\ &z = \overline{\mathrm{oC}} = \overline{\mathrm{oB}} \sin\theta = Q \sin\theta \end{aligned} \tag{4.2.9}$$

である．式(4.2.2)より，$T$ はターミナル関数 $\mathcal{T}$ であるから，

$$T = \mathcal{T} = f(\xi\theta) \tag{4.2.10}$$

となり，$C_1$ 上で $\widehat{\mathrm{EH}}$ のとる角度 $\alpha$ は式(4.1.14)と同じく，

$$\alpha = \frac{T}{R_1} \tag{4.2.11}$$

で与えられる．これより，GHTW のパラメータ式は，式(4.2.7)～(4.2.11)で得られて，

$$\mathcal{T} = f(\xi\theta)$$

$$\alpha=\frac{\mathcal{T}}{R_1}$$

$$Q=R_2+R_1(1-\cos(\alpha+\omega)) \tag{4.2.12}$$

$$x=Q\cos\theta$$

$$y=R_1\sin(\alpha+\omega)$$

$$z=Q\sin\theta$$

となる．ここで，傾斜角度 $\omega$ は任意の値をとることができて，内円および外円からの HCTW との関係は

GHTW：$\omega=0$　　$y\rightarrow y$：HCTW（内円）

GHTW：$\omega=\pi$　　$y\rightarrow -y$：HCTW（外円）

となり，外円からの HCTW と GHTW の関係は $\omega=\pi$ で軌跡の上下が反転する．これにより，円環トーラス CT 表面に傾斜角度 $\omega$ を指定することにより，垂直円 $C_1$ のどこの位置にでも GHTW を埋め込むことができる．

**〈一般調和円環トーラス表面波の実際〉**

例として，ターミナル関数が $\mathcal{T}=R_3\sin(5\theta)$ で傾斜角度 $\omega=0.4\pi$ での立体図を図 4.2.2 に示す．この GHTW は HMP=1 であるから，CT 上を 1 回転している．さて，与えられたサイクルの中で $\mathcal{T}$ 値が $C_1$ の円周を超えるとどうなるであろうか．この場合，$\mathcal{T}$ の値がどんなに大きくなろうとも $C_1$ 上を回転するだけである．そこで，$\mathcal{T}$ の最高値が 1 サイクルの間に $C_1$ を一回りして始点に戻る場合を考えよう．$\mathcal{T}=R_3f(\xi\theta)$ とおいて，$f(\xi\theta)$ は三角関数のみとする．$f(\xi\theta)$ が HMP$=m$ のとき，1 サイクルでの $\theta$ の範囲は $\theta=0\sim m\cdot2\pi$ の間である．その間での $f(\xi\theta)$ の最大値を

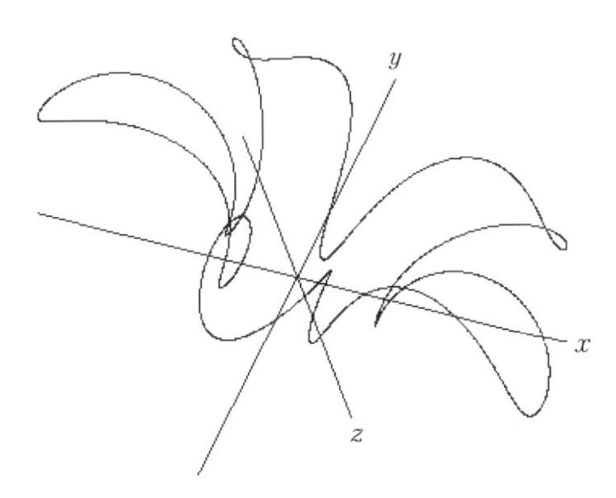


**図 4.2.2**

$TM$ とすると，

$$TM = \max f(\xi\theta)\,|\,\theta = 0 \sim m \cdot 2\pi \tag{4.2.13}$$

となる．$C_1$ の円周距離は $2\pi R_1$ であるから，$\mathcal{T}$ の最高値が 1 サイクルの間に $C_1$ を一回りして始点に戻る場合の $\mathcal{T}$ は

$$\mathcal{T} = 2\pi R_1 TMf(\xi\theta) \tag{4.2.14}$$

となる．そこで，$f(\xi\theta) = \sin(5\theta)$ をとると，$TM=1$ であるから，式(4.2.14)は $\mathcal{T} = 2\pi\, R_1 \sin(5\theta)$ となる．これを GHTW(1)とする．GHTW(1)に $\omega=0.15\pi$ をとった 3 方向の投影図を図 4.2.3 に示す．また，始点（○印）を図中に示す．この場合，HMP=1 であるから，$\mathcal{T}$ をどんなに大きくとろうとも自己交点をもたない．GHTW(1)での立体図を図 4.2.4 に示す．この図より GHTW(1)は CT の周りを巡回するように動く．さらに，$f(\xi\theta) = \cos(2.5\theta)\sin\theta$ としたとき，$TM$ を式(4.2.13)に合わせるように $TM=0.958$ とすると $T$ 関数は $\mathcal{T} = 2\pi\, R_1 TM \cos(2.5\theta)\sin\theta$ となり，$\omega=0.15\pi$ での GHTW を GHTW(2)とする．GHTW(2)での立体図を図 4.2.5 に示す．この場合，HMP=2 であるから，CT の周りを 2 回循環している．

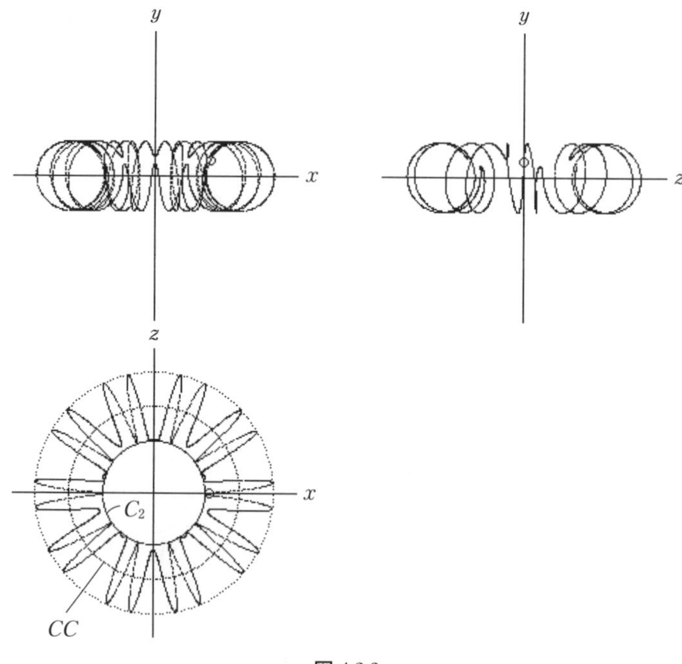


**図 4.2.3**

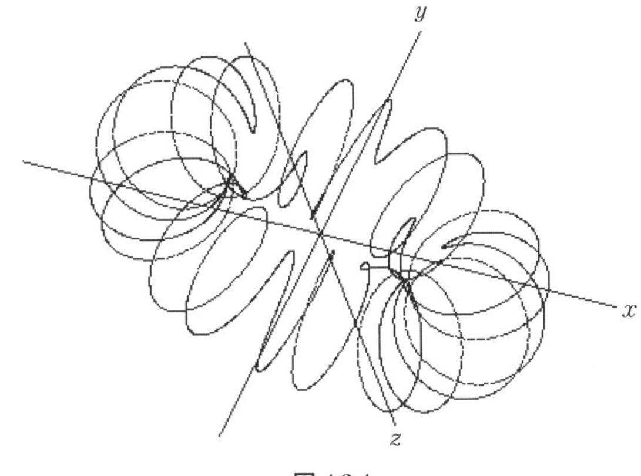


図 4.2.4

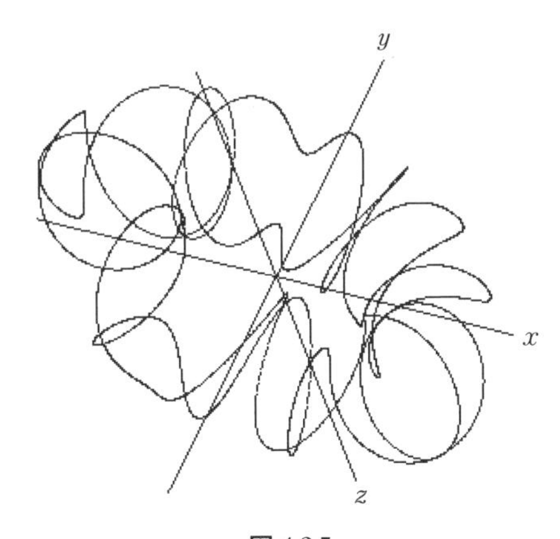


図 4.2.5

## 4.3 調和表面波でのターミナル関数

これまでの議論により調和表面波の記述ではターミナル関数が重要であることがわかる．ここで，調和表面波でのターミナル関数による距離の写像系をまとめておこう．それはわれわれのよく知っている円筒，円錐，球，ドーナツ形といった基本立体のみから構成されている．ここでは球面波と円環トーラス表面波へのターミナル関数による写像原理を述べる．

### 4.3.1　球への距離の写像

実数空間 $\mathbb{R}^3$ に直交座標 $\Gamma(x, y, z)$ をとる．$\Gamma$ の原点 o を中心にもつ球 S を置く．$y$ 方向に $S$ に接するように垂直に円筒 CL を立てる．さらに，$xz$ 面と底面が平行となる $y$ 軸に頂点 $T_0$ をもった円錐 CN を S に接するように置く．この作図を図 4.3.1 に示す．球 S の半径を $R_1$ とし，$xy$ 面での大円を $C_1$，$xz$ 面での大円を $C_2$ とする．

$$\mathrm{S}:\begin{pmatrix}C_1\\C_2\end{pmatrix}:\text{半径}=R_1=\overline{\mathrm{oA}}=\overline{\mathrm{oC}} \tag{4.3.1}$$

oA から角度 $\omega$ だけ回転した $C_1$ の円周上に点 C をとる．この EC を半径とした $xz$ 面での円を $C_3$ とすると，

$$C_3:\text{半径}=R_0=\overline{\mathrm{EC}}=\overline{\mathrm{oC}}\cos\omega=R_1\cos\omega \tag{4.3.2}$$

また

$$\overline{\mathrm{oE}}=\overline{\mathrm{oC}}\sin\omega=R_1\sin\omega \tag{4.3.3}$$

である．ここで，$\Gamma(x, y)$ で oC の直線を U として，これを $y=f(x)$ とすると

$$\mathrm{U}:\overline{\mathrm{oC}}:y=\tan\omega\cdot x \tag{4.3.4}$$

となる．CN の側線を $L_0$ とすると $C_1$，$L_0$，および U はともに点 C で交点となり，

$$L_0\perp\mathrm{oC}:\mathrm{U} \tag{4.3.5}$$

である．ここで，$x$ に対する $L_0$ の式を求めると

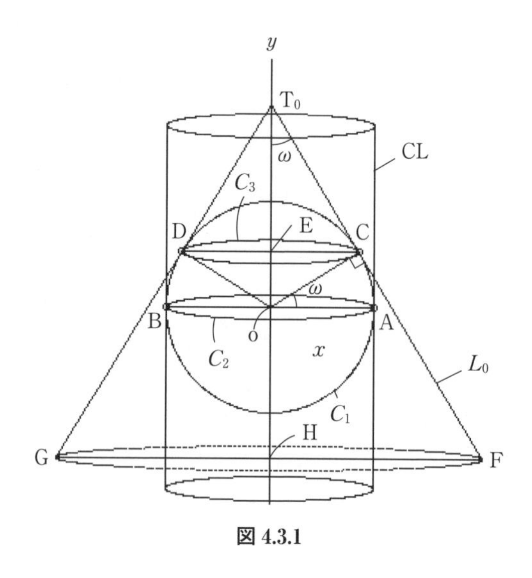


**図 4.3.1**

$$L_0 : y = \frac{-1}{\tan\omega} \cdot x + \frac{R_1}{\cos\left(\dfrac{\pi}{2} - \omega\right)} \\ = \frac{-1}{\tan\omega} \cdot x + \frac{R_1}{\sin\omega} \tag{4.3.6}$$

を得る．$\mathrm{oT_0}$ の距離は式(4.3.6)に $x=0$ を代入して

$$\overline{\mathrm{oT_0}} = \frac{R_1}{\sin\omega} \tag{4.3.7}$$

となる．ここで，三角公式 $\sin^2\omega + \cos^2\omega = 1$ を適用して

$$\overline{\mathrm{ET_0}} = \overline{\mathrm{oT_0}} - \overline{\mathrm{oE}} = \frac{R_1}{\sin\omega} - R_1\sin\omega \\ = R_1 \cdot \frac{\cos\omega}{\tan\omega} \tag{4.3.8}$$

を得る．ここで，$y$ 軸と $L_0$ の角度を $\alpha$ とすると，

$$\angle \mathrm{ET_0C} = \alpha$$

である．この $\alpha$ の tan をとると式(4.3.2)および式(4.3.8)より

$$\tan\alpha = \frac{\overline{\mathrm{EC}}}{\overline{\mathrm{ET_0}}} = \frac{R_1\cos\omega}{R_1 \cdot \dfrac{\cos\omega}{\tan\omega}} = \tan\omega$$

となって，$\alpha = \omega$ を得る．これより，図 4.3.1 に示したように

$$\angle \mathrm{ET_0C} = \omega \tag{4.3.9}$$

である．ここで，oH の距離に任意の値 $R_3$ をとろう．

$$\overline{\mathrm{oH}} = R_3 \tag{4.3.10}$$

円錐 CN の底面の半径 $\overline{\mathrm{FH}}$ は

$$\overline{\mathrm{FH}} = \overline{\mathrm{HT_0}}\tan\omega = (\overline{\mathrm{oT_0}} + \overline{\mathrm{oH}})\tan\omega \\ = \left(\frac{R_1}{\sin\omega} + R_3\right)\tan\omega \tag{4.3.11}$$

となる．

ここまでの議論の目的は $\angle\mathrm{CoA}$ と円錐 CN の頂点 $\mathrm{T_0}$ の半頂角 $\angle\mathrm{ET_0C}$ が等しいことを導くためである．すなわち，

$$\angle\mathrm{CoA} = \angle\mathrm{ET_0C} = \omega \tag{4.3.12}$$

となる．これより，これまでの議論による HCNW，HSW さらには GHSW などの HCW からのターミナル関数 $\mathcal{T}$ を介した写像関係が $\omega$ により統一してまとめることができる．まず，HCNW では HCW の中心円を $C_3$ にとり，$C_3$ を円周とする垂

直方向に円筒 CL′ をとろう．CL′ 上の HCW の $y$ 値を $T=\mathcal{T}$ とする．CL′ と $L_0$ は点 C で交点をなすから，CL′ と $L_0$ の傾斜角度は $\angle \mathrm{ET_0C}=\omega$ より，$\omega$ で与えられる．したがって，HCW→HCNW への波高距離の写像は，この $\omega$ を介して行われる．

$$\mathrm{HCW : CL' :} \ T \underset{\omega}{\rightarrow} T : L_0 : \mathrm{HCNW} \tag{4.3.13}$$

次に，HCW→HSW では HCW の $T$ 値に $C_2$ 上の CL をとる．この場合 $C_1$ 上の円弧 $\widehat{\mathrm{AC}}$ を CL からの $T$ 値の距離の写像とすれば，$\widehat{\mathrm{AC}}$ の角度は $\omega$ で与えられる．よって

$$\mathrm{HCW : CL :} \ T \xrightarrow[\omega\,(\text{回転})]{} T=\widehat{\mathrm{AC}} : C_1 : \mathrm{HSW} \tag{4.3.14}$$

となる．さらに，GHSW では $\omega$ を球 S の緯度として，点 C からの $T$ 値の円弧の角度を新たに $\lambda$ とすると

$$\mathrm{HCW : CL' :} \ T \underset{\omega}{\rightarrow} T : L_0 \underset{\lambda}{\rightarrow} T : C_1 : \mathrm{GHSW} \tag{4.3.15}$$

で与えられる．なお，図 4.3.1 は $0 \leqq \omega < \dfrac{\pi}{2}$ である．

### 4.3.2　円環トーラスへの距離の写像

ここでは，円環トーラス表面へのターミナル関数の距離の写像について説明する．座標原点 o を中心に円環トーラス CT を置き，CT のホールの中に $y$ 軸を頂点とした逆向きの円錐 CN を置く．これを図 4.3.2 に示す．CT の断面の左右の円 $C_1$，$C_2$ の半径はともに $R_1$ である．CT と CN は点 C，D で接している．ここで，$\angle \mathrm{Ao'C}=\omega$ としたとき，

$$\angle \mathrm{Ao'C} = \angle \mathrm{Do''B} = \angle \mathrm{CT_0E} = \angle \mathrm{DT_0E} = \angle \mathrm{o''FD} = \omega \tag{4.3.16}$$

である．そして，CT の内円 $C_3$ 上に HCW の $T$ 値を与える円筒 CN が垂直に挿入されている．HCW→HCTW の場合は CL 上の点 A からの $T$ 値は $\widehat{\mathrm{AC}}$ または $\widehat{\mathrm{DB}}$ への距離の写像となる．そのとき，$\widehat{\mathrm{AC}}$ または $\widehat{\mathrm{DB}}$ での $C_1$，$C_2$ の中心からの角度は $\omega$ である．図 4.3.2 は $y$ 軸で左右対称であるから，右半分をとると，

$$\mathrm{HCW : CL :} \ T \xrightarrow[\omega\,(\text{回転})]{} T=\widehat{\mathrm{AC}} : C_1 : \mathrm{HCTW} \tag{4.3.17}$$

となる．次に，HCW→GHTW では $C_1$ 上で点 A からの初期角度を $\omega$ とすると，$T$ 値の始点は点 C へ移る．そして，点 C から $C_1$ 上への $T$ 値の波高距離の写像角度を $\lambda$ とする．これより，$T$ 値は CL→$L_0$→$C_1$ へと写ることになる．この CL→ $L_0$ の過程は式(4.3.13)の過程である．これより，HCW→GHTW は

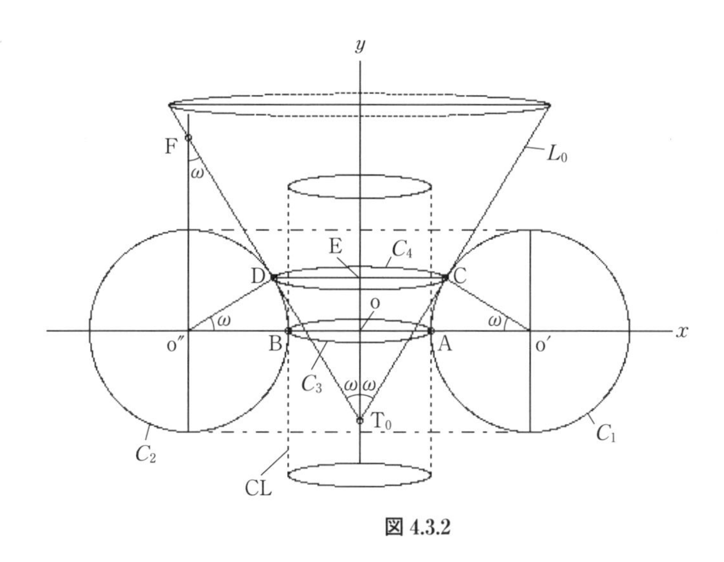


図 4.3.2

$$\mathrm{HCW} : \mathrm{CL} : T \underset{\omega}{\rightarrow} T : L_0 \underset{\lambda}{\rightarrow} T : C_1 : \mathrm{GHTW} \qquad (4.3.18)$$

となる．

これらの議論により，調和表面波でのターミナル関数の写像には円錐が重要な位置を占めており，円筒，円錐，球，円環トーラスなどの基本立体間の距離の写像であることがわかる．

# 第 5 章 調和楕円体表面波

調和球面波や調和円環トーラス表面波では，調和円環波 HCW からターミナル関数による距離の写像は比較的簡単であった．これは円周距離と角度$\theta$が単純な比例関係にあるためである．しかし，楕円周の距離となると，簡単ではない．それは$\theta$による楕円周距離を求める有効な式は未だ得られていないからである．そのため，第 2 巻での 10.2 節の調和楕円環波 HEW では，内接多角形による累積近似法を使用した．この方法は，実は楕円の線積分の数値解析法となっている．本章で議論する調和楕円体表面波でも角度$\theta$から楕円周距離を求めることは同じである．そこで，まず復習も含めて楕円積分について簡単に振り返っておこう．

## 5.1 角度$\nu$による楕円積分

角度$\nu$による楕円周長さの式は未だ得られていない．しかし，全楕円周長さの式は得られており，

$$L=4aE\left(e\cdot\frac{\pi}{2}\right) \tag{5.1.1}$$

で与えられる．$a$は長半径であり，$E\left(e\cdot\frac{\pi}{2}\right)$はルジャンドル（Legendre）の第 2 種楕円積分である．基本形は

$$E\left(e\cdot\frac{\pi}{2}\right)=\int_0^{\pi/2}\sqrt{1-e^2\sin^2\nu}\,d\nu \tag{5.1.2}$$

で表され，$e$は楕円の離心率とよばれる．ここで楕円の長半径を$RX$，短半径を

$RY$ とすると，

$$e=\sqrt{1-\left(\frac{RY}{RX}\right)^2} \tag{5.1.3}$$

である．式(5.1.1)は，式(5.1.2)の $\nu=0\sim\pi/2$ までの積分と $a$ との積の 4 倍が全楕円周の長さ $L$ であることを示している．しかし，式(5.1.2)は簡単には解けないので近似式として無限級数式などが考えられている（詳しくは数学ハンドブックなどを参照）．それでは角度 $\nu$ による楕円周長さを求めるためにはどうすればよいのであろうか．一般に線積分は $x=f(t)$，$y=g(t)$ とすると

$$S=\int_a^b\sqrt{f'(t)^2+g'(t)^2}\,dt \tag{5.1.4}$$

で与えられる．ここで，図 5.1.1 に示すように，$x$ 軸から反時計回りに角度 $\nu$ をとり，$\nu=0\sim\nu_0$ の間の数値積分を考えると，式(5.1.4)より

$$\begin{aligned}&x=RX\cos\nu,\ \ y=RY\sin\nu\\&x'=RX\sin\nu,\ \ y'=-RY\cos\nu\\&S=\int_0^{\nu_0}\sqrt{(RX\sin\nu)^2+(-RY\cos\nu)^2}\,d\nu\end{aligned} \tag{5.1.5}$$

を得る．式(5.1.5)の $\sin\nu$ に

$$\sin^2\nu=1-\cos^2\nu$$

を代入し

$$K=\sqrt{1-\left(\frac{RY}{RX}\right)^2}$$

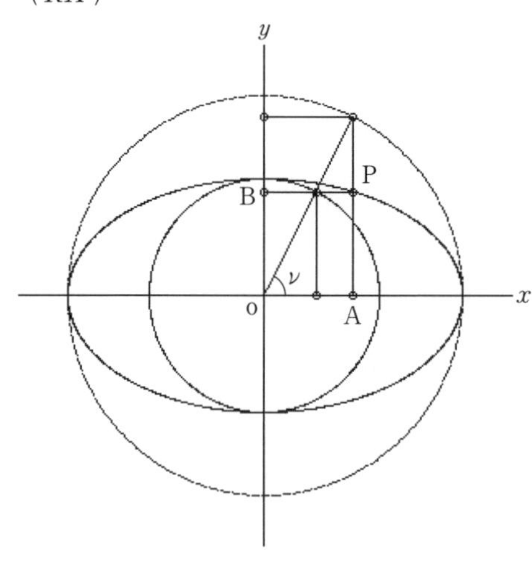


**図 5.1.1**

を適用すると，式(5.1.5)は

$$S=RX\int_0^{\nu_0}\sqrt{1-K^2\cos^2\nu}\,d\nu \tag{5.1.6}$$

となる．これが$\nu$による楕円周長さの式である．この式(5.1.6)の形式も第2種の楕円積分式といわれる．この式(5.1.6)のルートの項のみをとると，

$$G_0=\sqrt{1-K^2\cos^2\nu} \tag{5.1.7}$$

であり，この$G_0$の$\nu=0\sim2\pi$までのグラフを図5.1.2に示す．$G_0$のグラフは正値のみであるから，これを細分$\delta\nu$で分割することができて，図5.1.2中の縦線群はその細分である．これより

$$\sum G_0=\sum_{i=1}^{N}\delta\nu\sqrt{1-K^2\cos^2(i\delta\nu)} \tag{5.1.8}$$

となり，この細分が十分小さければ，式(5.1.8)は積分を与える．よって，

$$W=\int_0^{\nu_0}\sqrt{1-K^2\cos^2\nu}\,d\nu=\sum_{i=1}^{N}\delta\nu\sqrt{1-K^2\cos^2(i\delta\nu)} \tag{5.1.9}$$

となり，式(5.1.9)は積分式から数値積分への変換式ともなっている．ただし，$\nu_0=N\cdot\delta\nu$である．

これで準備が整ったので，ここで角度$\nu$による楕円周長さの数値積分を組み立てよう．楕円周上の$\delta\nu$の間隔の2点を$\mathrm{P}_i$，$\mathrm{P}_{i-1}$とすると

$$\begin{aligned}&\mathrm{P}_i：x_i=RX\cos\nu_i,\quad y_i=RY\sin\nu_i\\&\mathrm{P}_{i-1}：x_{i-1}=RX\cos\nu_{i-1},\quad y_{i-1}=RY\sin\nu_{i-1}\end{aligned} \tag{5.1.10}$$

$\nu=0\sim\nu_0$での楕円周長さを$EL_1$とすると，線積分として

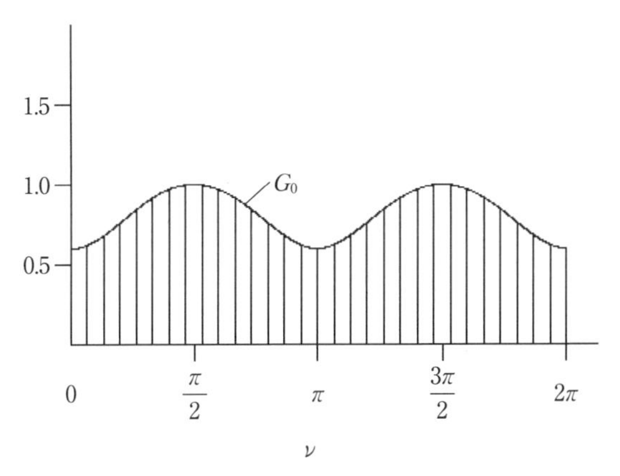


**図 5.1.2**

$$EL_1=\sum_{i=1}^{N}\sqrt{(x_i-x_{i-1})^2+(y_i-y_{i-1})^2} \tag{5.1.11}$$

が得られる．これは線積分の基本形である．一方，式(5.1.6)による直接の数値積分としては，式(5.1.9)より，

$$S=RX\cdot\delta\nu\sum_{i=1}^{N}\sqrt{1-K^2\cos^2(i\delta\nu)} \tag{5.1.12}$$

を得る．$\nu=0\sim2\pi$ での式(5.1.11)と式(5.1.12)の数値積分の結果を図 5.1.3 に示すが，ともに一致しており，

$$EL_1=S \tag{5.1.13}$$

である．つまり，式(5.1.12)は，式(5.1.10)を式(5.1.11)に代入したものとなっている．これより，角度 $\nu$ による楕円周の距離は，式(5.1.11)または式(5.1.12)を用いて数値積分することによって得られる．

さて，われわれの得た数値積分のルート内は式(5.1.6)に示したように cos であるが，式(5.1.2)に示した第2種楕円積分は sin となっている．この違いをここで示しておこう．式(5.1.6)の cos を sin とおいた式を $S_1$ とすると，

$$S_1=RX\int_0^{\nu_0}\sqrt{1-K^2\sin^2\nu}\,d\nu \tag{5.1.14}$$

となる．$\nu=0\sim2\pi$ までの $S$ による積分値を $\alpha$ カーブ，$S_1$ による積分値を $\beta$ カーブとしたグラフを図 5.1.4 に示す．$\alpha$ と $\beta$ は一般に異なったカーブを描くが，$\nu=\dfrac{\pi m}{2}$ (ただし，$m=$自然数) のときだけ一致する．これより，式(5.1.2)はルート

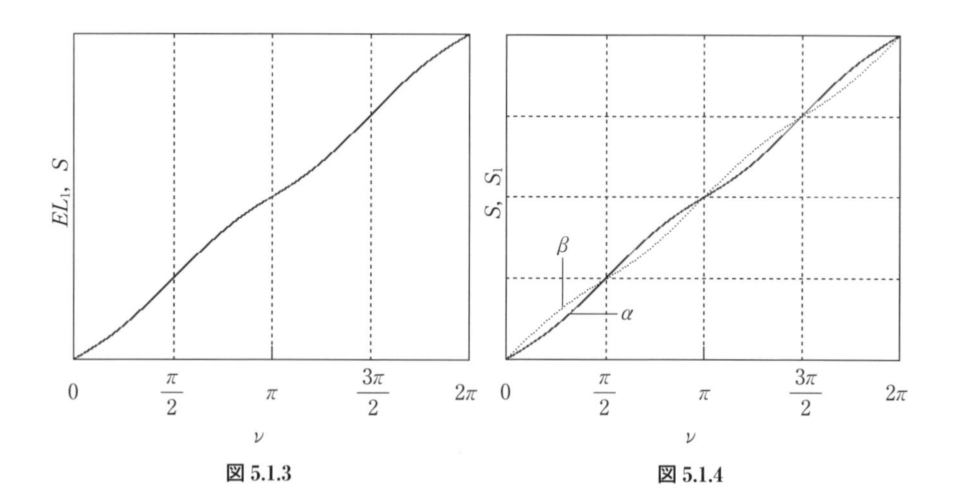


図 5.1.3　　図 5.1.4

内が sin であるが，$\nu=0\sim\pi/2$ であるので，式(5.1.6)の値に一致するため，これを 4 倍すれば全楕円周長さとなり，われわれの数値積分と一致することになる．(果してルジャンドルはこの事実をどこで知ったのだろうか．)

## 5.2　楕円体表面波

楕円体の調和表面波として，ここでは回転楕円体の調和表面波を取り上げよう．これを回転楕円体表面波 HREW とよぶ．ここでも調和球面波 HSW と同じく，HCW からのターミナル関数による HREW 表面への距離の写像を用いる．このとき，角度 $\nu$ による HREW 表面への距離の写像には，5.1 節で求めた式(5.1.11)または式(5.1.12)による数値積分を用いる．これを NI（numerical integration）法とよぼう．図 5.2.1 に $xy$ 面での HREW の加法合成図を示す．回転楕円体を図 5.2.1 のように配置した場合のパラメータ式は，以下のように記される．

$$
\begin{aligned}
x&=R_2\cos\nu\cos\theta\\
z&=R_2\cos\nu\sin\theta\\
y&=R_3\sin\nu
\end{aligned}
\tag{5.2.1}
$$

図 5.2.1 において，楕円 $E$ は内円と外円の 2 つの円から構成されている．ここで，

$$
\begin{aligned}
\overline{\mathrm{oD}}&=R_2\\
\overline{\mathrm{oF}}&=R_3
\end{aligned}
\tag{5.2.2}
$$

であり，角度は $y$ 方向の回転が $\nu$, $xz$ 方向の回転が $\theta$ である．HCW での式を $y=f(\theta)$

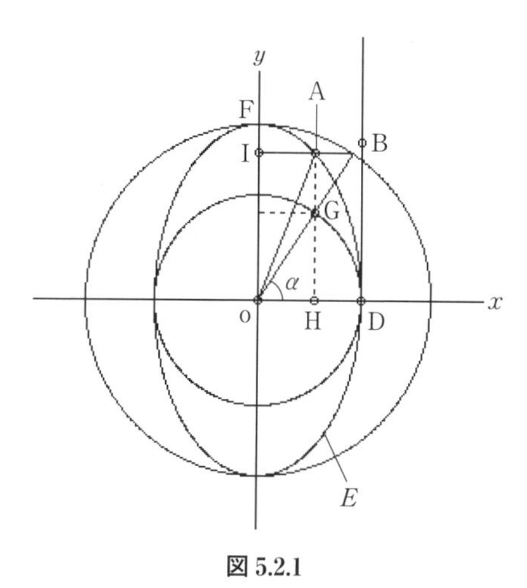


**図 5.2.1**

とすると，この $y$ 値がターミナル関数 $\mathcal{T}$ を与えるから，これを $T$ 値とすると $\mathcal{T}$ は

$$\mathcal{T}=f(\theta) \tag{5.2.3}$$

となり，この $T$ 値を図 5.2.1 での BD にとると，楕円 $E$ 上に距離として写された楕円弧は $\widehat{\mathrm{AD}}$ となる．これより

$$T:\overline{\mathrm{BD}} \quad \rightarrow \quad \widehat{\mathrm{AD}}:E$$

である．ここで，$E$ の楕円周上で $\widehat{\mathrm{AD}}$ を与える $E$ の中心からの角度を $\alpha$ としよう．したがって，$\widehat{\mathrm{AD}}$ と $\alpha$ の関係は 1 対 1 である．これは $\nu$ を変化させたとき，

$$\nu \rightarrow \alpha:\widehat{\mathrm{AD}} \tag{5.2.4}$$

であるから，$\nu=\alpha$ でなければならないが，$\nu$ に細分 $\delta\nu$ をとって数値積分するかぎり，$\nu=\alpha$ は保障できない．そこで，$\delta\nu$ により数値積分した結果が $T$ を超える最小値を $\sup[\mathrm{NI}]_{\nu}$ と決めると

$$T \leqq \sup[\mathrm{NI}]_{\nu} \quad \rightarrow \quad \nu=\alpha \tag{5.2.5}$$

により $\alpha$ の値を求める．これにより，$T=\mathcal{T}$, $\nu=\alpha$ として HREW のパラメータ式は，式(5.2.1)，(5.2.3)および式(5.2.5)より

$$\begin{aligned}
&\mathcal{T}=f(\theta)\\
&\mathcal{T} \leqq \sup[\mathrm{NI}]_{\nu} \quad \rightarrow \quad \nu=\alpha\\
&x=R_2\cos\alpha\cos\theta\\
&z=R_2\cos\alpha\sin\theta\\
&y=R_3\sin\alpha
\end{aligned} \tag{5.2.6}$$

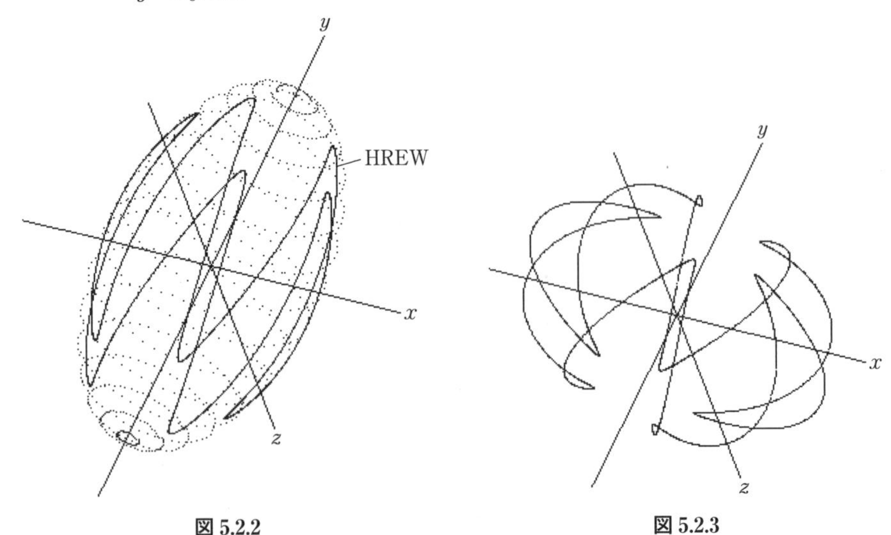


**図 5.2.2**　　**図 5.2.3**

で与えられる．

ここで，$\alpha$ について注意しておこう．図 5.2.1 を再びみてみよう．$\overset{\frown}{\mathrm{AD}}$ を与える角度ならば $\angle\mathrm{AoD}$ と思いがちであるが，これは円弧の場合であって，楕円弧ではそうはならない．図 5.2.1 は実は 2 つの円による楕円の加法合成図となっている．図 5.2.1 において $E$ 上の点 A を $\mathrm{A}(x, y)$ とすると

$$\text{楕円}：E：x\,\text{径}=RX=\overline{\mathrm{oD}},\ y\,\text{径}=RY=\overline{\mathrm{oF}}$$

$$\begin{aligned}&\overline{\mathrm{oD}}=\overline{\mathrm{oG}}\\&x=\overline{\mathrm{oH}}=\overline{\mathrm{oG}}\cos\alpha=RX\cos\alpha\\&y=\overline{\mathrm{oI}}=\overline{\mathrm{oF}}\sin\alpha=RY\sin\alpha\end{aligned}\tag{5.2.7}$$

となり，式(5.2.7)より

$$\mathrm{A}(x, y)=\mathrm{A}(RX\cos\alpha,\ RY\sin\alpha)\tag{5.2.8}$$

となって，結局，点 A は $\angle\mathrm{GoH}=\alpha$ によって指定される．つまり，この $\alpha$ が oA の直線を指定しないことが，楕円周長さを求めることを難しくしているのである．

**〈HREW の実際〉**

式(5.2.1)において，回転楕円体では $R_2$ と $R_3$ の大小によって楕円体の形状が異なる．したがって，式(5.2.6)でも同じである．ここで，HREW のターミナル関数を $\mathcal{T}=R_1\sin(5\theta)$ として，$R_2<R_3$ による式(5.2.6)による HREW の立体図を図 5.2.2 に示す．なお，図 5.2.2 では図中の背景に回転楕円体の概略図も合わせ書きしてある．これにより，HREW が回転楕円体表面に埋め込まれていることがわかる．さらに，$R_2>R_3$ での HREW の立体図を図 5.2.3 に示す．一般に，HSW より HREW の作成時間のほうが大きい．HREW では，NI 法による式(5.2.5)の過程に多くの時間を費やす必要があるためである．

## 5.3　一般楕円環トーラス表面波

ここでは，HREW の拡張として一般楕円環トーラス GET の調和表面波について議論しよう．これを一般楕円環トーラス表面波 GETW とよぶ．GET のパラメータ式はすでに式(1.1.1)に示されているが，これをもう一度ここに示そう．

$$\begin{aligned}&x=(R_1+R_3\cos\nu)\cos\theta\\&y=(R_2+R_4\cos\nu)\sin\theta\\&z=R_5\sin\nu\end{aligned}\tag{5.3.1}$$

ここで，1.2 節で議論した円環トーラス CT での $xy$ 面における $\delta\theta$ ごとの投影図はそれぞれ直線となり，その集合は $\{H\}$ で表されたことを思い起こそう．これは

図1.2.4(1)のようになる．式(5.3.1)によるGETの場合を図5.3.1に示す．ここでは，図5.3.1の外楕円 $E_{01}$ をターミナル関数の中心楕円として $z$ 方向にHCWの $T$ 値である $T$ 関数 $\mathcal{T}$ をとる．

$$T=\mathcal{T}=f(\theta) \tag{5.3.2}$$

この $E_{01}$ を $xy$ 方向へ回転した自己回帰調和波を考えると，$z$ 方向の楕円は $\{H\}$ の $z$ 方向に形成する楕円となり，第2巻第3章でのGETの加法合成図としての図3.1.1(3)の楕円 $E_4$ に相当する．この $E_4$ の $(x,z)$ 値は第2巻の式(3.1.20)より，

楕円：$E_4$：$\nu=2\pi$：$\theta=\theta_0$

$$\begin{aligned} x&=\sqrt{(R_3\cos\theta_0)^2+(R_4\sin\theta_0)^2}\cdot\cos\nu \\ z&=R_5\sin\nu \end{aligned} \tag{5.3.3}$$

である．これは，図5.3.2において，この $E_4$ の $H_0(=x)$ 上の右端点の点Dが $E_{01}$ の点となる．式(5.3.3)の $x$ 成分のルート内は $\theta$ の項であるから，図5.3.2での $\overline{\mathrm{oD}}$ は $E_4$ での $x$ 径となり $\overline{\mathrm{oD}}=RX$ とすると，式(5.3.3)の $x$ 成分のルート内の $\theta_0$ を $\theta$ に戻して，

$$RX=\sqrt{(R_3\cos\theta)^2+(R_4\sin\theta)^2} \tag{5.3.4}$$

を得る．さらに，図5.3.2において，

楕円 $E_4$：

$x$ 径$(H_0)=\overline{\mathrm{oD}}=RX$

$z$ 径$=R_5$

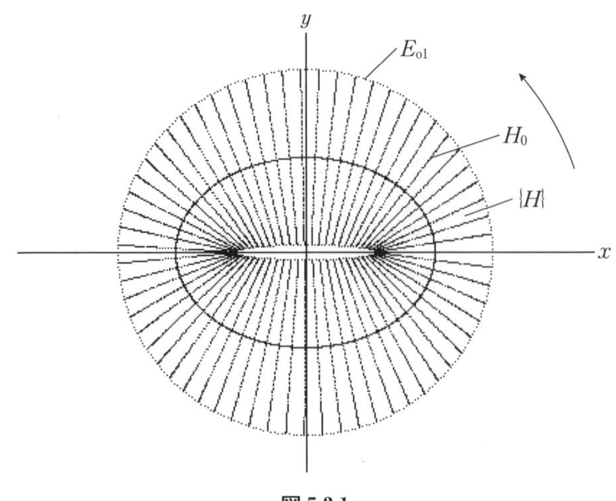


**図5.3.1**

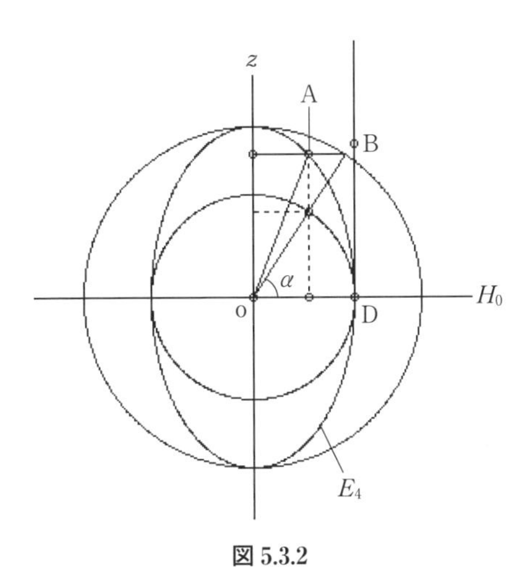


**図 5.3.2**

より

$$E_4: \quad x = RX\cos\nu, \quad z = R_5\sin\nu \tag{5.3.5}$$

である．この $E_4$ は図 5.3.1 の $\{H\}$ の 1 つ 1 つの $H_0$ の $E_{01}$ を中心として $T$ 関数を $z$ 方向に構成すればよいことになる．なぜなら，$RX$ は $\theta$ の関数であるから，式(5.3.2)の $T$ 関数の $\theta$ に対応する．したがって，図 5.3.2 において

$$T: \overline{\mathrm{BD}} = \widehat{\mathrm{AD}}: E_4 \quad \rightarrow \quad \nu = \alpha \tag{5.3.6}$$

となる．$\overline{\mathrm{BD}}$ は HCW による $T$ 関数 $\mathcal{T}$ を構成する．また $\widehat{\mathrm{AD}}$ から $\alpha$ を得るための操作には NI 法を必要とするから，式(5.2.5)が適用されて

$$E_4: T \leqq \sup[\mathrm{NI}]_\nu \quad \rightarrow \quad \nu = \alpha \tag{5.3.7}$$

である．これより，角度 $\theta, \nu$ が与えられて GETW の軌跡点 $\mathrm{P}(x, y, z)$ を得るためには，以下のステップ 1～3 の 3 つの操作を必要とする．

ステップ 1

$\theta = 0 \sim 2\pi$

$$RX = \sqrt{(R_3\cos\theta)^2 + (R_4\sin\theta)^2} \tag{5.3.8}$$

ステップ 2

$\mathcal{T} = f(\theta)$

$\nu = 0 \sim 2\pi$

$E_4$：

$x = RX\cos\nu$

$$z=R_5\sin\nu$$

$$E_4: \mathcal{T}\leqq\sup[\mathrm{NI}]_\nu \quad\rightarrow\quad \nu=\alpha \tag{5.3.9}$$

ステップ3

$$\begin{aligned}x&=(R_1+R_3\cos\alpha)\cos\theta\\ y&=(R_2+R_4\cos\alpha)\sin\theta\\ z&=R_5\sin\alpha\end{aligned} \tag{5.3.10}$$

これにより，GETW の軌跡点 $\mathrm{P}(x, y, z)$ を得る．ここで，各ステップの意味を説明しておこう．

・ステップ1：$\theta$ により楕円 $E_4$ の $RX$ 径の値を得る．

・ステップ2：$E_4$ 内で $T$ 関数により $\overline{\mathrm{BD}}=\widehat{\mathrm{AD}}$ での $\alpha$ 値を $\nu$ による NI 法を用いて得るための操作である．($E_4(x, z)$ での $z$ 値とステップ3での $z$ 値とを混同しないこと)

・ステップ3：ステップ2で得られた $\alpha$ 値と $\theta$ を用いて GETW の軌跡点 $\mathrm{P}(x, y, z)$ を計算する．なお，式(5.3.10)は式(5.3.1)の $\nu$ を $\alpha$ に置き換えた式である．

$\mathcal{T}=R_0\sin(10\theta)$ による $E_{01}$ 上での GET を背景に合わせ書きした GETW の立体図を図5.3.3に示す．この GETW は GET 表面で閉1次曲線を描く．GET の外側から GET 表面に埋め込まれているのがわかるであろう．これまでの議論により，GETW の作成は単一なパラメータ式群だけでは記述できず，ステップ1～3のアルゴリズムを必要とする．

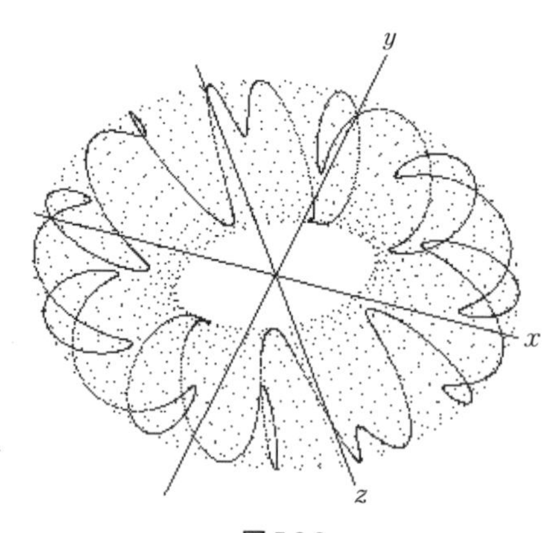


図 5.3.3

# 第 6 章

# pole 交点型調和表面波

## 6.1　pole 交点型多葉クローバー球面波

これまでの議論では極（pole）に波高距離が達する球面波をみてきたが，ここでは極を通過する表面波について議論しよう．第 2 巻第 7 章での多葉クローバーのパラメータ式を円環にとったとき，その円 $C$ の半径を $R$ とすると，多葉クローバーのパラメータ式は

$$
\begin{aligned}
x &= R\cos(n\theta)\cos\theta \\
y &= R\cos(n\theta)\sin\theta
\end{aligned}
\qquad (6.1.1)
$$

で与えられる．ここで，$n$ は $n=1, 2, 3, \cdots$の自然数である．この多葉クローバーは原点 o を中心とした $n$ 葉の葉によって構成されている．この葉数は $n$ が奇数か偶数によって異なり，

$n=$奇数：葉数$=n$：$\theta=0\sim\pi$

$n=$偶数：葉数$=2n$：$\theta=0\sim2\pi$

となる．この多葉クローバーの原点 o 部分の交点を前後にうまく広げることによって第 2 巻第 10 章の縦型 2 葉クローバーの針金細工のように，多葉クローバーを球面上に埋め込むことができる．これは球面の ± の極 PL に交点をもつ閉曲線となる．これを pole 交点型多葉クローバー球面波 PCSW とよぶ．式(6.1.1)において，$n=3$，$\theta=\pi/4$ とした PCSW の加法合成図を図 6.1.1 に示す．$n=3$ より図 6.1.1 (1)は 3 葉となっており，3 葉上の点 $P_0$ は $P_0(x, y)$ であり，この $x$，$y$ 値は式(6.1.1)に $n\theta=3\pi/4$ をとった軌跡点である．$P_0$ の $y$ 値を図(2)の $y$ 軸にとった点が D であ

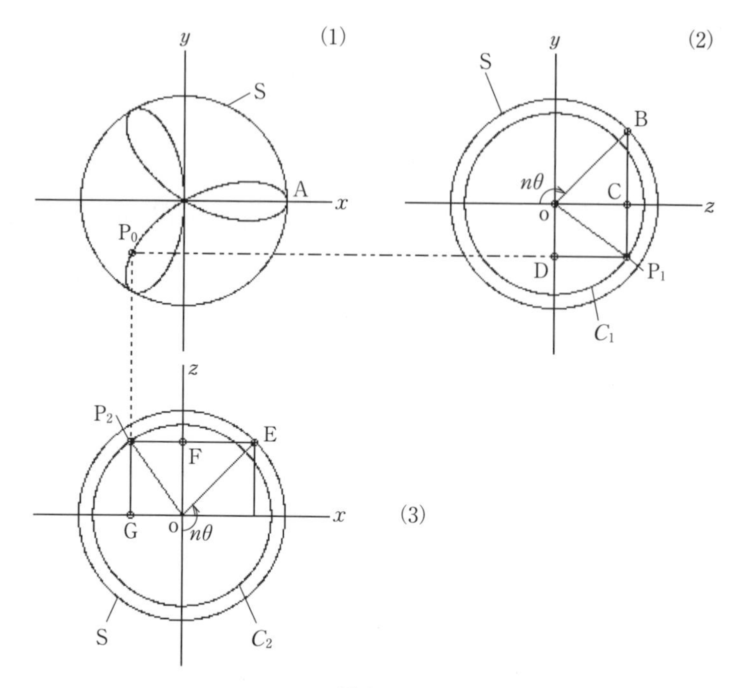


**図 6.1.1**

る．ここで，図(1)での円 $C$ を大円とした球Sを考えるとSは図 6.1.1(1)～(3)のようになる．よって

$$\mathrm{S}：半径 = R \tag{6.1.2}$$

である．図 6.1.1(2)において，$-z$ 軸を始点として時計回りに角度 $n\theta$ をとると，

$$\overline{\mathrm{oB}} = R$$
$$\overline{\mathrm{oD}} = \overline{\mathrm{CP_1}} = y \tag{6.1.3}$$

$$z = \overline{\mathrm{oC}} = \overline{\mathrm{oB}} \sin(n\theta) = R \sin(n\theta) \tag{6.1.4}$$

ここで，従属円 $C_1$ の半径を $U_1$ とすると

$$U_1 = \overline{\mathrm{oP_1}} = \sqrt{\overline{\mathrm{oD}}^2 + \overline{\mathrm{oC}}^2} = \sqrt{y^2 + z^2} \tag{6.1.5}$$

となり，$C_1$ は球表面SSの部分円であるから

$$\mathrm{SS} \supset C_1 \ni \mathrm{P_1}$$

である．次に，$P_0$ の $x$ 値を $P_0 \to P_2$ へ平行移動させると，図(3)において

$$\overline{\mathrm{oE}} = R$$
$$z = \overline{\mathrm{oF}} = \overline{\mathrm{oE}} \sin(n\theta) = R \sin(n\theta) \tag{6.1.6}$$

となる．ここで，点$P_2$を含む円$C_2$をとると，$C_2$の半径$U_2$は

$\overline{oF}=\overline{GP_2}=z$より，

$$U_2=\overline{oP_2}=\sqrt{\overline{oG}^2+\overline{GP_2}^2}=\sqrt{x^2+z^2} \tag{6.1.7}$$

となる．$C_2$もSSの部分円であるから

$$SS \supset C_2 \ni P_2$$

である．ここで，図6.1.1での点$P_0$，$P_1$，$P_2$の値は

$$\begin{aligned} P_0&=(x, y) \\ P_1&=(z, y) \\ P_2&=(x, z) \end{aligned} \tag{6.1.8}$$

となり，$P_0$，$P_1$，$P_2$はPCSWの軌跡点を$P(x, y, z)$とすると，式(6.1.8)は3方向の2次元分解となっている．このとき，PCSWの角度$\theta$の範囲は$n$が奇数でも$\theta=0\sim2\pi$となる．これよりPCSWの$z$成分は式(6.1.4)と式(6.1.6)より同じ式が得られ，$x$，$y$成分は式(6.1.1)から得られる．よって，PCSWのパラメータ式は

$$\text{PCSW}：\theta=0\sim2\pi$$

$$\begin{aligned} x&=R\cos(n\theta)\cos\theta \\ y&=R\cos(n\theta)\sin\theta \\ z&=R\sin(n\theta) \end{aligned} \tag{6.1.9}$$

となる．

ここで，任意の$P(x, y, z)$が半径$R$の球S上の点であることを確かめておこう．これは$P(x, y, z)$が

$$R=\sqrt{x^2+y^2+z^2} \tag{6.1.10}$$

を満たすことをいえばよい．式(6.1.10)に式(6.1.9)をそれぞれ代入して，三角公式

$$\cos^2\theta+\sin^2\theta=1,\ \cos^2(n\theta)+\sin^2(n\theta)=1$$

を適用すると，

$$\begin{aligned} x^2+y^2+z^2&=R^2\cos^2(n\theta)+R^2\sin^2(n\theta) \\ &=R^2 \end{aligned}$$

となって，式(6.1.10)を得る．これより，式(6.1.9)により与えられるPCSWは半径$R$の球Sでの球面波である．

**〈極PLを通るサイクル〉**

PCSWは+PLと−PLの間を交互に通過する閉1次曲線群である．極PLへの通達角度$\theta$は，式(6.1.9)の$n$の値によって以下のように決まる．

$n$＝奇数および偶数

$$+\mathrm{PL}：\theta=\frac{(4m+1)\pi}{2n}$$
$$-\mathrm{PL}：\theta=\frac{(4m+3)\pi}{2n} \tag{6.1.11}$$

ただし，$m=0, 1, 2, 3, \cdots$として，$m$は0を含む$n$番目までをとる．たとえば，$n=3$ならば$m=0, 1, 2$まで，$n=4$ならば$m=0, 1, 2, 3$までをとることになる．また，$n$が奇数のときは始点は2回の交点$T_p$となる．

**〈PCSW の実際〉**

式(6.1.8)による PCSW で$n=2$のときの立体図を図6.1.2に示す．図中の点A

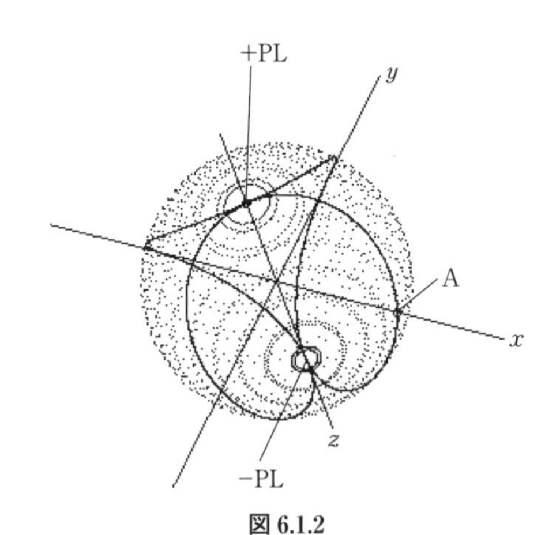


**図 6.1.2**

**図 6.1.3**

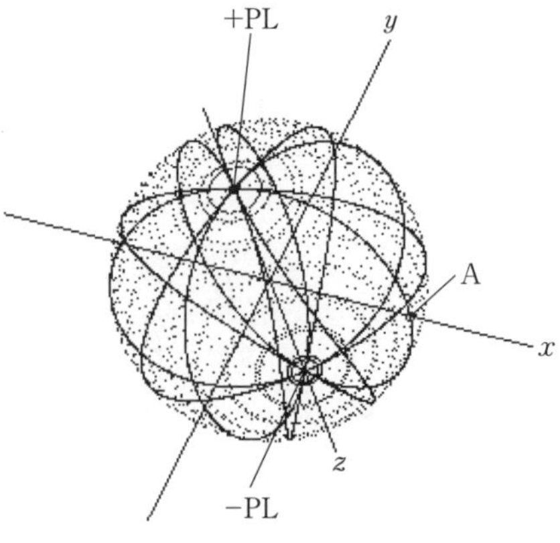


**図 6.1.4**

は始点である．$n=2$ により $\pm$PL を 2 回通過し始点に戻る自己回帰調和波であることがわかる．さらに，$n=3$ の場合の立体図を図 6.1.3 に示す．この場合も $\pm$PL を 3 回通過している．$n=6$ の場合の立体図を図 6.1.4 に示す．この場合は $\pm$PL を 6 回通過しながら球の周りを巡回していることがわかる．

さて，式(6.1.9)を再びみてみよう．式(6.1.9)での $(n\theta)$ の代わりに $\nu$ とおけば，式(6.1.8)は球のパラメータ式となる．これより，

$$\text{2Dim}:\text{Sphere}:(\theta,\nu)\quad\rightarrow\quad(\theta):\text{PCSW}:\text{1Dim} \tag{6.1.12}$$

となって，これは幾何学的に $(\theta,\nu)$ の 2 つの角度パラメータによって多様体の 2 次元曲面が表されるが 1 つの角度パラメータでは 1 次元の曲線を表すことになる．これは後述する流動波やラセン波などにも適用される．

## 6.2　pole 交点型多葉クローバー楕円体表面波

pole 交点型多葉クローバー球面波 PCSW を拡張して多葉クローバーを全方位楕円体表面に埋め込むことは可能である．全方位楕円体を ADE とすると，ADE のパラメータ式は次のようになる．

ADE：

$$\begin{aligned} x&=R_1\cos\nu\cos\theta\\ y&=R_2\cos\nu\sin\theta\\ z&=R_3\sin\nu \end{aligned} \tag{6.2.1}$$

ここで，$R_1\neq R_2\neq R_3$ である．この全方位楕円体を基にした pole 交点型多葉クローバー楕円体表面波を PCEW とよぶ．この ADE にも式(6.1.12)の概念は成り立つから，式(6.2.1)の $\nu$ を $n\theta$ に置き換えて，PCEW のパラメータ式として

PCEW：$\theta=0\sim2\pi$

$$\begin{aligned} x&=R_1\cos(n\theta)\cos\theta\\ y&=R_2\cos(n\theta)\sin\theta\\ z&=R_3\sin(n\theta) \end{aligned} \tag{6.2.2}$$

を得る．この PCEW の極（pole）も $\pm$PL とすると，

$$\text{PCEW}:\pm\text{PL}:z\text{ 軸上の}\pm R_3\text{の位置} \tag{6.2.3}$$

となる．ここで，PCEW の場合も任意の $\mathrm{P}(x,y,z)$ が ADE の表面上にあることを確かめておこう．

これは $\mathrm{P}(x,y,z)$ が

$$\left(\frac{x}{R_1}\right)^2+\left(\frac{y}{R_2}\right)^2+\left(\frac{z}{R_3}\right)^2=1 \tag{6.2.4}$$

を満たすことをいえばよい．そこで，式(6.2.4)に式(6.2.2)をそれぞれ代入して $\cos^2(n\theta)+\sin^2(n\theta)=1$ を適用すると，

$$\left(\frac{x}{R_1}\right)^2+\left(\frac{y}{R_2}\right)^2+\left(\frac{z}{R_3}\right)^2=\cos^2(n\theta)\cos^2\theta+\cos^2(n\theta)\sin^2\theta+\sin^2(n\theta)=1 \tag{6.2.5}$$

となって，式(6.2.4)が満たされる．

**〈PCEW の実際〉**

式(6.2.2)を用いた $R_1$～$R_3$ の値の比が $R_1:R_2:R_3=7:10:15$ での $n=2$ による PCEW の立体図を ADE の概略図と合わせて図 6.2.1 に示す．このケースでは $z$ 軸上の ±PL を 2 回通過していることがわかる．点 A は始点である．さらに，$R_1:R_2:R_3=2:2:3$ での $n=6$ による PCEW の立体図を図 6.2.2 に示す．これより PCEW は ADE（この場合，回転楕円体）表面を運動し ±PL を 6 回通過していることがわかる．

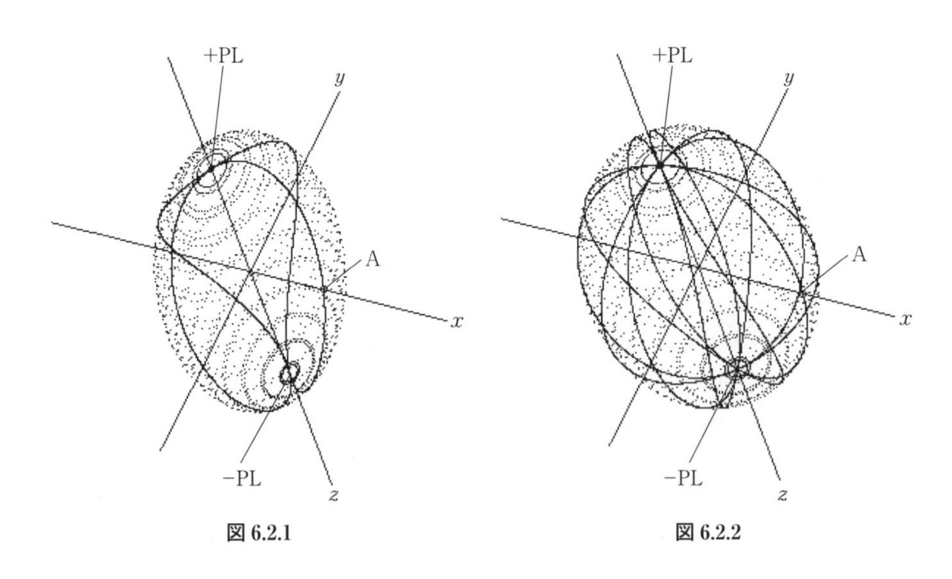


**図 6.2.1**　　**図 6.2.2**

第 7 章

# 2 重調和波

図 2.1.5 を再度みてみよう．これは式(2.1.15)によって与えられた水平円環波である．これは半径 $R_2$ の円を中央円として，水平面に広がった円環波である．この円環波の垂直方向に新たな波を構成しよう．この波は 3 次元空間での波動となる．これをここでは 2 重調和波という．

## 7.1　2 重調和円環波

式(2.1.15)による水平円環波のパラメータ式を以下にもう一度示す．

$$\mathcal{T}=R_1 f(\xi\theta)$$
$$x=(R_2+\mathcal{T})\cos\theta \qquad (7.1.1)$$
$$z=(R_2+\mathcal{T})\sin\theta$$

なお，ターミナル関数 $\mathcal{T}$ には円 $C_1$ の半径 $R_1$ を加えてある．$R_2$ は中央円 $C_2$ の半径である．この水平円環波に垂直な $y$ 方向に新たな調和波を形成して 3 次元空間での閉 1 次曲線を構成することは可能である．式(7.1.1)は円 $C_2$ の円周上に 2 次元で，半径 $R_1$ の円 $C_1$ を主円とした加法合成の軌跡となっている．この水平調和円環波の軌跡点列の $y$ 方向に垂直な調和波をさらに作成するから，これを 2 重調和円環波 DCW（double harmonic circular wave）とよぶ．これは式(7.1.1)に $y$ 方向の調和波の式を加えることによって可能であり，ここで，$y$ 成分の式を

$$y=R_3\, g(\xi\theta) \qquad (7.1.2)$$

とする．$R_3$ は $y$ 方向の主円 $C_3$ の半径である．これより DCW の主円は

$C_1$：$xz$ 面での $T$ 関数の主円：半径$=R_1$

$$C_2：xz\text{ 面での中央円での主円：半径}=R_2 \qquad (7.1.3)$$
$$C_3：y\text{ 方向の主円：半径}=R_3$$

となる．式(7.1.1)および式(7.1.2)より，DCW のパラメータ式は

DCW：

$$\begin{aligned} \mathcal{T}&=R_1 f(\xi_1\theta)\\ x&=(R_2+\mathcal{T})\cos\theta\\ y&=R_3\, g(\xi_2\theta)\\ z&=(R_2+\mathcal{T})\sin\theta \end{aligned} \qquad (7.1.4)$$

で与えられる．ここで，式(7.1.4)中には $\xi_1$ と $\xi_2$ の2つの異なる波動ポテンシャルを含んでいる．したがって，式(7.1.4)のパラメータ式は多重波動ポテンシャルによって構成されている．これより，3次元空間での DCW は $T$ 関数の $f(\xi_1\theta)$ と $y$ 成分の $g(\xi_2\theta)$ によってその形状が決まり，これらの関数の形により，加法合成図は種々に構成される．

### 7.1.1　2重調和円環波の加法合成

代表例として $T$ 関数と $y$ 成分に次式をとる．

$$\begin{aligned} \mathcal{T}&=R_1\sin(\xi_1\theta)\\ y&=R_3\sin(\xi_2\theta) \end{aligned} \qquad (7.1.5)$$

すると，式(7.1.4)は

$$\begin{aligned} \mathcal{T}&=R_1\sin(\xi_1\theta)\\ x&=(R_2+\mathcal{T})\cos\theta\\ y&=R_3\sin(\xi_2\theta)\\ z&=(R_2+\mathcal{T})\sin\theta \end{aligned} \qquad (7.1.6)$$

で与えられる．これより，$xz$ 面でのパラメータ式は，式(7.1.6)より

$$\begin{aligned} x&=R_2\cos\theta+R_1\sin(\xi_1\theta)\cos\theta\\ z&=R_2\sin\theta+R_1\sin(\xi_1\theta)\sin\theta \end{aligned} \qquad (7.1.7)$$

となる．式(7.1.7)の加法合成式は基底点 $P_1$，$P_2$ を用いて

$$\begin{pmatrix} x\\ z \end{pmatrix}=\overset{[\mathrm{GU1}]}{\begin{pmatrix} R_2\cos\theta\\ R_2\sin\theta \end{pmatrix}_{P_1}}+\overset{[\mathrm{GU2}]}{\begin{pmatrix} R_1\sin(\xi_1\theta)\cos\theta\\ R_1\sin(\xi_1\theta)\sin\theta \end{pmatrix}_{P_2}} \qquad (7.1.8)$$

となって，[GU1] と [GU2] の2つの幾何ユニットの加法となる．この加法合成図を図 7.1.1 に示す．図 7.1.1(1)の $xz$ 面において，[GU1] の幾何ユニットは $(x, z)$ 座標の原点 o を中心とした円 $C_2$ 上の点 $P_1$ が基底点であり，[GU2] の幾何ユニッ

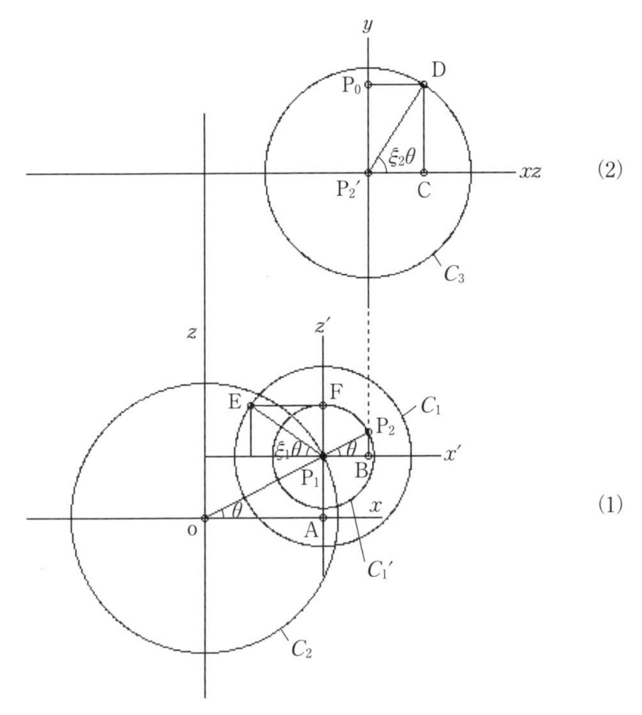


**図 7.1.1**

トでは $(x, z)$ 座標と平行な $(x', z')$ 座標で $P_1$ を中心とした円 $C_1 \to C_1'$ 上の点 $P_2$ が基底点となる.

図 7.1.1(1)において

$xz$ 面：[GU1]：$C_2$ (中心 o)：

$$\left.\begin{aligned}\overline{\mathrm{oA}} &= R_2\cos\theta \\ \overline{\mathrm{AP_1}} &= R_2\sin\theta\end{aligned}\right\} \to \mathrm{P_1} \tag{7.1.9}$$

$xz$ 面：[GU2]：$C_1$ (中心 $P_1$)：

$$\begin{aligned}\overline{\mathrm{EP_1}} &= R_1 \\ \overline{\mathrm{FP_1}} &= \overline{\mathrm{EP_1}}\sin(\xi_1\theta) = R_1\sin(\xi_1\theta)\end{aligned} \tag{7.1.10}$$

式(7.1.10)より，$P_1$ を中心とした半径$=\overline{\mathrm{FP_1}}$ の $C_1$ の従属円 $C_1'$ が定まる.

$$C_1 \to C_1'：半径=\overline{\mathrm{FP_1}}$$

式(7.1.10)より，$C_1'$ において

$$\overline{\mathrm{P_1P_2}} = \overline{\mathrm{FP_1}} = R_1\sin(\xi_1\theta) \tag{7.1.11}$$

さらに，

$$\overline{\mathrm{BP_1}}=\overline{\mathrm{P_1P_2}}\cos\theta=R_1\sin(\xi_1\theta)\cos\theta$$
$$\overline{\mathrm{BP_2}}=\overline{\mathrm{P_1P_2}}\sin\theta=R_1\sin(\xi_1\theta)\sin\theta \tag{7.1.12}$$

式(7.1.12)は$(x', z')$座標上での基底点$\mathrm{P_2}$を定めるから，

［GU2］：

$$\left.\begin{array}{l} R_1\sin(\xi_1\theta)\cos\theta \\ R_1\sin(\xi_1\theta)\sin\theta \end{array}\right\}\rightarrow \mathrm{P_2} \tag{7.1.13}$$

となり，この$\mathrm{P_2}$が$xz$面での軌跡点となる．

さらに，$y$方向では図7.1.1(2)において

円$C_3$：半径$=R_3=\overline{\mathrm{DP_2'}}$

$\overline{\mathrm{CP_2'}}=R_3\cos(\xi_2\theta)$

$y$成分については

$$y=\overline{\mathrm{P_0P_2'}}=\overline{\mathrm{CD}}=\overline{\mathrm{DP_2'}}\sin(\xi_2\theta)=R_3\sin(\xi_2\theta) \tag{7.1.14}$$

を得る．これより，3次元空間でのDCWの軌跡点は図(2)での$\mathrm{P_0}$となる．よって

$xz$面での軌跡：$\mathrm{P_2}$

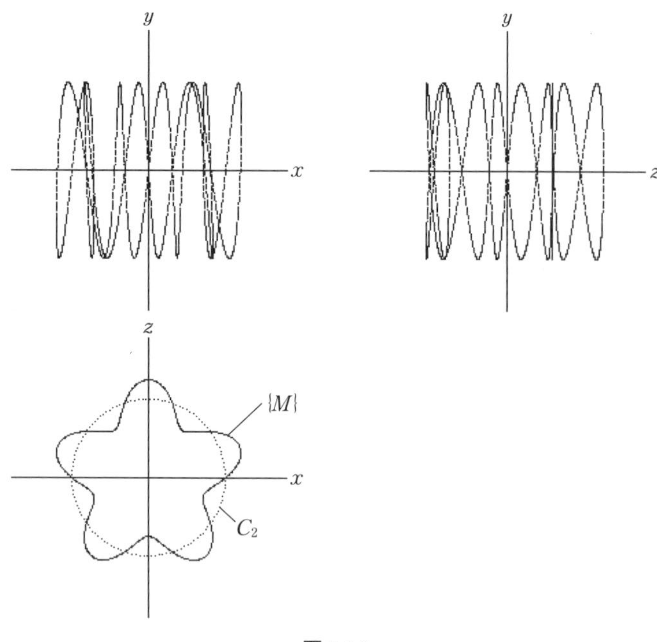


図 7.1.2

$y$ 方向の軌跡：$P_0$

であり，図 7.1.1 において

$$P_2 = P_2'$$

である．

**〈$\xi_1=5$，$\xi_2=10$ での DCW の実際〉**

式(7.1.6)に $\xi_1=5$，$\xi_2=10$ を適用した DCW の $xz$，$xy$，$yz$ 面での投影図を図 7.1.2 に示す．図 7.1.2 の $xz$ 面では HMP=1 として $\theta=0\sim2\pi$ での $C_2$ を中央円とした $T$ 関数による水平円環波となっている．この $xz$ 面での水平円環波の軌跡を $\{M\}$ とすると，$xy$，$yz$ 面では $\{M\}$ の垂直な $y$ 方向に $P_0$ の軌跡が形成されている．DCW の 3 次元立体図を示すのは難しい．そこで図 7.1.2 の 3 面をそれぞれの面から垂直方向へ $0.15\pi$ (27°) 回転させた図を図 7.1.3 に示す．これはちょうどジャバラになった円筒に埋め込まれた円環波である．

**〈$\xi_1=5$，$\xi_2=2.5$ での DCW の実際〉**

この場合は $\xi_1=5$ で HMP=1，$\xi_2=2.5$ で HMP=2 であるから，max では {HMP} =2 である（詳細は第 2 巻 12.4 節参照）．この場合の 3 つの投影図を図

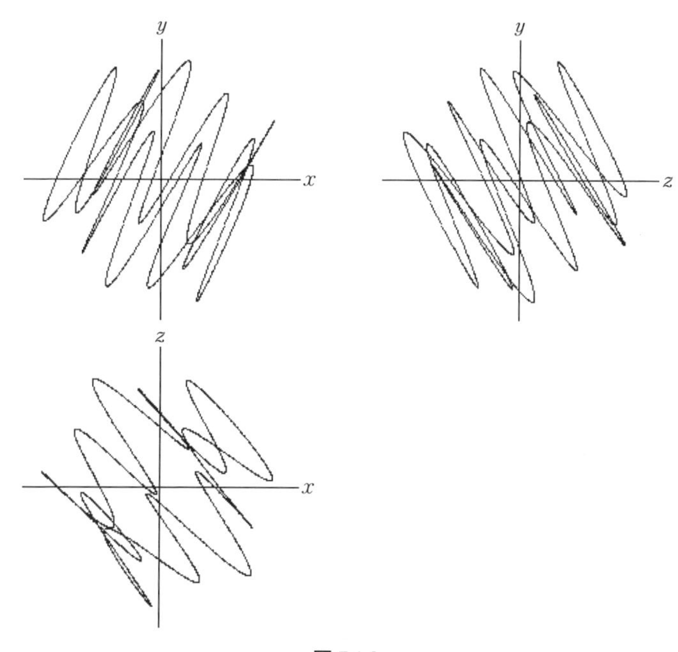


**図 7.1.3**

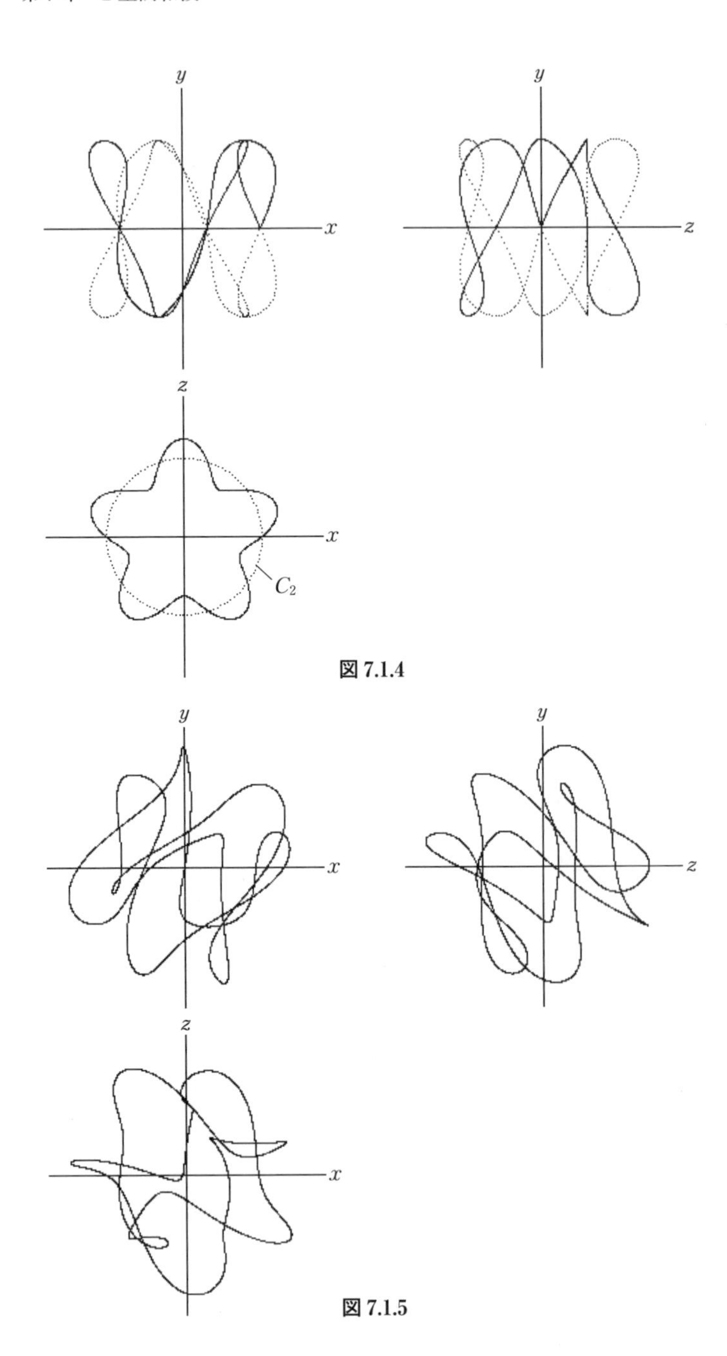


図 7.1.4

図 7.1.5

7.1.4に示す．{HMP}＝2より，$xz$面の閉曲線は2回回転しているが，$xy$，$yz$面の曲線は単連続曲線SCCである．図中の実線のカーブは$\theta=0\sim2\pi$までの曲線であり，点線のカーブは$\theta=2\pi\sim4\pi$での曲線である．図7.1.3と同様に処理したこの場合の立体図を図7.1.5に示す．

## 7.2　2重調和楕円環波

2重調和円環波DCWと同じく，水平楕円環波上に垂直に2重に調和波を構成することは可能である．これを2重調和楕円環波DEWとよぶ．水平楕円環波は式(2.2.11)より

$$\begin{aligned} \mathcal{T}&=R_1 f(\xi\theta) \\ x&=(rr+\mathcal{T})\cos(\theta+\eta) \\ z&=(rr+\mathcal{T})\sin(\theta+\eta) \end{aligned} \tag{7.2.1}$$

である．ここで，角度$\eta$は$T$関数の初期角度である．また，$rr$は$xz$面上の中央楕円$E_0$の中心oから楕円周上の点までの距離であり，式(2.2.6)より次のように表される．

楕円$E_0$：

$$x\text{径}=QX$$

$$z\text{径}=QZ$$

$$rr=\frac{QX\cdot QZ}{\sqrt{(QZ\cdot\cos(\theta+\eta))^2+(QX\cdot\sin(\theta+\eta))^2}} \tag{7.2.2}$$

ここで，式(7.1.2)と同じく$y$成分を

$$y=R_2\, g(\xi_2\theta) \tag{7.2.3}$$

ととる．原理としては2重調和円環波と同じであるから，式(7.2.1)および式(7.2.3)より，DEWのパラメータ式は

$$\begin{aligned} \mathcal{T}&=R_1 f(\xi_1\theta) \\ x&=(rr+\mathcal{T})\cos(\theta+\eta) \\ y&=R_2\, g(\xi_2\theta) \\ z&=(rr+\mathcal{T})\sin(\theta+\eta) \end{aligned} \tag{7.2.4}$$

で与えられる．この場合も加法合成図を作成するためには$T$関数と$y$成分の具体的な関数形を必要とする．

### 7.2.1　2重調和楕円環波の加法合成

ここでも代表例として $T$ 関数と $y$ 成分に次式をとる．

$$\begin{aligned} \mathcal{T} &= R_1 \sin(\xi_1 \theta) \\ y &= R_2 \sin(\xi_2 \theta) \end{aligned} \tag{7.2.5}$$

すると，式(7.2.4)は

$$\begin{aligned} \mathcal{T} &= R_1 \sin(\xi_1 \theta) \\ x &= (rr + \mathcal{T}) \cos(\theta + \eta) \\ y &= R_2 \sin(\xi_2 \theta) \\ z &= (rr + \mathcal{T}) \sin(\theta + \eta) \end{aligned} \tag{7.2.6}$$

となる．式(7.2.6)の加法合成図を簡単にするため，ここでは

$$\xi_1 = \xi_2 = 1 \tag{7.2.7}$$

とおく．式(7.2.7)による式(7.2.6)の加法合成図を図 7.2.1 に示す．まず，図 7.2.1 と DCW の図 7.1.1 を比較してみよう．加法合成図の構成が異なっているこ

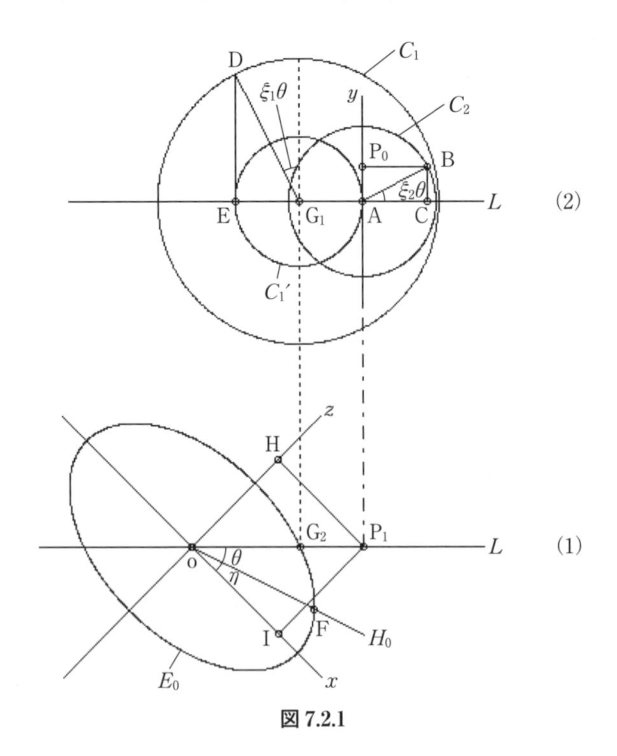


図 7.2.1

とがわかる．図 7.1.1 は第 1 章での図 1.2.2 と同じ既約形式での加法合成図であるが，図 7.2.1 は図 1.2.3 と同じ可約形式の加法合成図となっている．これは楕円の場合，可約形式のほうが理解しやすいからである．したがって，これからの議論は可約形式での説明となる．図 7.2.1(1)において，$xz$ 面の楕円 $E_0$ の中心 o から角度 $\eta$ の直線を $H_0$ として $E_0$ の楕円周上の点を F，また角度 $(\eta+\theta)$ での直線を $L$ 線として，$E_0$ 上の点を $G_2$ にとる．$\overline{oG_2}$ は $(\eta+\theta)$ による中心 o から $E_0$ の楕円周への距離となっている．ここで，図(1) $G_2 \to G_1$ 図(2)であり，$L$ 線上で $G_2$ と $G_1$ は等しい．したがって，図(2)は $L$ 線上の $y$ 方向の作図となっている．はじめに $T$ 関数についての加法合成を行うと，図(2)において $G_1$ を中心とした半径 $R_1$ の円 $C_1$ をとる．

$$C_1\ (\text{中心}\ G_1)：\text{半径}\ R_1=\overline{DG_1} \tag{7.2.8}$$

$y$ 方向に角度 $\xi_1\theta$ をとると，$T$ 関数の $T$ 値は $\overline{EG_1}$ であるから，

$$T=\overline{EG_1}=\overline{DG_1}\sin(\xi_1\theta)=R_1\sin(\xi_1\theta) \tag{7.2.9}$$

である．この $C_1$ は $T$ 関数に関する主円であるから，さらに $G_1$ を中心とした半径 $\overline{EG_1}$ の従属円 $C_1'$ をとる．

$C_1 \to C_1'$

$$C_1'：\text{半径}=\overline{EG_1}=R_1\sin(\xi_1\theta) \tag{7.2.10}$$

図 7.2.1(2)の $L$ 線上では $C_1'$ によって

$$L：C_1'：\overline{EG_1}=\overline{AG_1} \tag{7.2.11}$$

であり，この点 A が水平楕円環波での $\omega=\pi/2$ での初期位置である．したがって，この点 A は $L$ 線上で $xz$ 面での $E_0$ の中心 o からの距離としての $xz$ 面での軌跡点を与える．これより

$$\text{図(2)}：L：A \quad \to \quad P_1：L：\text{図(1)}$$

となり，図(1)での点 $P_1$ が $xz$ 面での軌跡点である．これより，点 A の $y$ 方向に $y$ 値が決定する．図(2)に A を中心とした主円 $C_2$ をとると，

$C_2：\text{半径}\ R_2=\overline{AB}$

$$y=\overline{AP_0}=\overline{AB}\sin(\xi_2\theta)=R_2\sin(\xi_2\theta) \tag{7.2.12}$$

となって，$y$ 方向の軌跡点 $P_0$ を得る．

次に，$L$ 線上では

$$L：G_1=G_2$$
$$P_1=A$$

であるから，式(7.2.9)および式(7.2.11)より，図(1)の $L$ 上の $\overline{G_2P_1}$ は

$$\overline{G_2P_1}=\overline{AG_1}=\overline{EG_1}=T \tag{7.2.13}$$

となる．また，図(1)での $P_1$ は $xz$ 面上の軌跡点であるから，$\overline{oP_1}$ が角度 $(\eta+\theta)$ による $xz$ 面上での距離を与える．ここで，角度 $(\eta+\theta)$ による $E_0$ 上の点 $G_2$ と中心 o との距離 $rr$ は

$$rr=\overline{oG_2} \tag{7.2.14}$$

であり，$rr$ の値は式(7.2.2)で与えられる．$\overline{oP_1}$ は式(7.2.13)および式(7.2.14)より，

$$L：\overline{oP_1}=\overline{oG_2}+\overline{G_2P_1}=rr+T \tag{7.2.15}$$

となる．ここで，式(7.2.15)の $T$ はもともと $T$ 関数 $\mathcal{T}$ であるから，$T=\mathcal{T}$ として，$L$ 線上の $x,z$ 成分を求めると，

$$\begin{aligned} x&=\overline{oI}=\overline{oP_1}\cos(\theta+\eta)=(rr+\mathcal{T})\cos(\theta+\eta) \\ z&=\overline{oH}=\overline{oP_1}\sin(\theta+\eta)=(rr+\mathcal{T})\sin(\theta+\eta) \end{aligned} \tag{7.2.16}$$

となる．このようにして可約形式での $x$，$z$ 成分の加法合成式が得られる．これより，DEW の軌跡点は $P_0$ であり，

$$(x,z)：P_1 \quad \rightarrow \quad P_0：(y)$$

となる．これは水平楕円環波では $(rr+T)$ での $T$ の値が $C_1'$ の $L$ 線上の半径によ

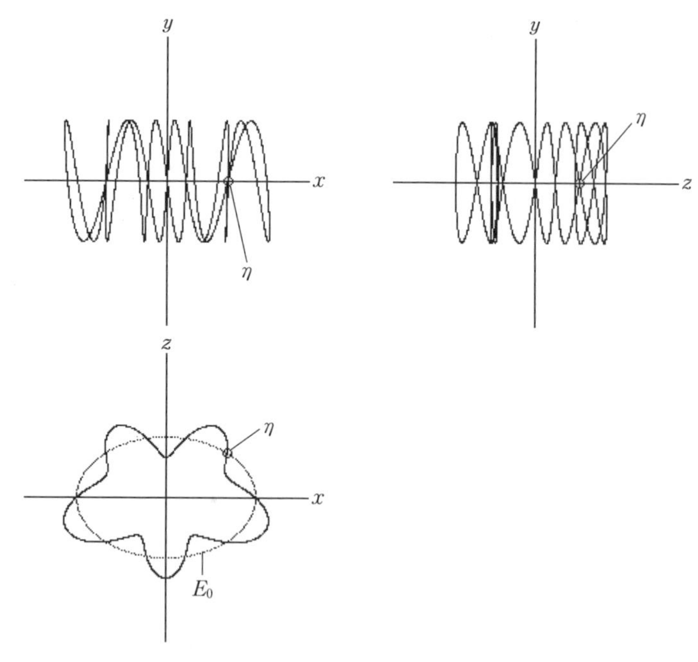


図 7.2.2

って与えられ，$\overline{\mathrm{AG_1}}=\overline{\mathrm{G_2P_1}}$ であることを示している．

**〈$\xi_1=5$，$\xi_2=10$ での DEW の実際〉**

DEW の例として，$\xi_1=5$，$\xi_2=10$ さらに $\eta=0.2\pi$ での式(7.2.6)による $xz$，$xy$，$yz$ 面による投影図を図 7.2.2 に示す．図中の○印は $\eta$ の初期位置である．$xz$ 面は $E_0$ 上の水平楕円環波であり，これは $\eta$ の位置によって波形が変わる．この水平楕円環波上の $y$ 方向の波が $xy$，$yz$ 面での投影図である．図 7.1.3 と同じ処理を施した立体図を図 7.2.3 に示す．

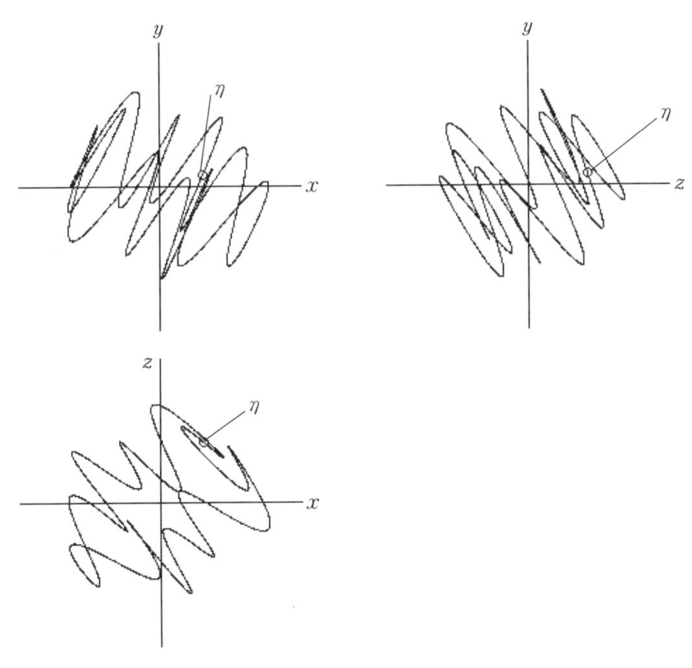


**図 7.2.3**

# 第 3 編

# 流動波とラセン波

# 第 8 章

# 多様体内部に埋め込まれた調和流動波

## 8.1　多葉クローバー型楕円環流動波

第 6 章で pole 交点型調和表面波を議論したが，これは多葉クローバー MCL を球などの多様体表面に埋め込んだ閉 1 次曲線としての波であった．球の場合は，式(6.1.12)より，

$$2\,\mathrm{Dim} : \mathrm{Sphere} : (\theta, \nu) \rightarrow (\theta) : \mathrm{PCSW} : 1\,\mathrm{Dim} \tag{8.1.1}$$

で表された．この概念は球体類にとって，幾何学的に重要な概念である．式(8.1.1)は 2 つの独立した角度 $\theta$，$\nu$ によって構成されるコンパクト多様体の 2 次元表面を 1 つの角度 $\theta$ に統一すると，多様体表面での調和波として閉 1 次曲線を形成することを表している．われわれは第 2 巻でコンパクト多様体に別の多様体を埋め込む，埋め込み構造をみてきたが，式(8.1.1)の概念の拡張として埋め込まれた多様体にこの概念を適用して多様体内部に調和した流動波を形成することが可能となる．ここでは，これを調和流動波 HFW(harmonic fluid wave)とよぶ．これより，

$$2\,\mathrm{Dim} : \text{埋め込まれた多様体} : (\theta, \nu) \rightarrow (\theta) : \mathrm{HFW} : 1\,\mathrm{Dim} \tag{8.1.2}$$

となる．ここでは，第 2 巻 7.2 節で述べられた一般楕円環トーラス GET に埋め込まれた多葉クローバー環 MCET に式(8.1.2)を適用しよう．これを多葉クローバー型楕円環流動波 MFGW とよぶ．MCET は$(\theta, \nu)$で構成されているから，これを $\nu=\theta$ として $\theta$ のみでパラメータ式を構成すればよいことになる．MCET の軌跡点を $\mathrm{P}_m$ とすると，

$$\mathrm{MCET}(\theta,\nu) \to \{H\} \xrightarrow[\theta\ \ only]{} H_0 \to \mathrm{P}_m \to \{\mathrm{P}_m\} : \mathrm{MFGW} \tag{8.1.3}$$

となる(この部分は第2巻7.2節を併用して参照することが望ましい)．多葉クローバー MCL のパラメータ式は，すでに式(6.1.1)に示されているが，本来は楕円であるから

$$\begin{aligned} x &= R_1\cos(n\theta)\cos\theta \\ y &= R_2\cos(n\theta)\sin\theta \end{aligned} \tag{8.1.4}$$

である．この MCL の葉の頂点は楕円 $E_0$ の

$$\begin{aligned} x &= R_1\cos\theta \\ y &= R_2\sin\theta \end{aligned} \tag{8.1.5}$$

の楕円周の交点となる．この式(8.1.4)と式(8.1.5)の関係は

$$E_0 : \begin{pmatrix} x = R_1\cos\theta \\ y = R_2\sin\theta \end{pmatrix} \to \mathrm{MCL} : \begin{pmatrix} x = R_1\cos(n\theta)\cos\theta \\ y = R_2\cos(n\theta)\sin\theta \end{pmatrix} \tag{8.1.6}$$

の変換式となっている．また，GET のパラメータ式は式(1.1.1)より，

$$\begin{aligned} x &= (R_1 + R_3\cos\nu)\cos\theta \\ y &= (R_2 + R_4\cos\nu)\sin\theta \\ z &= R_5\sin\nu \end{aligned} \tag{8.1.7}$$

で与えられる．

これで準備が整ったので，MFGW の加法合成図を構成しよう．図 8.1.1 に MFGW の加法合成図を示す．図 8.1.1(1)より，

$$\begin{aligned} &\text{主円 } C_3 \text{ の従属円 } C_3' : \text{半径} = R_3\cos\theta \\ &\text{主円 } C_4 \text{ の従属円 } C_4' : \text{半径} = R_4\cos\theta \end{aligned} \tag{8.1.8}$$

楕円 $E_1$ : $\mathrm{P}_1$ $(x_1, y_1)$ :

$$\begin{aligned} x_1 &= R_1\cos\theta \\ y_1 &= R_2\sin\theta \end{aligned} \tag{8.1.9}$$

従属楕円 $E_2$ : $\mathrm{P}_2(x_2, y_2)$ :

$$\begin{aligned} x_2 &= (R_3\cos\theta)\cos\theta \\ y_2 &= (R_4\cos\theta)\sin\theta \end{aligned} \tag{8.1.10}$$

である．ここで，図(1)中の $H_0$ の直線は MCET での $\nu$ による変化範囲であるが，図(3)での楕円 $E_4$ と $H_0$ の $E_4$ の中心線という意味である．この $H_0$ は $\theta$ によって変化するから，言わば仮想の線である．図(3)に $H_0$ 上の MCL の軌跡 $C_m$ と軌跡点 $\mathrm{P}_m$ が描かれている．この $C_m$ と外楕円 $E_4$ の関係には $H_0$ を $x$ 成分とすると，式(8.1.6)の関係が成り立つ．

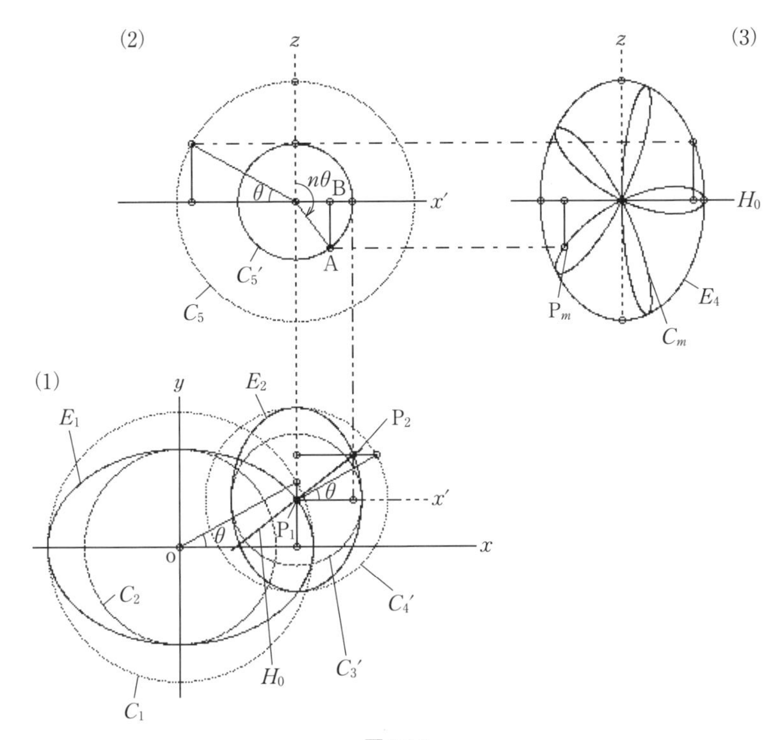


**図 8.1.1**

よって，

$$E:H=R\cos\theta \rightarrow C_m:H=R\cos(n\theta)\cos\theta \tag{8.1.11}$$

この関係は第 2 巻式(7.2.10)の $\theta$ による変換である．この $H$ の変換を $E_2 \rightarrow C_m$ へ適用すると，式(8.1.8)より

$$\begin{aligned} &\overset{E_2:H}{x_2=R_3\cos\theta} \rightarrow \overset{C_m:H}{x_2=R_3\cos(n\theta)\cos\theta} \\ &y_2=R_4\cos\theta \rightarrow y_2=R_4\cos(n\theta)\cos\theta \end{aligned} \tag{8.1.12}$$

となる．この式(8.1.12)の上に式(8.1.10)の楕円を合成すると，

$$\begin{aligned} &\overset{E_2(x,y)}{x_2=R_3\cos\theta\cos\theta} \rightarrow \overset{C_m(x,y)}{x_2=R_3\cos(n\theta)\cos\theta\cos\theta} \\ &y_2=R_4\cos\theta\sin\theta \rightarrow y_2=R_4\cos(n\theta)\cos\theta\sin\theta \end{aligned} \tag{8.1.13}$$

を得る．MFGW の $(x, y)$ 成分は式(8.1.9)の $\mathrm{P}_1(x_1, y_1)$ と式(8.1.13)の $C_m(x_2, y_2)$ の加法として得られるから，

MFGW：$(x, y)$：

$$\begin{pmatrix} x \\ y \end{pmatrix} = \overset{E_1}{\begin{pmatrix} x_1 = R_1 \cos\theta \\ y_1 = R_2 \sin\theta \end{pmatrix}} + \overset{C_m}{\begin{pmatrix} x_2 = R_3 \cos(n\theta)\cos\theta\cos\theta \\ y_2 = R_4 \cos(n\theta)\cos\theta\sin\theta \end{pmatrix}} \tag{8.1.14}$$

で与えられる．

また，$z$ 成分は図 8.1.1(2)において，円 $C_5$ の半径$=R_5$ であるから，

$$\begin{aligned} &\text{従属円 } C_5'：\text{半径} = R_5 \sin\theta \\ &z = \overline{\mathrm{AB}} = R_5 \sin\theta \cos(n\theta) \end{aligned} \tag{8.1.15}$$

である．これより，MFGW の $n$ によるパラメータ式は

$$\begin{aligned} x &= (R_1 + R_3 \cos(n\theta)\cos\theta)\cos\theta \\ y &= (R_2 + R_4 \cos(n\theta)\cos\theta)\sin\theta \\ z &= R_5 \cos(n\theta)\sin\theta \end{aligned} \tag{8.1.16}$$

となる．ここで，多葉クローバー環 MCET のパラメータ式を示すと

$$\begin{aligned} x &= (R_1 + R_3 \cos(n\nu)\cos\nu)\cos\theta \\ y &= (R_2 + R_4 \cos(n\nu)\cos\nu)\sin\theta \\ z &= R_5 \cos(n\nu)\sin\nu \end{aligned} \tag{8.1.17}$$

であるから，式(8.1.17)に $\nu=\theta$ とすると式(8.1.16)が得られる．式(8.1.16)の $n$ は MCL での自然数であったが，これは $n \to \xi$ に拡張できるので，式(8.1.16)に $n=\xi$ とした次式をここで MFGW のパラメータ式とする．

$$\begin{aligned} x &= (R_1 + R_3 \cos(\xi\theta)\cos\theta)\cos\theta \\ y &= (R_2 + R_4 \cos(\xi\theta)\cos\theta)\sin\theta \\ z &= R_5 \cos(\xi\theta)\sin\theta \end{aligned} \tag{8.1.18}$$

**〈MFGW の実際〉**

式(8.1.18)に $\xi=5$ を適用した $xy$ 面への投影図を図 8.1.2 に示す．図中の$\{H\}$は GET 環の $xy$ 投影図である．MFGW の軌跡は 1 つ 1 つの $H$ 上の 1 点 $\mathrm{P}_m$ に対応している．始点を A で示すが，この場合も HMP=1 でサイクルとなっている．そして，MFGW は GET 内部を循環する流動波である．次に，$\xi=10$ での 3 次元立体図を図 8.1.3 に示す．図の背景には GET の概略図を挿入してある．これは HMP=1 より，$\theta=0\sim2\pi$ で GET の内部空間を循環していることがわかる．$\xi=1.2$ での立体図を図 8.1.4 に示す．この場合は HMP=5 になるから，GET の内部を 5 回回っている．さらに，HMP が大きくなる例として $\xi=1.1$ の場合の立体図を図 8.1.5 に示す．これは HMP=10 である．これより，HMP 値が大きくなるほど MFGW は固有なカーブを描くようになる．

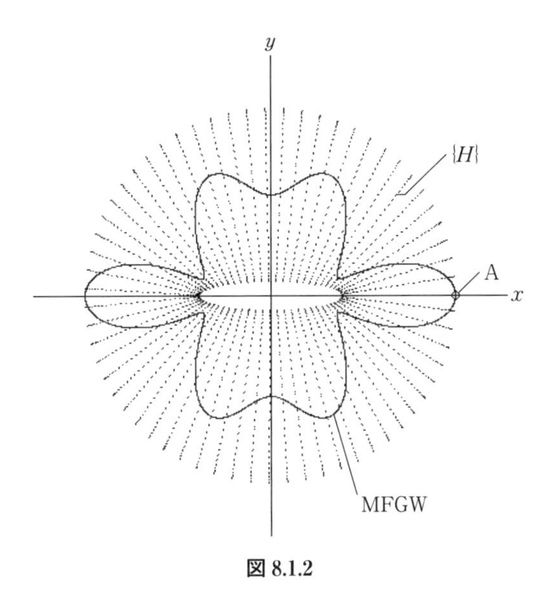


**図 8.1.2**

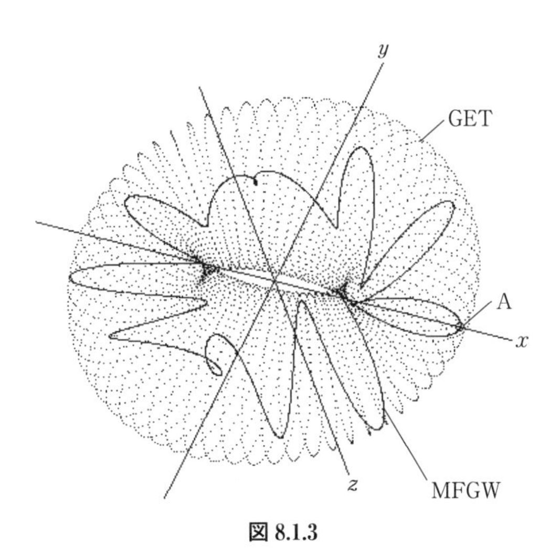


**図 8.1.3**

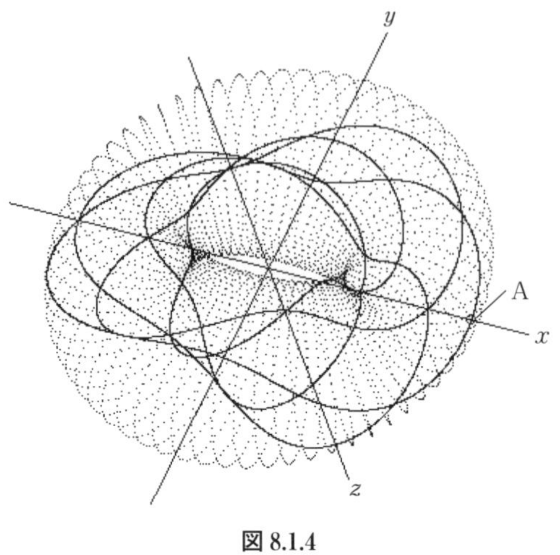


図 8.1.4

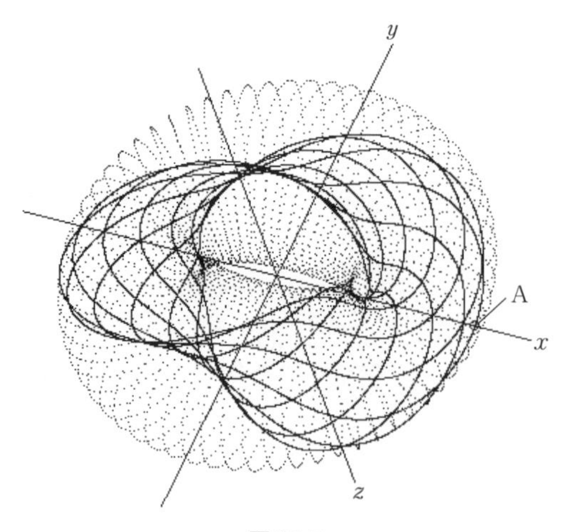


図 8.1.5

## 8.2　楕円環流動波の族

GET に埋め込まれた多様体としては，MCET のほかに，倍角クローバー環 MCT や 2 重ハート環トーラス DHCT などがある．これらの多様体にも式(8.1.2)は適用可能である．ここでは，MCT や DHCT を基にした調和流動波について述べる．

### 8.2.1　MCT 型楕円環流動波

MCT のパラメータ式は第 2 巻 7.4 節より，

$$\begin{aligned} x &= (R_1 + R_3 \cos\nu)\cos\theta \\ y &= (R_2 + R_4 \cos\nu)\sin\theta \\ z &= R_5 \sin\nu \cos(n\nu) \end{aligned} \tag{8.2.1}$$

で与えられるから，これに $n=\xi$，$\nu=\theta$ として MCT 型楕円環流動波のパラメータ式は

$$\begin{aligned} x &= (R_1 + R_3 \cos\theta)\cos\theta \\ y &= (R_2 + R_4 \cos\theta)\sin\theta \\ z &= R_5 \sin\theta \cos(\xi\theta) \end{aligned} \tag{8.2.2}$$

となる．例として，式(8.2.2)に $\xi=2.2$ をとった立体図を図 8.2.1 に示す．この流動波は $\theta=2\pi m$ で必ず始点 SP へ戻る．これは $x, y$ 成分に $\xi$ をもたないためであ

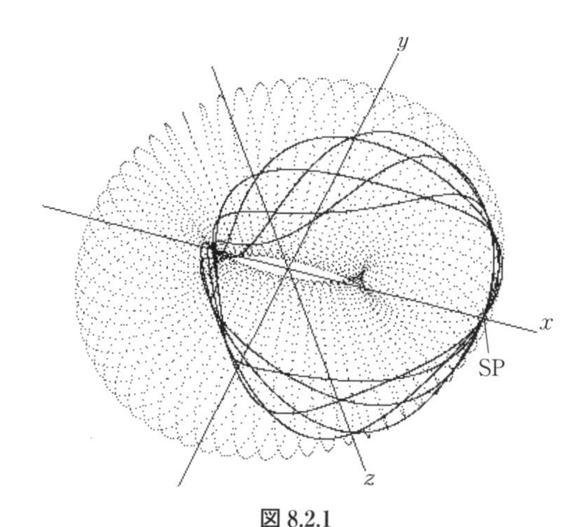


図 8.2.1

る．しかし，HMP＝5であるからGET内を5周してはじめて自己回帰する．

### 8.2.2　DHCT 型楕円環流動波

DHCTのパラメータ式は第2巻9.2節より，

$$\begin{aligned} x &= (R_1 + R_3 \cos\nu \sin\nu)\cos\theta \\ y &= (R_2 + R_4 \cos\nu \sin\nu)\sin\theta \\ z &= R_5 \sin\nu \cos(2\nu) \end{aligned} \tag{8.2.3}$$

で与えられる．これを2次元でのDHCに戻した場合，$z$ 成分の $2\nu \to n\nu$ により2次元多重ハート族が形成される．この多重ハート族を考慮すると，$\nu=\theta$ として $\xi$ の適用には2種類考えられて，これをⅠ型，Ⅱ型に分ける．

Ⅰ型

$$\begin{aligned} x &= (R_1 + R_3 \cos\theta \sin(\xi\theta))\cos\theta \\ y &= (R_2 + R_4 \cos\theta \sin(\xi\theta))\sin\theta \\ z &= R_5 \sin\theta \cos(\xi\theta) \end{aligned} \tag{8.2.4}$$

Ⅱ型

$$\begin{aligned} x &= (R_1 + R_3 \cos(\xi\theta) \sin(\xi\theta))\cos\theta \\ y &= (R_2 + R_4 \cos(\xi\theta) \sin(\xi\theta))\sin\theta \\ z &= R_5 \sin\theta \cos(\xi\theta) \end{aligned} \tag{8.2.5}$$

このⅠ,Ⅱ型の流動波の軌跡はともにGETの外へ出ることはない．Ⅰ型をDGFW 1とすると，式(8.2.4)による $\xi=1.7$，HMP＝10でのDGFW 1の立体図を

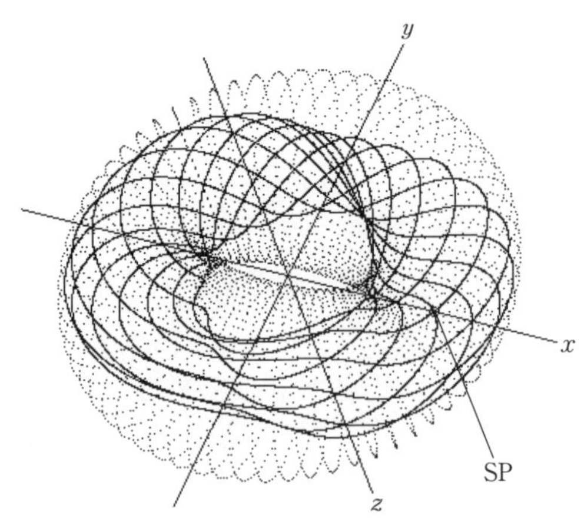


**図 8.2.2**

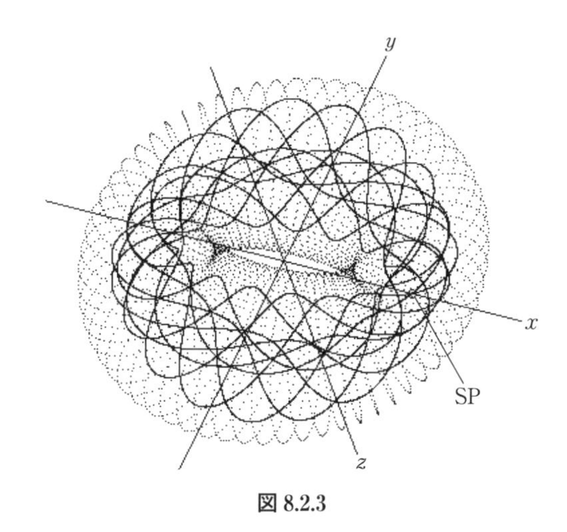


**図 8.2.3**

図 8.2.2 に示す．この場合は GET 内を 10 回回周して，はじめて始点 SP へ戻り，その後自己回帰する．さらに，II 型を DGFW 2 とすると，式(8.2.5)による $\xi=1.7$，HMP＝10 での DGFW 2 の立体図を図 8.2.3 に示す．この場合も GET 内を 10 回回周して，はじめて始点 SP へ戻り，その後自己回帰する．これより，$\xi$ が同じ値でも I 型と II 型ではかなり異なった曲線となることがわかる．

## 8.3　球内流動波

ここでは球 S の内部に閉じ込められた流動波を考えよう．第 6 章で球のパラメータ式である式(1.3.1)を $\nu=n\theta$ と置き換えると式(6.1.9)が得られ，これは極を巡回する球面波 PCSW であった．このとき，$n$ は自然数であったが，これを $n\to\xi$ と置き換えて，さらに式(1.3.1)で $\nu\to\theta$，$\theta\to\xi\theta$ と置き換えると，この閉 1 次曲線は球表面を離れた調和波となる．この変換を適用すると式(1.3.1)の $x$，$y$ 成分は

式(1.3.1)：$\nu\to\theta$，$\theta\to\xi\theta$

$$\begin{aligned} x&=R\cos(\xi\theta)\cos\theta \\ y&=R\sin(\xi\theta)\cos\theta \end{aligned} \qquad (8.3.1)$$

となる．$z$ 成分については，次に示す 2 つの三角関数について考えよう．

$$z_1=R\sin(\xi\theta) \qquad (8.3.2)$$

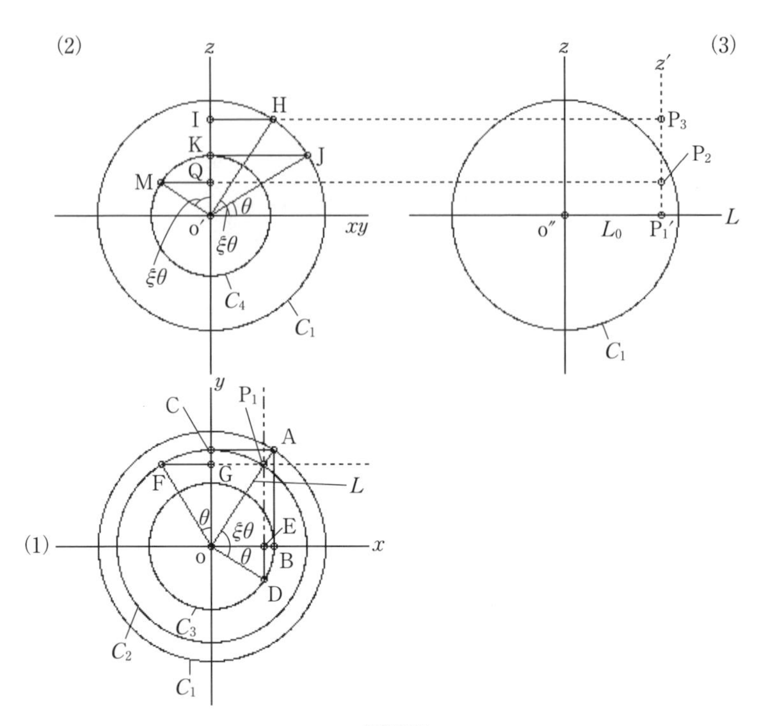


**図 8.3.1**

$$z_2 = R\sin\theta\cos(\xi\theta) \tag{8.3.3}$$

この式(8.3.1)～(8.3.3)による調和波を球内流動波 SIFW(spherical inner fluid wave)とよぶ．$z_1$ および $z_2$ を含めた加法合成図を図 8.3.1 に示す．図 8.3.1(1)は式(8.3.1)の $x$, $y$ 成分の加法合成図であり，図(2)は $z_1$, $z_2$ 成分の加法合成図となっている．図(3)は $xy$ 面での基底点 $P_1$ と$(x, y)$座標原点 o との直線 oA を $z$ 方向に切断面としてとったときの $z_1$, $z_2$ の基底点 $P_3$, $P_2$ をそれぞれ示す．この図(3)での球 S の大円 $C_1$ に対して $P_3$, $P_2$ が内側か外側かで軌跡が S の内部か外部にあるのかがわかる．図 8.3.1 は $\xi=1.8$, $\theta=0.175\pi$ で作図されている．図(1)において

図(1)：$(x, y)$：

球 S の大円：$C_1$：半径$=\overline{\mathrm{oA}}=R$

$C_1$ の従属円 $C_3$ をとると

$$C_3：半径=\overline{\mathrm{oB}}=\overline{\mathrm{oD}}=\overline{\mathrm{oA}}\cos(\xi\theta)=R\cos(\xi\theta) \tag{8.3.4}$$

これより，$x$ 成分は

$$x=\overline{\mathrm{oE}}=\overline{\mathrm{oD}}\cos\theta=R\cos(\xi\theta)\cos\theta \tag{8.3.5}$$

を得る．さらに，$C_1$ の従属円 $C_2$ をとると

$$C_2：半径=\overline{\mathrm{oC}}=\overline{\mathrm{oF}}=\overline{\mathrm{oA}}\sin(\xi\theta)=R\sin(\xi\theta) \tag{8.3.6}$$

これより，$y$ 成分は

$$y=\overline{\mathrm{oG}}=\overline{\mathrm{oF}}\cos\theta=R\sin(\xi\theta)\cos\theta \tag{8.3.7}$$

を得る．これより，$(x,y)$ の基底点は $\mathrm{P}_1$ で与えられる．

図(1)：$(x,y)\rightarrow \mathrm{P}_1$

$z$ 方向の $z_1$，$z_2$ の加法合成については，図(2)において

$$C_1：半径=\overline{\mathrm{o'H}}=\overline{\mathrm{o'J}}=R$$

これより，$z_1$ 成分は

$$z_1=\overline{\mathrm{o'I}}=\overline{\mathrm{o'H}}\sin(\xi\theta)=R\sin(\xi\theta) \tag{8.3.8}$$

また，$C_1$ の従属円 $C_4$ より

$$C_4：半径=\overline{\mathrm{o'K}}=\overline{\mathrm{o'M}}=\overline{\mathrm{o'J}}\sin\theta=R\sin\theta$$

さらに，$z_2$ 成分は $\overline{\mathrm{o'Q}}$ であるから，

$$z_2=\overline{\mathrm{o'Q}}=\overline{\mathrm{o'M}}\cos(\xi\theta)=R\sin\theta\cos(\xi\theta) \tag{8.3.9}$$

となる．ここで，図 8.3.1(1)の oA に沿って $z$ 方向に切断した切断面としての大円をとろう．oA の直線を $L$ とし，$L$ 線上の $\mathrm{oP}_1$ の距離を $L_0$ とすると，図(1)，(3)において，式(8.3.5)および式(8.3.7)より

$$\begin{aligned} L_0&=\overline{\mathrm{oP}_1}=\overline{\mathrm{o''P}_1{}'}=\sqrt{x^2+y^2} \\ &=\sqrt{(R\cos(\xi\theta)\cos\theta)^2+(R\sin(\xi\theta)\cos\theta)^2} \end{aligned} \tag{8.3.10}$$

である．ここで，図(1)，(2) → 図(3)への基底点の写像は

$$\begin{aligned} &(x,y)\text{成分}：L：\mathrm{P}_1\rightarrow \mathrm{P}_1{}' \\ &z\text{成分}\quad：z_1：\mathrm{I}\rightarrow \mathrm{P}_3 \\ &\qquad\qquad\quad z_2：\mathrm{Q}\rightarrow \mathrm{P}_2 \end{aligned} \tag{8.3.11}$$

となる．図(3)において，$C_1$ は球 S の大円であるから，

$$\begin{aligned} &z_1：C_1\text{の外側}\rightarrow \text{球 S の外側} \\ &z_2：C_1\text{の内側}\rightarrow \text{球 S の内側} \end{aligned} \tag{8.3.12}$$

である．これより，式(8.3.2)の軌跡は球の外側に出る場合があり，自己回帰調和波ではあるが球内流動波とはならない．式(8.3.3)の軌跡は常に球の外へ出ることはないので球内流動波である．

### 8.3.1　球内流動波の実際

$z$ 成分に式(8.3.2)を用いた SIFW のパラメータ式は，式(8.3.1)および式

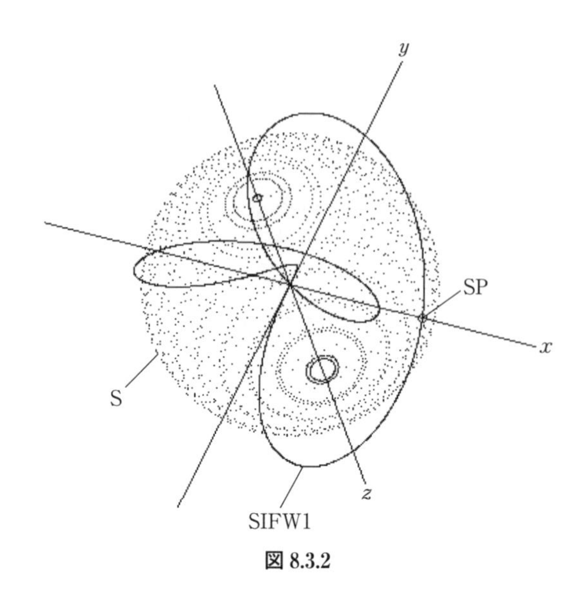


**図 8.3.2**

(8.3.2)より

$$x = R\cos(\xi\theta)\cos\theta$$
$$y = R\sin(\xi\theta)\cos\theta \tag{8.3.13}$$
$$z = R\sin(\xi\theta)$$

である．これを SIFW 1 としよう．SIFW 1 に $\xi=2$ を与えた立体図を図 8.3.2 に示す．図中 SP は始点であり，S は球である．この場合，HMP=1 であるから，$\theta=0\sim2\pi$ で始点に戻るのであるが，その間に一部の軌跡が S の外側に存在することがわかる．

次に，$z$ 成分に式(8.3.3)を用いた SIFW のパラメータ式は，式(8.3.1)および式(8.3.3)より

$$x = R\cos(\xi\theta)\cos\theta$$
$$y = R\sin(\xi\theta)\cos\theta \tag{8.3.14}$$
$$z = R\sin\theta\cos(\xi\theta)$$

である．これを SIFW 2 としよう．$\xi=10$，HMP=1 での $xz$，$xy$，$yz$ 面への投影図を図 8.3.3 に示す．$xz$ 面は $\xi$ の 2 倍の 20 葉のクローバー型となっており，$yz$ 面では $y$，$z$ 軸を対角とした正方形を形成している．これが SIFW 2 での基本パターンであり，HMP=$m$ の $m$ が大きくなるほど，これらのパターンが複雑になる．図 8.3.4 に $\xi=10$ による立体図を示す．S 内部での流動波であることがわかる．

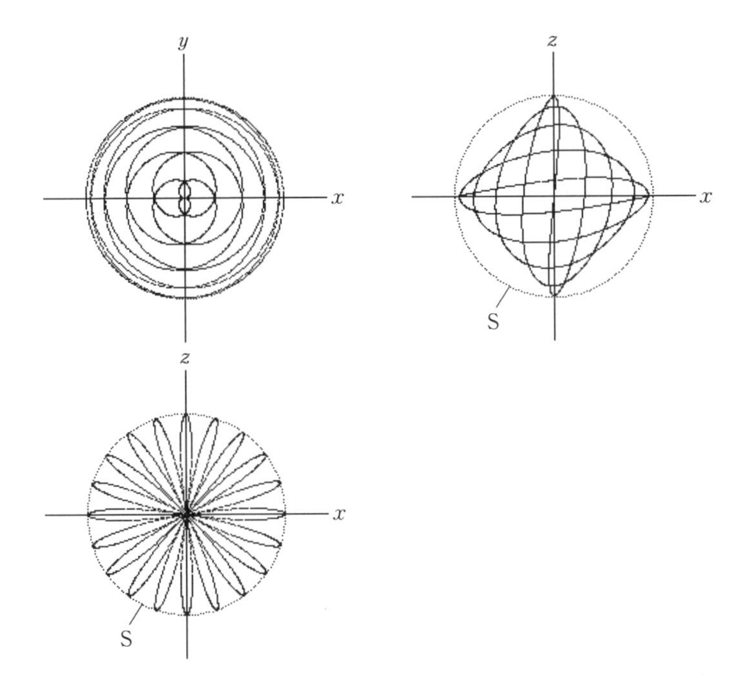


**図 8.3.3**

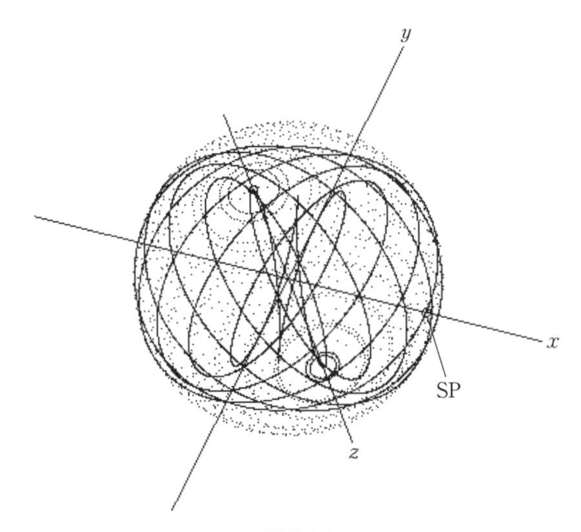


**図 8.3.4**

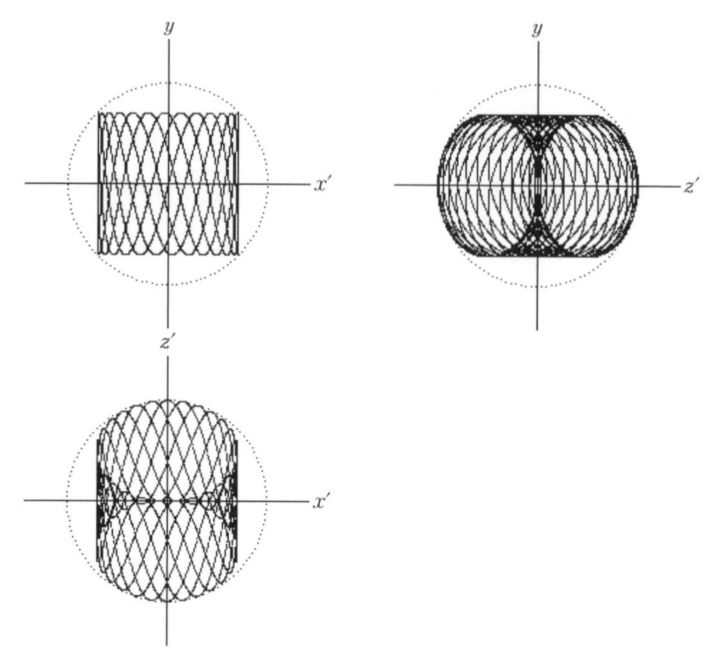


図 8.3.5

それでは SIFW 2 は実際にはどのような形状をもっているのであろうか．図 8.3.3 において，$yz$ 面の正方形は S に内接しており，$\pi/4$ 傾いているから，$y$ 軸はそのままとし，$z$ 軸を $x$ 方向へ $\pi/2$ 回転した軸を $z'$ 軸，$x$ 軸を $y$ 方向へ $\pi/4$ 回転した軸を $x'$ 軸としてとろう．ここで，式(8.3.14)に $\xi=1.7$ をとると HMP＝10 となる．この場合の $x'z'$，$x'y$，$yz'$ 面への投影図を図 8.3.5 に示す．これは一見球の上下を切り落とした形状に見えるが，実際は球に内接した立方体状の 4 面の球の側面を切り落とした内部となっている．

## 8.4　楕円体内流動波

球での流動波への変換は楕円体にも適用される．球での式(8.1.1)による変換は全方位楕円体 ADE に適用すると，6.2 節より

$$2\,\mathrm{Dim} : \mathrm{ADE} : (\theta, \nu) \to (\theta) : \mathrm{PCEW} : 1\,\mathrm{Dim} \qquad (8.4.1)$$

となる．この変換は流動波にも拡張される．ADE のパラメータ式である式

(6.2.1)の $x$，$y$ 成分に $\nu \to \theta$，$\theta \to \xi\theta$ を適用し，$z$ 成分にはSIFW 2での式(8.3.3)の $R$ を $R_3$ として用いると，

$$
\begin{aligned}
x &= R_1 \cos(\xi\theta)\cos\theta \\
y &= R_2 \sin(\xi\theta)\cos\theta \\
z &= R_3 \sin\theta\cos(\xi\theta)
\end{aligned}
\tag{8.4.2}
$$

を得る．これを楕円体内流動波EIFWとよぶ．ここで，$R_1 \neq R_2 \neq R_3$ とする．

**〈$\xi$=7でのEIFWの例〉**

この場合はHMP=1である．$\xi$=7での $xz$，$xy$，$yz$ 面での投影図を図8.4.1に示す．図中にはそれぞれの面での投影図としての楕円ESも示してある．これより3面でのEIFWの軌跡はすべてESの内部にある．$xz$ 面では7葉のクローバーとなっているが，これは式(8.4.1)の$(x, z)$成分の式が $\xi$=自然数であれば，多葉クローバーの式である式(8.1.4)より

$$
\begin{aligned}
x &= R_1 \cos(n\theta)\cos\theta \\
z &= R_3 \cos(n\theta)\sin\theta
\end{aligned}
\tag{8.4.3}
$$

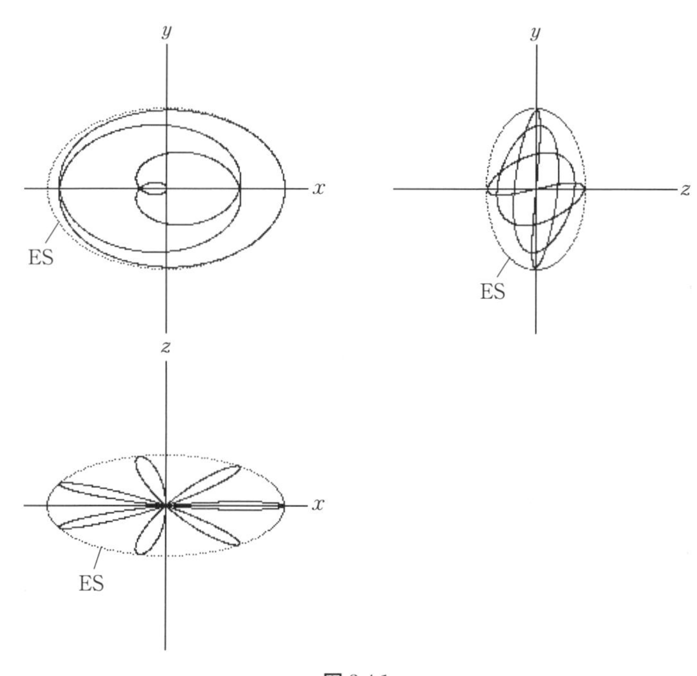


**図8.4.1**

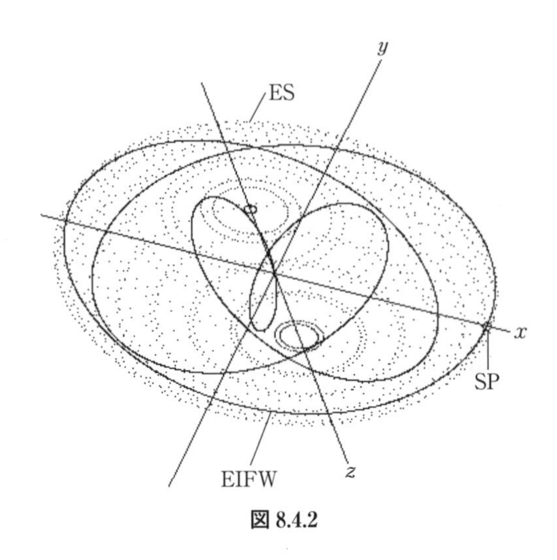


**図 8.4.2**

と同じだからである．この場合の外枠となる楕円 ES は

ES：$(x, z)$：

$$x = R_1 \cos\theta$$

$$z = R_3 \sin\theta$$

である．$\xi = 7$ での EIFW の立体図を図 8.4.2 に示す．この EIFW は ADE の内部に埋め込まれた流動波であることがわかる．

**〈$\xi$=1.7 での EIFW の例〉**

この場合は HMP=10 であるから，$\theta = 0 \sim 10 \times 2\pi$ である．$\xi = 1.7$ での $xz$，$xy$，$yz$ 面での投影図を図 8.4.3 に示す．さらに，立体図を図 8.4.4 に示す．外見上は EIFW は ADE 内でトーラス状に運動しているように見えるが，実際は球の場合と同じ構造である．

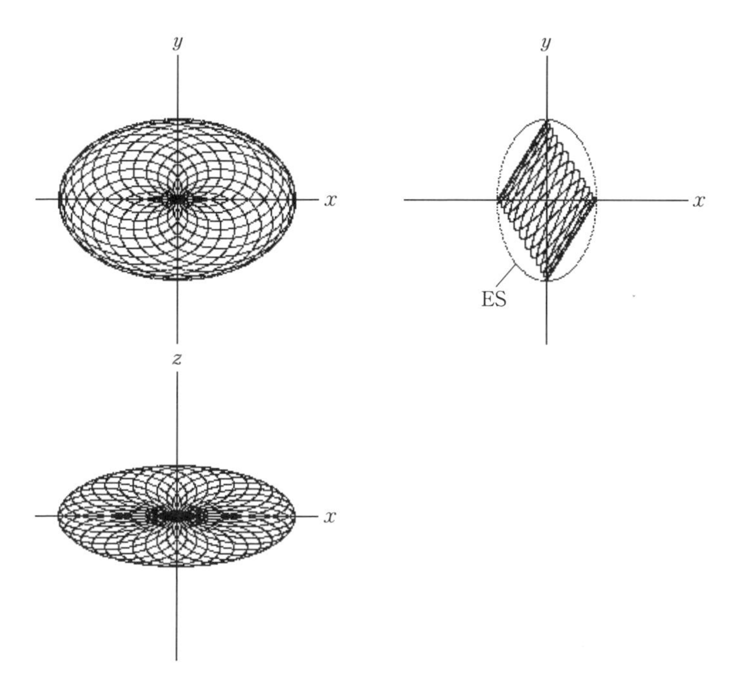


図 8.4.3

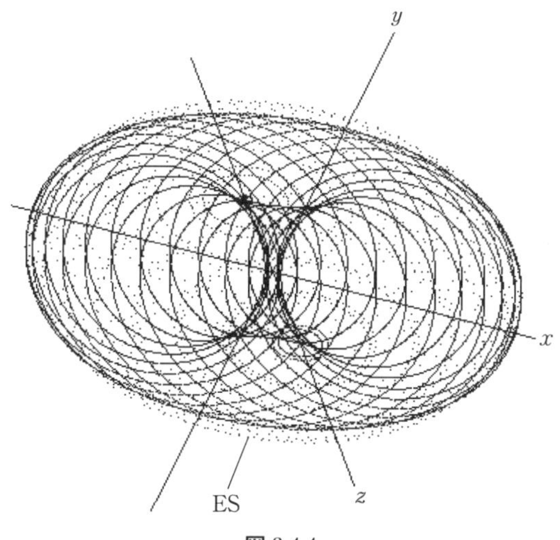


図 8.4.4

# 第 9 章

# 自己回帰ラセン波

## 9.1　自己回帰ラセン表面波

これまでの自己回帰調和波とは異なり，一般楕円環トーラス GET の中で同じ形状を繰り返しながら，ラセン状に自己回帰する調和波を考えよう．通常ラセン波は次式によって与えられる．

$$
\begin{aligned}
x &= A\cos t \\
y &= A\sin t \\
z &= Bt
\end{aligned}
\tag{9.1.1}
$$

式(9.1.1)は $xy$ 面では半径 $A$ の円であり，$z$ 方向に円形ラセンを描きながら直線的に伸びている構造である．式(9.1.1)の拡張として $xy$ 面で楕円を描きながら $z$ 方向に $N$ 回同じ楕円状ラセンを繰り返す波を考えると，

$\theta=0\sim2\pi$：

$$
\begin{aligned}
x &= R_1\cos(N\theta) \\
y &= R_2\sin(N\theta) \\
z &= \theta\cdot t
\end{aligned}
\tag{9.1.2}
$$

で与えられる．$R_1$ は $xy$ 面での楕円の $x$ 軸径であり，$R_2$ は $y$ 軸径である．式(9.1.2)は $\theta=0\sim2\pi$ の間に $z$ 方向に $N$ 回同じ楕円ラセンを繰り返す．図 9.1.1 に式(9.1.2)での $N=5$ による楕円ラセンを示す．この図 9.1.1 のラセン波を GET の内部で図 9.1.1 の $z$ 方向を環としたラセン波を考えよう．これを自己回帰ラセン波 SPGW（spiral wave self-cycling in GET）とよぶ．GET のパラメータ式は式

(1.1.1)より，

GET：

$$x=(R_1+R_3\cos\nu)\cos\theta$$
$$y=(R_2+R_4\cos\nu)\sin\theta \qquad (9.1.3)$$
$$z=R_5\sin\nu$$

である．ここで，$\theta$ は $(x,y)$ 方向の回転角度であり，$\nu$ は $z$ 方向の回転角度である．式(9.1.2)において，$t$ は距離であるから，角度 $\theta$ による連続なラセン波を形成しようとすると，各 $x,y,z$ 成分の中に $\theta$ が含まれている必要がある．よって，式(9.1.3)の $\nu$ を $\theta$ に変換する必要がある．これは流動波での式(8.1.1)の概念と同じく独立した $\nu$ を $\theta$ に統一して2次元曲面を閉1次曲線へ変換する操作となっている．これより，SPGW の場合も

$$2\,\mathrm{Dim}:\mathrm{GET}:(\theta,\nu)\rightarrow(\theta):\mathrm{SPGW}:1\,\mathrm{Dim} \qquad (9.1.4)$$

となる．そこで，GET の $z$ 方向の断面を考えると，$xz$ 面での楕円状のラセン形状は式(9.1.2)より

$xz$ 面：

$$x=R_3\cos(N\theta)$$
$$z=R_5\sin(N\theta) \qquad (9.1.5)$$

また，$yz$ 面では

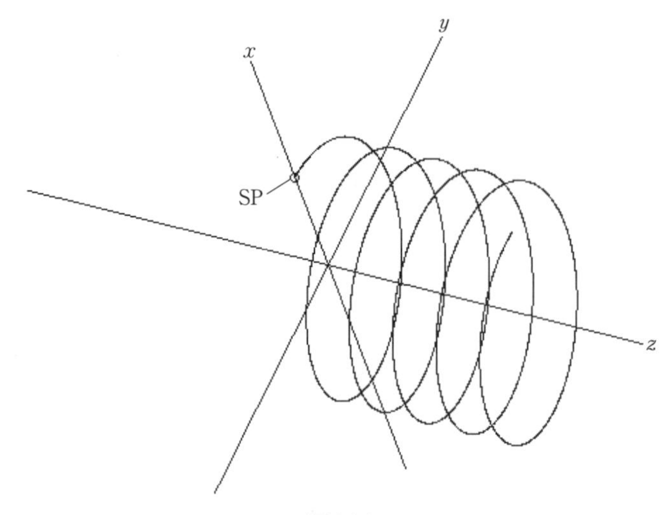


**図 9.1.1**

$yz$ 面：

$$y = R_4 \cos(N\theta) \qquad (9.1.6)$$
$$z = R_5 \sin(N\theta)$$

となる．式(9.1.5)および式(9.1.6)より，式(9.1.3)中の $\nu$ から $\theta$ への変換は

$$x \text{ 成分}：R_3 \cos\nu \to R_3 \cos(N\theta)$$
$$y \text{ 成分}：R_4 \cos\nu \to R_4 \cos(N\theta) \qquad (9.1.7)$$
$$z \text{ 成分}：R_5 \sin\nu \to R_5 \sin(N\theta)$$

で与えられる．式(9.1.3)に式(9.1.7)を適用して GET の SPGW のパラメータ式は

SPGW：$\theta = 0 \sim 2\pi$：$N$＝自然数：

$$x = (R_1 + R_3 \cos(N\theta))\cos\theta$$
$$y = (R_2 + R_4 \cos(N\theta))\sin\theta \qquad (9.1.8)$$
$$z = R_5 \sin(N\theta)$$

となる．式(9.1.8)は GET の表面を通るラセン状の波が $\theta = 0 \sim 2\pi$ の間に $N$ 回形成されることを表している．式(9.1.8)と GET の式(9.1.3)を比較すると，式(9.1.3)での $\nu$ を $N\theta$ に置き換えると SPGW の式(9.1.8)が得られることがわかる．よって，GET から SPGW への変換は

$$\text{GET}：(\theta, \nu) \Rightarrow \nu \to N\theta \Rightarrow (\theta)：\text{SPGW} \qquad (9.1.9)$$

となる．式(9.1.8)を SPGW1 とすると，$N = 20$ での SPGW1 の立体図を図 9.1.2

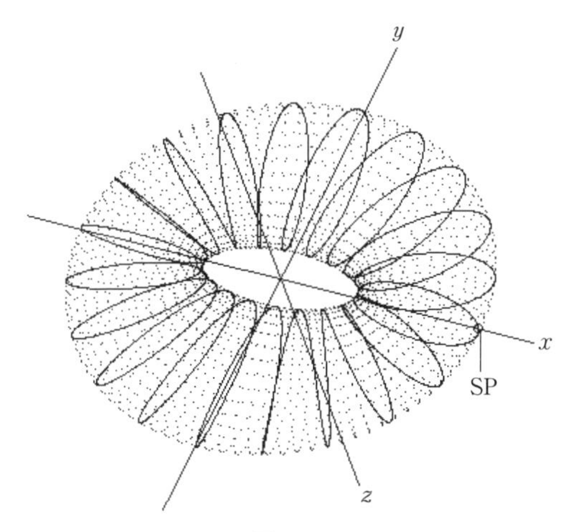


**図 9.1.2**

に示す．図の背景は GET である．$x$ 軸上での SP は始点である．SPGW1 は GET の表面をラセン状に 20 回回転し再び始点に戻り，このサイクルを繰り返す．また，この波は自己交点をもたない．これより，SPGW1 は自己回帰ラセン表面波である．

## 9.2　自己回帰ラセン波の族

9.1 節では GET の表面を循環するラセン波についてみてきた．ここでは，GET の内部を循環するラセン波についてみていこう．ここで，9.1 節での $N$ の拡張として波動ポテンシャル $\xi$ を導入しよう．$\xi$ は 1.4 節の式(1.4.4)より

$$\xi=\frac{N}{m} \tag{9.2.1}$$

で表され，$m$ は調和周期 HMP である．また，式(9.2.1)での $N$ とは調和周期 $m$ の間に繰り返される波の周期であった．9.1 節での SPGW1 の角度範囲は $\theta=0\sim2\pi$ であるから，$m=\mathrm{HMP}=1$ である．$N=20$ であるから $m=1$ の間に 20 回ラセンの周期を繰り返すことになる．つまり，9.1 節での $N$ と式(9.2.1)での $N$ は同じ周期なのである．式(9.2.1)に $m=1$ を代入すれば

$$\xi=N$$

となり，$m=1$ では 9.1 節での $N$ と $\xi$ は一致する．したがって，式(9.1.9)での $N\theta$ の拡張として $\xi\theta$ が適用できる．ここで，式(9.2.1)の $N$ をラセン周期とよぼう．これより，式(9.1.9)はさらに拡張されて

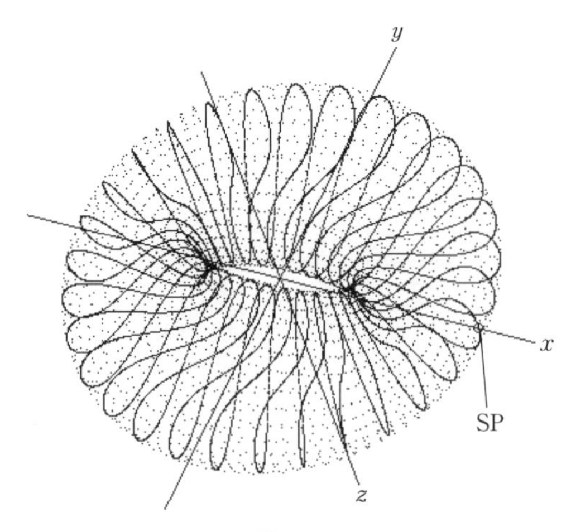


図 9.2.1

$$\mathrm{GET}:(\theta,\nu)\Rightarrow\nu\to\xi\theta\Rightarrow(\theta):\mathrm{SPGW} \tag{9.2.2}$$

となり，これまでのGETへの埋め込み構造であった倍角クローバー環MCT，多葉クローバー環MCET，2重ハート環トーラスDHCTなどの自己回帰ラセン波の作成が可能となる.

**〈MCTの自己回帰ラセン波〉**

MCTのパラメータ式である式(8.2.1)に$\nu\to\xi\theta$を適用して

$$\begin{aligned}x&=(R_1+R_3\cos(\xi\theta))\cos\theta\\y&=(R_2+R_4\cos(\xi\theta))\sin\theta\\z&=R_5\sin(\xi\theta)\cos(n\xi\theta)\end{aligned} \tag{9.2.3}$$

を得る．式(9.2.3)に$n=1$，$\xi=30$での立体図を図9.2.1に示す．この場合は，$n=1$でのMCTの2葉のクローバーが連続したラセン波としてGETの内部を循環している．また，$\xi=30$より，$\xi$は自然数であるから，$\mathrm{HMP}=m=1$となり，式(9.2.1)から$N=30$となる．これより，GET内部をラセン波が30回巡回していることがわかる.

**〈MCETの自己回帰ラセン波〉**

MCETのパラメータ式である式(8.1.17)に$\nu\to\xi\theta$を適用して

$$\begin{aligned}x&=(R_1+R_3\cos(n\xi\theta)\cos(\xi\theta))\cos\theta\\y&=(R_2+R_4\cos(n\xi\theta)\cos(\xi\theta))\sin\theta\\z&=R_5\cos(n\xi\theta)\sin(\xi\theta)\end{aligned} \tag{9.2.4}$$

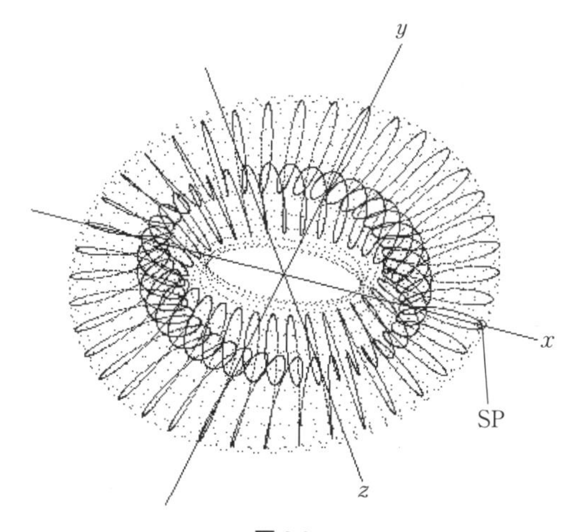


**図9.2.2**

を得る．式(9.2.4)に $n=3$, $\xi=20$ での立体図を図 9.2.2 に示す．この場合は，$n=3$ から MCET の 3 葉のクローバーのラセン波となっている．HMP=1 であるから，$N=20$ であり，3 葉クローバーのラセン波が GET 内部を 20 回巡回していることがわかる．

**〈DHCT の自己回帰ラセン波〉**

DHCT のパラメータ式である式(8.2.3)に $\nu\to\xi\theta$ を適用して

$$\begin{aligned}x&=(R_1+R_3\cos(\xi\theta)\sin(\xi\theta))\cos\theta\\y&=(R_2+R_4\cos(\xi\theta)\sin(\xi\theta))\sin\theta\\z&=R_5\sin(\xi\theta)\cos(2\xi\theta)\end{aligned}\qquad(9.2.5)$$

を得る．式(9.2.5)に $\xi=15$ での立体図を図 9.2.3 に示す．DHC の径は楕円の径の半分しかないため，このラセン波は GET の内部の中央のみを循環していることがわかる．この場合もラセン周期は $N=15$ であるから，DHC の形状が 15 回循環している．

**〈$\xi$=有理数での自己回帰ラセン波〉**

9.1 節での $N$ に $\xi$ が導入されると，GET の SPGW の式(9.1.8)は

$$\begin{aligned}x&=(R_1+R_3\cos(\xi\theta))\cos\theta\\y&=(R_2+R_4\cos(\xi\theta))\sin\theta\\z&=R_5\sin(\xi\theta)\end{aligned}\qquad(9.2.6)$$

となる．これが GET の SPGW の一般式である．ここで，式(9.2.6)に $\xi=0.6$ を

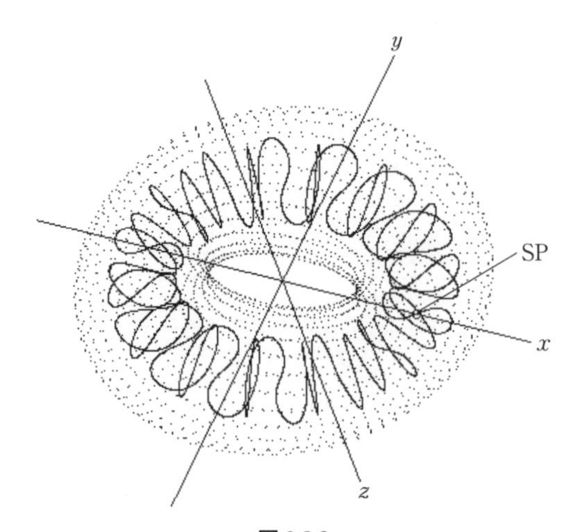


図 9.2.3

適用しよう．この場合，

$$\xi=0.6=\frac{6}{10}=\frac{3}{5}$$

より，$N=3$，$m=\mathrm{HMP}=5$ となる．このラセン波を SPGW2 とすると，SPGW2 の立体図を図 9.2.4 に示す．このラセン波は GET の表面を $\theta=0\sim2\pi$ の 1 サイクルで GET の周りを異なった波形で 5 周しており，その間にラセン波を 3 回繰り返し

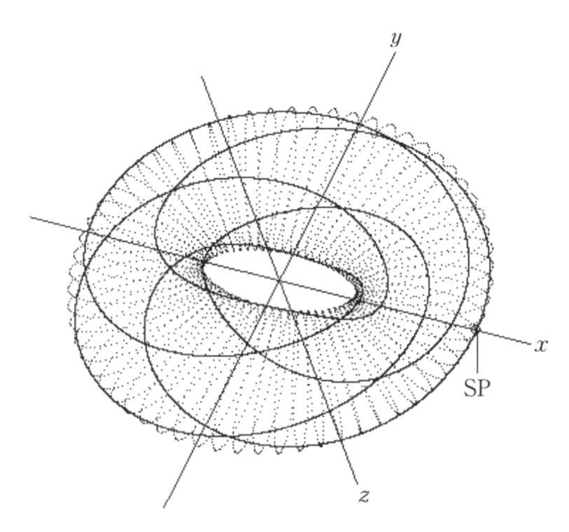


**図 9.2.4**

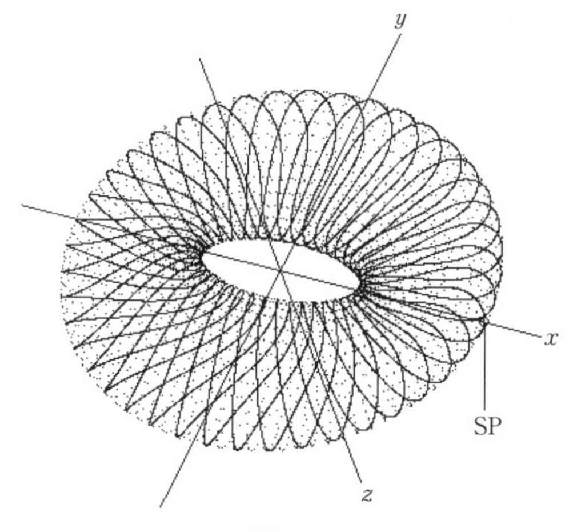


**図 9.2.5**

ている．

次に，MCT の自己回帰ラセン波の式(9.2.4)に $n=1$，$\xi=8.4$ とした SPGW を SPGW3 としよう．この場合，

$$\xi=8.4=\frac{84}{10}=\frac{42}{5}$$

より，ラセン周期 $N=42$，$m=\mathrm{HMP}=5$ となる．SPGW3 は GET の内部ラセン波である．SPGW3 の立体図を図 9.2.5 に示す．図 9.2.1 と比較するとわかるように，図 9.2.1 での 2 葉のクローバーが 1 サイクルで連続して 5 回ずれながら，42 の葉を形成していることがわかる．これより，自己回帰ラセン波でも波動ポテンシャル $\xi$ による第 0 種～第 3 種の類別は成り立つ．

# 第 4 編

# 分数形式の加法合成原理

# 第 10 章

# 分数形式の加法合成原理

## 10.1　分数(商)形式の加法合成原理

これまでの加法合成原理では，幾何ユニットの積，和（マイナス項も含む）について扱ってきた．ここでは，幾何ユニットの商形式としての割り算の加法合成原理について述べる．これを分数形式の加法合成とよぶ．これによって加法合成原理による幾何学的な四則演算が成り立つ．2 つの幾何ユニット $[\mathrm{GU}]_1$ と $[\mathrm{GU}]_2$ が与えられて $[\mathrm{GU}]_1$ を $[\mathrm{GU}]_2$ で割る合成形式を

$$x=[\mathrm{GU}]_1/_{qt}[\mathrm{GU}]_2 \qquad (10.1.1)$$

で表す．この～ $/_{qt}$ ～の記号は 2 つの幾何ユニット間の分数形式を三角法を用いて割り算の式として表す記号であり，$/_{qt}$ は quotient triangle の略記号である．この記号によって分数形式の加法合成図が作成されるが，通常は簡略化して～/～として，

$$x=\frac{[\mathrm{GU}]_1}{[\mathrm{GU}]_2} \qquad (10.1.2)$$

で表記する．

### 10.1.1　三角法による分数形式の加法合成

ここでは，三角法による分数形式の加法合成について述べる．共通の角度 $\omega$ をもった 2 つの直角三角形 △ABC，△ADE を図 10.1.1 に示す．各辺の長さとして

$$\mathrm{BC}=a$$
$$\mathrm{DE}=b$$

$$\mathrm{AB}=c$$
$$\mathrm{AD}=d$$

とすると，△ABC，△ADE の間には $\omega$ による三角法の定理が成り立ち

$$a : b=c : d \tag{10.1.3}$$

となり，これより，

$$0<\omega<\frac{\pi}{2} : \frac{b}{a}=\frac{d}{c} \tag{10.1.4}$$

が成り立つ．図 10.1.1 では $b>a$，$d>c$ である．図 10.1.1 において，AB の長さとして

$$\overline{\mathrm{AB}}=c=1 \tag{10.1.5}$$

とおくと $d>1$ となり，式(10.1.5)を式(10.1.4)に代入して

$$c=1 \rightarrow a=\frac{b}{d}$$

より，

$$\overline{\mathrm{AB}}=1 \rightarrow \overline{\mathrm{BC}}=\frac{\overline{\mathrm{DE}}}{\overline{\mathrm{AD}}} \tag{10.1.6}$$

を得る．次に，$d=1$ としたとき，$c<1$ であるから，

$$\overline{\mathrm{AD}}=d=1 \quad (c<1) \tag{10.1.7}$$

式(10.1.7)を式(10.1.4)に代入して

$$d=1 \rightarrow b=\frac{a}{c}$$

より，

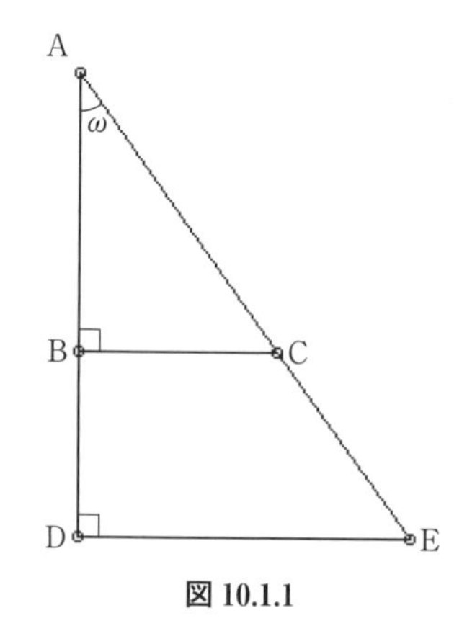


**図 10.1.1**

$$\overline{\mathrm{AD}}=1 \rightarrow \overline{\mathrm{DE}}=\frac{\overline{\mathrm{BC}}}{\overline{\mathrm{AB}}} \tag{10.1.8}$$

を得る．この式(10.1.6)および式(10.1.8)による右辺は線分長さの比としての分数式となっているから，加法合成図において，この線分の長さに $[\mathrm{GU}]_1$ と $[\mathrm{GU}]_2$ の距離を写像することによって，式(10.1.2)を得ることができる．これより，式(10.1.2)の分数形式の加法合成図の作成は，式(10.1.6)の場合と式(10.1.8)の場合に分けられる．ここで注意する必要があるのは，たとえば，式(10.1.5)において $c$ は整数の 1 である必要はなく，$c$ が 1 をとるように $a:b=c:d$ の比が成り立てばよいということである．よって，

$$\left.\begin{array}{l} c=1 \\ d=1 \end{array}\right) \Rightarrow a:b=c:d \tag{10.1.9}$$

であればよい．

式(10.1.2)において，分子の幾何ユニットが $\theta$ の三角関数であり，分母が $\nu$ の三角関数とすると，

$$[\mathrm{GU}]_1=f(\theta)$$
$$[\mathrm{GU}]_2=g(\nu)$$

より，式(10.1.2)は

$$x=\frac{f(\theta)}{g(\nu)} \tag{10.1.10}$$

と表される．ここで，$\theta$, $\nu$ をともに $0\sim\pi/2$ の間で固定すると，

$$0<\theta<\pi/2 : 0<\nu<\pi/2$$

であるから，図 10.1.1 において

$$\text{式}(10.1.6) : \overline{\mathrm{AD}}=g(\nu)>1 \tag{10.1.11}$$
$$\text{式}(10.1.8) : \overline{\mathrm{AB}}=g(\nu)<1 \tag{10.1.12}$$

となり，式(10.1.11)と式(10.1.12)の場合のそれぞれで分数形式の加法合成図は異なる．

**〈$g(\nu)>1$ での加法合成〉**

$g(\nu)>1$ での加法合成図を図 10.1.2 に示す．式(10.1.10)の分子・分母を

$$x_1=f(\theta)$$
$$x_2=g(\nu)$$
$$x=\frac{x_1}{x_2} \tag{10.1.13}$$

として，$f(\theta)$ の $x$ 成分としての距離を $x_1$ 値とし，$g(\nu)$ の $x$ 成分としての距離を

$x_2$値としてとると，図10.1.2において

$$x_1=\overline{\mathrm{oB}}=f(\theta)$$
$$x_2=\overline{\mathrm{oC}}=g(\nu) \tag{10.1.14}$$

となる．そこで，$xy$面上で原点oを中心とした半径$\overline{\mathrm{oC}}$の円$C_0$をとる．

円$C_0$（中心o）：半径$=\overline{\mathrm{oC}}$

（$x$軸）：$\overline{\mathrm{oC}}=\overline{\mathrm{oF}}$：（$y$軸）

ここで，$x$軸上のoCを円$C_0$により，90°回転して$y$軸上のoFへ写す．

$$C_0：(x\text{軸})：\mathrm{oC}\xrightarrow[90^\circ\text{回転}]{}\mathrm{oF}：(y\text{軸}) \tag{10.1.15}$$

これより，距離として$\overline{\mathrm{oF}}=g(\nu)$となり，$y$軸上で点Fから距離として1となる点Eをとる．よって，

$$\overline{\mathrm{EF}}=1 \tag{10.1.16}$$

を得る．定義より$g(\nu)>1$であるから，$\overline{\mathrm{oF}}>\overline{\mathrm{EF}}$であり，$y$軸上で

$$\overline{\mathrm{oE}}=\overline{\mathrm{oF}}-\overline{\mathrm{EF}}=g(\nu)-1 \tag{10.1.17}$$

となる．このとき，図10.1.2で$\angle\mathrm{EFD}=\omega$とした，直角三角形△FDEと△oFBの間で式(10.1.4)による三角法が成り立つ．$\overline{\mathrm{EF}}=1$であるから，式(10.1.6)が成り立ち，これを図10.1.2に適用すると

$$\overline{\mathrm{ED}}=\frac{\overline{\mathrm{oB}}}{\overline{\mathrm{oF}}} \tag{10.1.18}$$

となる．式(10.1.14)および式(10.1.15)より，式(10.1.18)は

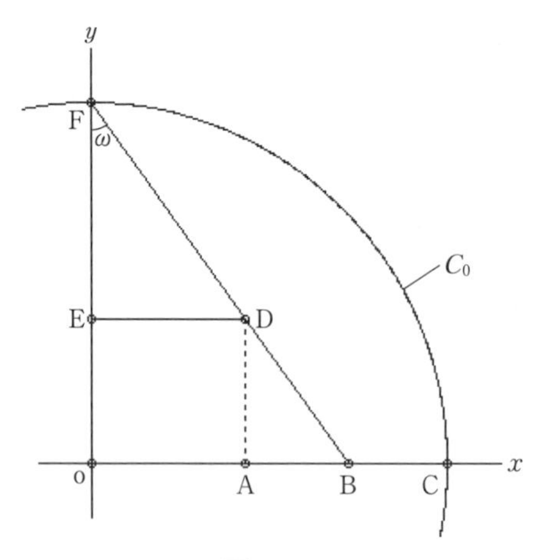


**図10.1.2**

$$\overline{\mathrm{ED}}=\frac{\overline{\mathrm{oB}}}{\overline{\mathrm{oF}}}=\frac{f(\theta)}{g(\nu)} \tag{10.1.19}$$

を得る．これより，図 10.1.2 において $x$ 軸上の $\overline{\mathrm{oA}}$ を $x$ 値とすると

$$x\text{ 軸上}：x=\overline{\mathrm{oA}}=\overline{\mathrm{ED}}=\frac{f(\theta)}{g(\nu)} \tag{10.1.20}$$

となって，式(10.1.10)を得る．

**〈$g(\nu)<1$ での加法合成〉**

$g(\nu)<1$ での加法合成図を図 10.1.3 に示す．この場合は，図 10.1.2 での $\overline{\mathrm{EF}}=1$ が図 10.1.3 で $\overline{\mathrm{AE}}=1$ に変わるだけで，その作図操作は図 10.1.2 の場合と本質的に変わらない．

図 10.1.3 において，式(10.1.13)の $x_1$，$x_2$ は

$$\begin{aligned} x_1&=\overline{\mathrm{oB}}=f(\theta)\\ x_2&=\overline{\mathrm{oC}}=g(\nu) \end{aligned} \tag{10.1.21}$$

ととる．原点 o を中心とした半径 $\overline{\mathrm{oC}}$ の円 $C_1$ をとると，

円 $C_1$ (中心 o)：半径$=\overline{\mathrm{oC}}=\overline{\mathrm{oA}}$

($x$ 軸)：$\overline{\mathrm{oC}}=\overline{\mathrm{oA}}$：($y$ 軸)

ここで，$x$ 軸上の oC を円 $C_1$ により，90° 回転して $y$ 軸上の oA へ写す．

$$C_1：(x\text{ 軸})：\mathrm{oC}\xrightarrow[90^\circ\text{ 回転}]{}\mathrm{oA}：(y\text{ 軸}) \tag{10.1.22}$$

これより，距離として $\overline{\mathrm{oA}}=g(\nu)$ となる．定義より $g(\nu)<1$ であるから，$\overline{\mathrm{AE}}>\overline{\mathrm{oA}}$ である．そこで，$y$ 軸上で点 A から距離として 1 となる点 E をとる．よって，

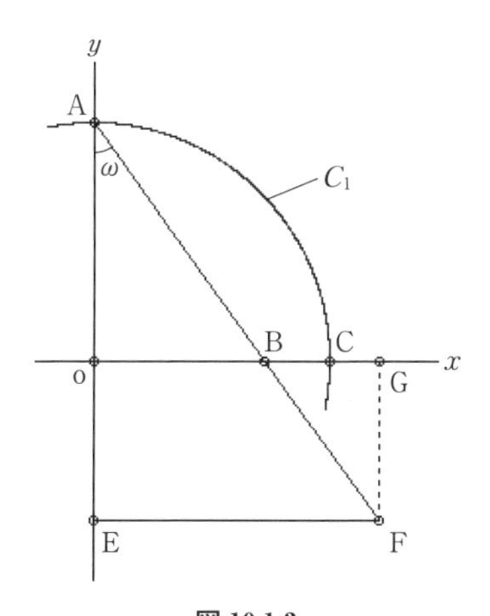


**図 10.1.3**

$$\overline{\mathrm{AE}}=1 \tag{10.1.23}$$

を得る．このとき，$\angle \mathrm{oAB}=\omega$ として直角三角形 $\triangle \mathrm{oAB}$ と $\triangle \mathrm{EAF}$ の間で三角法が適用できる．これより，図 10.1.3 に式(10.1.8)の三角法を適用すると，

$$\overline{\mathrm{EF}}=\frac{\overline{\mathrm{oB}}}{\overline{\mathrm{oA}}}=\frac{f(\theta)}{g(\nu)} \tag{10.1.24}$$

を得る．この EF を $x$ 軸上へ平行移動して写すと

$$x\text{ 軸上}:x=\overline{\mathrm{oG}}=\overline{\mathrm{EF}}=\frac{f(\theta)}{g(\nu)} \tag{10.1.25}$$

となって，式(10.1.10)を得る．

図 10.1.2 および図 10.1.3 の加法合成図は，全体の加法合成図の作成の中で分数形式の加法合成図として組み込めばよい．また，式(10.1.16)および式(10.1.23)の 1 は式(10.1.9)に示したように，あくまで距離の比として設定すればよい．

ここで，式(10.1.10)のような分数形式の三角関数による幾何ユニットが与えられた場合の加法合成図の作成方法をまとめておこう．

（i）　角度 $\theta$, $\nu$ などを固定し，$x_1=f(\theta)$，$x_2=g(\nu)$ を $x$ 軸上に原点 o からの距離としてとる．

（ii）　分母の $x_2$ を半径として，原点 o を中心にもつ円 $C$ をとり，$C$ の $y$ 軸との交点を A とする．

（iii）　$y$ 軸上で A から原点 o に向かって距離 1 の点 B をとる．

（iv）　この点 A，B，$x_1$ の間での相似な 2 つの直角三角形を作成し，その三角比より，$x=x_1/x_2$ を与える $x$ 値の点をとる．

## 10.2　正接による球体類の加法合成

これまでの球体類のパラメータ式は，主に正弦 sin と余弦 cos によって構成されていた．ここでは，前節の類推による正接 tan の加法合成原理について議論する．これによって，球体類はこの 3 つの基本三角要素によって記述できることになる．正接の場合は，

$$\tan\theta=\frac{b}{a}:c^2=a^2+b^2$$

となり，これまでの加法合成では作図が難しかった．ここで，

$$x=R\tan\theta=\frac{R\sin\theta}{\cos\theta}=\frac{x_1}{x_2} \tag{10.2.1}$$

として，$x$ 軸上での $\tan\theta$ の値を得ることを考えよう．

図 10.2.1 に式(10.2.1)による加法合成図を示す．図 10.2.1 では $R\tan\theta>1$ として，$0<\theta<\pi/2$ の間で $R$ と $\theta$ を固定する．まず，原点 o を中心とした半径 $R$ の主円 $C_1$ をとる．

$$C_1：半径=\overline{\mathrm{oA}}=R$$

$$\angle \mathrm{AoF}=\theta$$

これより，

$$x_1=\overline{\mathrm{oB}}=\overline{\mathrm{oA}}\sin\theta=R\sin\theta \tag{10.2.2}$$

となる．ここで，原点 o を中心とした半径=1 の主円 $C_2$ をとる．

$$\left.\begin{aligned} &C_2：半径=\overline{\mathrm{oC}}=1 \\ &x_2=\overline{\mathrm{oD}}=\overline{\mathrm{oC}}\cos\theta=\cos\theta \end{aligned}\right. \tag{10.2.3}$$

となる．さらに，$C_2$ の従属円として半径$=\overline{\mathrm{oD}}$ の円 $C_3$ をとると，

$$C_3：半径=\overline{\mathrm{oD}}=\overline{\mathrm{oE}}=\overline{\mathrm{oF}}=\cos\theta \tag{10.2.4}$$

を得る．次に，$y$ 軸上で点 F から原点 o の方向に距離が 1 となる点 G をとろう．

$$y 軸：\mathrm{G}\leftarrow\overline{\mathrm{FG}}=\overline{\mathrm{oC}}=1 \tag{10.2.5}$$

ここで，$\angle \mathrm{oFB}=\omega$ とすると，$\omega$ を共有する直角三角形 $\triangle \mathrm{oFB}$ と $\triangle \mathrm{GFH}$ の間で三角比が成り立ち，

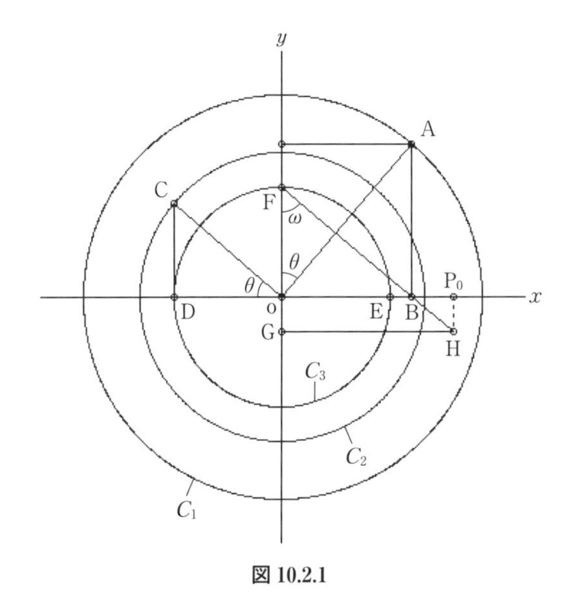


**図 10.2.1**

$$\text{三角比}:\frac{\overline{\mathrm{GH}}}{\overline{\mathrm{oB}}}=\frac{\overline{\mathrm{FG}}}{\overline{\mathrm{oF}}} \tag{10.2.6}$$

となる．式(10.2.6)において，式(10.2.5)より $\overline{\mathrm{FG}}=1$ であり，式(10.2.2)より $\overline{\mathrm{oB}}=R\sin\theta$，また式(10.2.4)より $\overline{\mathrm{oF}}=\cos\theta$ であるから，$\overline{\mathrm{GH}}$ は

$$\overline{\mathrm{GH}}=\frac{\overline{\mathrm{oB}}}{\overline{\mathrm{oF}}}=\frac{R\sin\theta}{\cos\theta}=\frac{x_1}{x_2} \tag{10.2.7}$$

を得る．このGHを $x$ 軸上に平行移動させて，

$$x=\overline{\mathrm{oP_0}}=\overline{\mathrm{GH}}=\frac{R\sin\theta}{\cos\theta}=\frac{x_1}{x_2} \tag{10.2.8}$$

となり，図10.2.1の $x$ 軸上の $\overline{\mathrm{oP_0}}$ が $x$ の $\theta$ による正接tanを与えるから，

$$x=\frac{R\sin\theta}{\cos\theta}=R\tan\theta \tag{10.2.9}$$

となって式(10.2.1)を得る．

### 10.2.1　球のパラメータ式への正接の適用

ここで，正接tanを含む球体類の例として，球のパラメータ式の $z$ 成分に $z=R_1\tan\nu$ を適用した加法合成を考えよう．式(1.3.1)の球のパラメータ式の $z$ 成分を置き換えると

$$\begin{aligned} x&=R\cos\nu\cos\theta \\ y&=R\cos\nu\sin\theta \\ z&=R_1\tan\nu \end{aligned} \tag{10.2.10}$$

となる．式(10.2.10)での加法合成図を図10.2.2に示す．円 $C$ は半径 $R$ の主円であり，$C_1$，$C_2$ は $C$ から導かれた従属円である．

$C$：半径$=R$：

$$\overline{\mathrm{oA}}=R\cos\theta$$
$$\overline{\mathrm{oB}}=R\sin\theta$$

これより，$C_1$，$C_2$ の半径は，

$$\begin{aligned} C_1&:\text{半径}=\overline{\mathrm{oA}}=R\cos\theta \\ C_2&:\text{半径}=\overline{\mathrm{oB}}=R\sin\theta \end{aligned} \tag{10.2.11}$$

$C_1$ より，

$$\overline{\mathrm{oC}}=\overline{\mathrm{oA}}\cos\nu=R\cos\theta\cos\nu$$

$C_2$ より，

$$\overline{\mathrm{oD}}=\overline{\mathrm{oB}}\cos\nu=R\sin\theta\cos\nu$$

を得る．図(1)において，$x$ に $\overline{\mathrm{oC}}$，$y$ に $\overline{\mathrm{oD}}$ を成分にもつ点 $\mathrm{P}_1$ は $xy$ 面の基底点（軌跡）となる．そこで，$\mathrm{P}_1(x_1, y_1)$ とすると，

$\mathrm{P}_1(x_1, y_1)$：

$$\begin{aligned} x_1 &= \overline{\mathrm{oC}} = R\cos\theta\cos\nu \\ y_1 &= \overline{\mathrm{oD}} = R\sin\theta\cos\nu \end{aligned} \tag{10.2.12}$$

となる．この式(10.2.12)は式(10.2.10)の $x$，$y$ 成分の加法合成式となっている．

**〈$z$ 方向の三角法による $\tan\nu$ の加法合成〉**

図 10.2.2(1)での $\mathrm{P}_1$ は $xy$ 面での軌跡点であるから，これを $(x', y')$ 座標として，図(2)の原点を o′ とした $(x', z')$ へ写す．

図(1)：$\mathrm{P}_1 \to \mathrm{o}'$：図(2)

これより，

$$\mathrm{P}_1 = \mathrm{o}'$$

であり，式(10.2.10)の $z$ 成分は

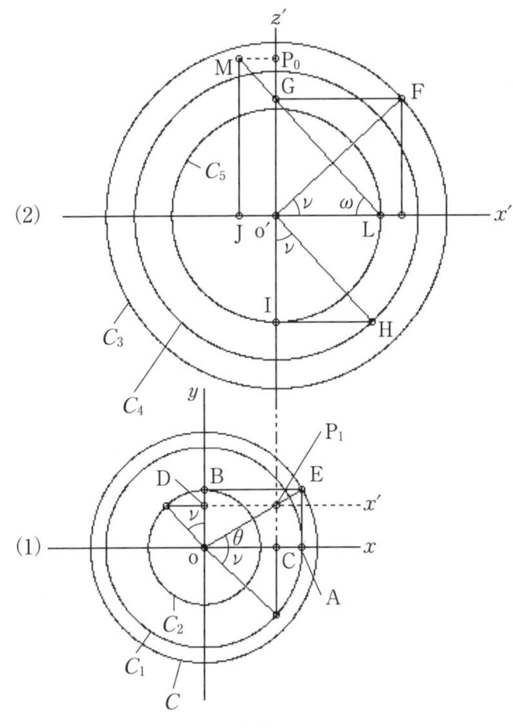


**図 10.2.2**

$$z=R_1\tan\nu=\frac{R_1\sin\nu}{\cos\nu} \tag{10.2.13}$$

となる．ここで，o′を中心とした半径 $R_1$ の円 $C_3$ をとると，

$$C_3：半径=\overline{o'F}=R_1$$

さらに，$\angle Lo'F=\nu$ とすると

$$\overline{o'G}=\overline{o'F}\sin\nu=R_1\sin\nu \tag{10.2.14}$$

となる．次に，o′を中心とした半径=1の円 $C_4$ をとると，

$$C_4：半径=\overline{o'H}=1$$

これより，

$$\overline{o'I}=\overline{o'H}\cos\nu=\cos\nu$$

となる．ここで，o′を中心とした半径 $\overline{o'I}$ の従属円 $C_5$ をさらにとると，

$$C_5：半径=\overline{o'L}=\overline{o'I}=\cos\nu \tag{10.2.15}$$

を得る．さらに，$\angle o'LG=\omega$ として，$x'$ 軸上に点Lからo′の方向にLからの距離が1となる点Jをとる．

$$x' 軸：\overline{JL}=1 \tag{10.2.16}$$

これより，直角三角形△o′LGと△JLMは $\omega$ を共有した相似な三角形であるから，三角比より，

$$\frac{\overline{JM}}{\overline{o'G}}=\frac{\overline{JL}}{\overline{o'L}} \tag{10.2.17}$$

となる．式(10.2.14)，(10.2.15)および式(10.2.16)より，式(10.2.17)での $\overline{JM}$ は

$$\overline{JM}=\frac{R_1\sin\nu}{\cos\nu}$$

となって，このJMを $z'$ 軸に平行移動して

$$z=\overline{o'P_0}=\overline{JM}=\frac{R_1\sin\nu}{\cos\nu}=R_1\tan\nu \tag{10.2.18}$$

を得る．これより，$z$ 方向の軌跡点は $z'$ 軸上の点 $P_0$ として与えられる．よって，軌跡点の写像は

$$(x,y)：P_1\rightarrow P_0：(z)$$

となる．また，パラメータ式の $(x,y)$ は式(10.2.12)より，$(z)$ は式(10.2.18)から得られ，式(10.2.10)となる．

**〈正接による多様体SPM〉**

式(10.2.10)より得られる多様体は紡錘形状をしているので，紡錘体SPM (spindle manifold) とよぶ．図10.2.3に $R_1>R$ でのSPMの立体図を示す．$z$ 軸の

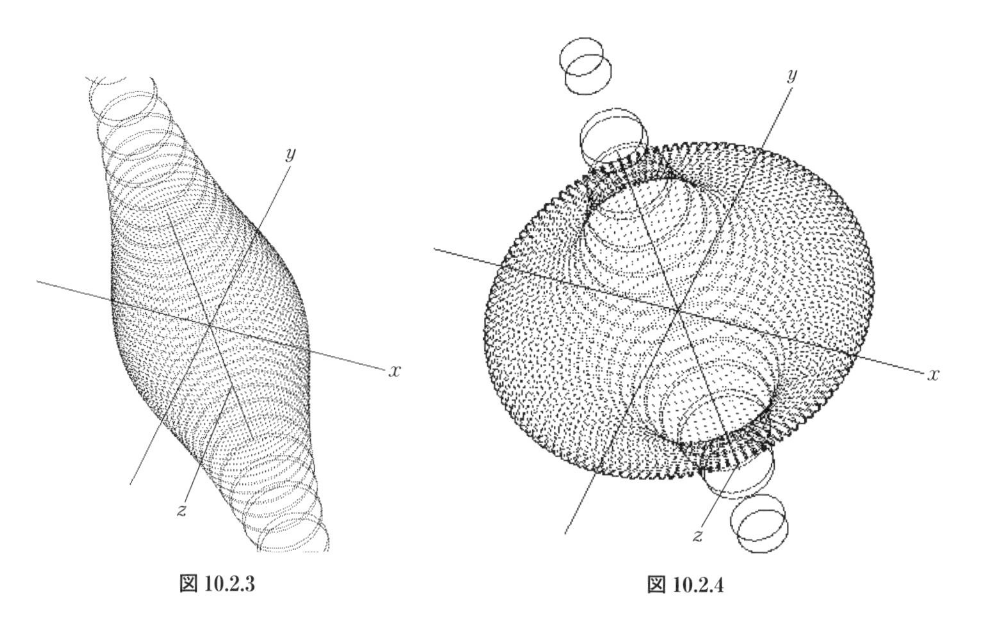


図 10.2.3　　　図 10.2.4

中心部分で盛り上がった形状で，$\pm z$ 方向が正接 tan による無限遠点であり，$z$ 方向に減衰している．この減衰傾向は $R_1$ と $R$ との比によって異なる．また，$R_1<R$ による SPM の立体図を図 10.2.4 に示す．この図では中心部分が大きく膨らみ，$z$ 方向に急激に減衰する傾向がみられる．

### 10.2.2　ギャラクシーテーブル

前節の式(10.2.10)より，正接による多様体として SPM を導いた．ここでは，式(10.2.10)をさらに変形して tan を含むパラメータ式による多様体を構成する．SPM の図 10.2.3 より，任意の $z$ 値での $xy$ 面は円であるが，$zx$ 面を図 10.2.5 に示す．$zx$ 面での式(10.2.10)の軌跡は上下対称であるから，上方の軌跡を $\{M\}$ とすると，$x$ 方向の距離は $x$ 値の $\theta$ の変化によって与えられているから，$\{M\}$ は式(10.2.10)で $\theta$ による最大値をとらなければならない．よって

$$x \text{ 方向}：\theta=0\sim2\pi：\max(\cos\theta)=1$$

である．これより，式(10.2.10)の $x$ 成分に $\cos\theta=1$ を与えると，$\{M\}(x,z)$ は

$$\{M\}：(x,z)：\quad x=R\cos\nu,\quad z=R_1\tan\nu \tag{10.2.19}$$

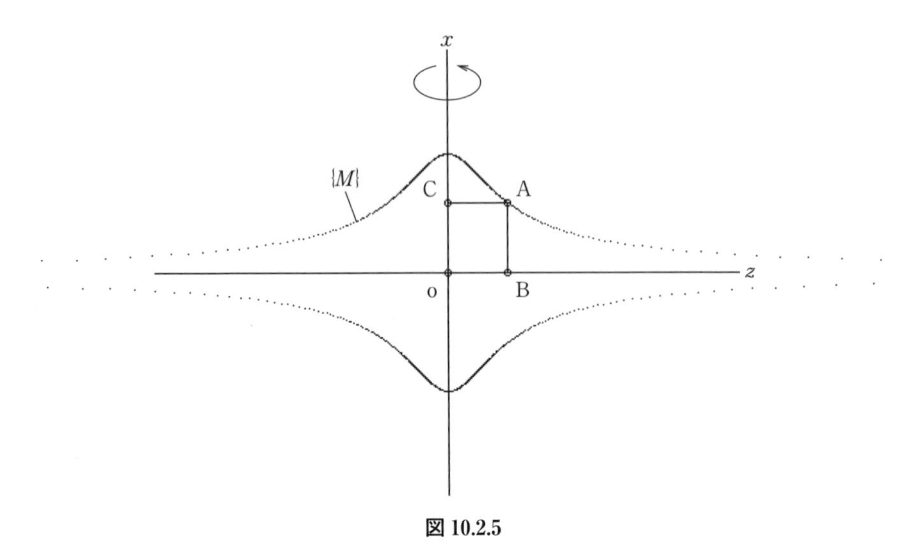


**図 10.2.5**

である．ただし，$\nu=0\sim2\pi$ である．$z$ 方向は $\tan\nu$ により $\pm\infty$ である．図 10.2.5 において，$\nu$ を固定すると，

$\{M\}$：

$$x=\overline{\mathrm{oC}}=\overline{\mathrm{AB}}=R\cos\nu \qquad (10.2.20)$$

$$z=\overline{\mathrm{oB}}=\overline{\mathrm{CA}}=R_1\tan\nu \qquad (10.2.21)$$

となる．さらに，図 10.2.5 において，上下の $\{M\}$ を $x$ 軸を中心にして $y,z$ 方向に回転させることを考えよう．これは点 A の回転では半径 $\overline{\mathrm{CA}}$ の円 $C_1$ となるから，この $C_1$ の集合を $\{C\}$ とすると，

$$\text{2Dim}：xz\text{ 面}：\{M\}\xrightarrow[\text{回転}]{}\{C\}：(x,y,z)：\text{3Dim}$$

となり，$\{C\}$ は $yz$ 面に無限に広がった1つの多様体となる．この $\{C\}$ の集合体は銀河状に広がっているから，これをギャラクシーテーブル（galaxy table）とよぶ．式(10.2.21)より，$\nu$ を固定すると，$\{C\}$ の半径は $\overline{\mathrm{CA}}$ であるから，

$$\{C\}：\text{半径}=\overline{\mathrm{CA}}=R_1\tan\nu \qquad (10.2.22)$$

である．$x$ 軸を中心として $yz$ 面上で回転する $\{C\}$ の角度を $\omega$ とすると，$\{C\}\,(y,z)$ は式(10.2.22)より，

$\{C\}\,(y,z)$：

$$\left.\begin{aligned} y&=\overline{\mathrm{CA}}\cos\omega=R_1\tan\nu\cos\omega \\ z&=\overline{\mathrm{CA}}\sin\omega=R_1\tan\nu\sin\omega \end{aligned}\right\} \qquad (10.2.23)$$

を得る．このとき，$x$ 成分は式(10.2.19)の $x$ 値であるから，ギャラクシーテーブルのパラメータ式は，式(10.2.19)の $x$ 成分と式(10.2.23)より，

$$\begin{aligned} x &= R\cos\nu \\ y &= R_1\tan\nu\cos\omega \\ z &= R_1\tan\nu\sin\omega \end{aligned} \tag{10.2.24}$$

で与えられる．$\nu=0\sim2\pi$，$\omega=0\sim2\pi$ でのギャラクシーテーブルの立体図を図10.2.6に示す．この像は，われわれの銀河が，上下対称に無限に広がった構造をもつことを示す．

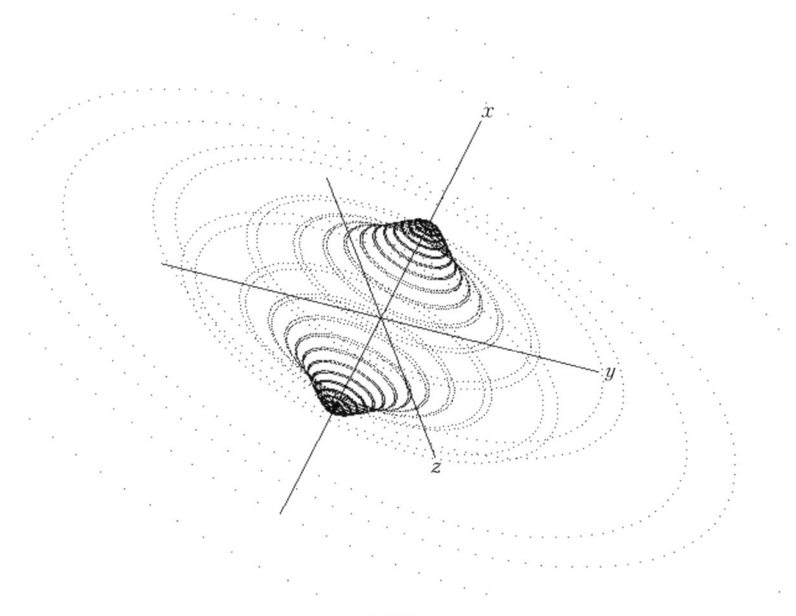


図 10.2.6

# 第 11 章

# 分数形式をもった自己回帰調和波と多様体

第 10 章で分数形式の加法合成原理の基礎を述べた．ここでは，パラメータ式の群の中に分数形式の成分項をもった自己回帰調和波と多様体の例について論議する．

## 11.1　分数形式をもった自己回帰調和波

$y$ 成分に角度 $\theta$ のみによる分数形式の項として，次のようなパラメータ式を考えよう．

$$y=\frac{f(\theta)}{g(\theta)} \tag{11.1.1}$$

式(11.1.1)において，条件として

$$g(\theta)\neq 0 \tag{11.1.2}$$

を与える．そこで，$y_1=f(\theta)$，$y_2=g(\theta)$ とおくと

$$y=\frac{f(\theta)}{g(\theta)}=\frac{y_1}{y_2} \tag{11.1.3}$$

となる．ここで，分母の $y_2$ 成分に次のようなマイナス項をもった三角関数をとろう．

$$y_2=g(\theta)=R_3\sin\theta-R_4\cos\theta \tag{11.1.4}$$

式(11.1.4)の $\theta=0\sim 2\pi$ での変化傾向のグラフを図 11.1.1 に示す．このカーブを $\alpha$ 線とする．この $\alpha$ 線は

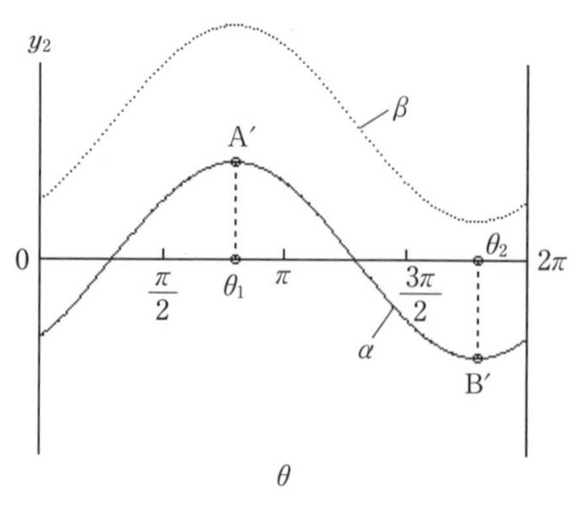


**図 11.1.1**

$\alpha$ 線：$\theta=0\sim2\pi$：

$$\left.\begin{aligned}\theta&=\frac{\pi}{4}\\ \theta&=\frac{5\pi}{4}\end{aligned}\right)\rightarrow y_2=0 \tag{11.1.5}$$

となり，$\theta$ の 2 か所で式(11.1.2)の条件を満たすことができない．そこで $\alpha$ 線を上方へ平行移動して式(11.1.2)を満たすことを考えよう．$\alpha$ 線は与えられた $\theta$ の範囲で点 A′ で最大値，点 B′ で最小値をもつ極点となっているから，その角度をそれぞれ $\theta_1$，$\theta_2$ とすると，極点の微分より，

$$\frac{dy_2}{d\theta}=0$$

で与えられる微分方程式の解から $\theta_1$，$\theta_2$ は得られる．よって，式(11.1.4)より，

$$\frac{dy_2}{d\theta}=R_3\cos\theta+R_4\sin\theta=0 \tag{11.1.6}$$

を $\theta$ について解くと，

$$-\frac{R_3}{R_4}=\tan\theta \tag{11.1.7}$$

となり，式(11.1.7)の逆三角関数より，$\theta_1$，$\theta_2$ は得られる．平行移動のための式(11.1.4)への付加項を $R_5$ とすると，$\theta_2$ が最小値を与えるから，$R_5$ は

$$|R_3\sin\theta_2-R_4\cos\theta_2|<R_5 \tag{11.1.8}$$

を満たす必要がある．ここで，式(11.1.8)左辺は $R_3+R_4$ より大きいから，$R_5$ として

$$|R_3\sin\theta_2-R_4\cos\theta_2|<R_3+R_4=R_5 \tag{11.1.9}$$

をとる．この $R_5$ を式(11.1.4)の右辺に加えて，

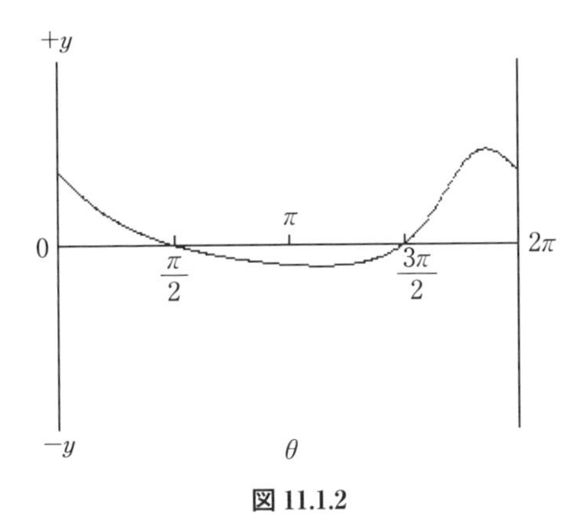


図 11.1.2

$$y_2 = R_3 \sin\theta - R_4 \cos\theta + R_5 \tag{11.1.10}$$

とする．式(11.1.10)を $\beta$ 線として図 11.1.1 中に示す．これで，$\theta=0\sim 2\pi$ の間で正値をとる $y_2$ が定まったので，$y_1$ を次のようにとろう．

$$y_1 = f(\theta) = R_2 \cos\theta \tag{11.1.11}$$

これより，式(11.1.3)の $y$ 成分は

$$y = \frac{y_1}{y_2} = \frac{R_2 \cos\theta}{R_3 \sin\theta - R_4 \cos\theta + R_5} \tag{11.1.12}$$

で与えられる．式(11.1.12)の $\theta=0\sim 2\pi$ でのグラフを図 11.1.2 に示す．式(11.1.12)において $y=0$ となる $\theta$ は

$$\left.\begin{array}{l} \theta = \dfrac{\pi}{2} \\ \theta = \dfrac{3\pi}{2} \end{array}\right) \to y = 0 \tag{11.1.13}$$

である．

**〈分数形式をもった $y$ 成分の加法合成〉**

式(11.1.12)の加法合成図を図 11.1.3 に示す．図 11.1.3(1)は式(11.1.10)の加法合成図であり，図(2)は式(11.1.12)の加法合成図となっている．これらはもともと $y$ 値のみの加法合成であるから，$x$ 軸は仮の軸である．$\theta$ を $\theta=0\sim 2\pi$ の間で固定すると，図 11.1.3(1)において，$R_5$ を

$$\overline{\mathrm{oA}} = R_5$$

としてとる．さらに，点 A を中心に半径 $R_3$ の円 $C_3$ をとる．

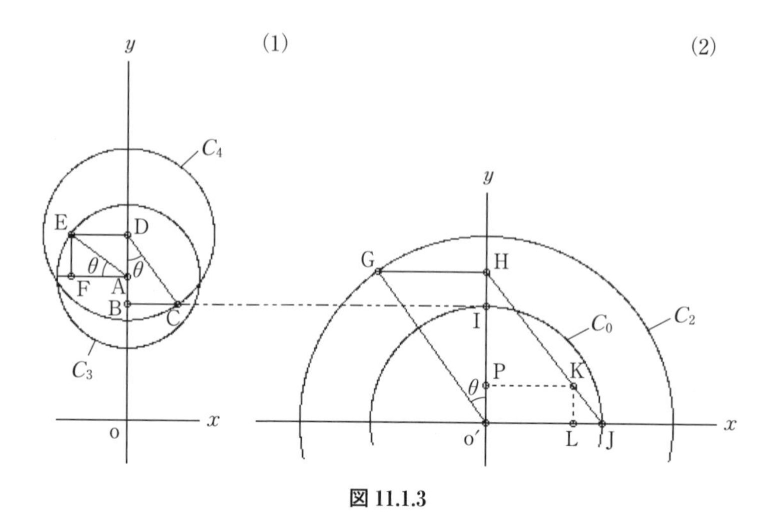


**図 11.1.3**

円 $C_3$（中心A）：半径＝$R_3$

これより，

$$\overline{AE}=R_3$$
$$\overline{AD}=\overline{EF}=\overline{AE}\sin\theta=R_3\sin\theta \tag{11.1.14}$$

また，点 D を中心に半径 $R_4$ の円 $C_4$ をとる．これより，

円 $C_4$（中心 D）：半径＝$R_4$

$$\overline{DC}=R_4$$
$$\overline{DB}=\overline{DC}\cos\theta=R_4\cos\theta \tag{11.1.15}$$

この∠ BDC＝$\theta$ は式(11.1.10)で $-R_4\cos\theta$ を得るために円 $C_4$ の $-y$ 方向にとってある．ここで，$\overline{oB}$ を $y_2$ とすると，

$$y_2=\overline{oB}=\overline{oA}+\overline{AD}-\overline{DB}$$
$$=R_5+R_3\sin\theta-R_4\cos\theta \tag{11.1.16}$$

を得る．

次に，分数形式の $y_1/y_2$ の加法合成図は図 11.1.3(2)となっている．ここで，

図(1)：$y_2$：$\overline{oB}\rightarrow\overline{o'I}$：図(2)

となって，$y_2$ は $\overline{oB}$ から $\overline{o'I}$ へと写る．これより，

$$y_2=\overline{o'I} \tag{11.1.17}$$

となる．さらに，o′ を中心とした半径 $R_2$ の円 $C_2$ をとる．これより，$y_1$ は

円 $C_2$（中心 o′）：半径＝$R_2$

$$\overline{o'G}=R_2$$
$$y_1=\overline{o'H}=\overline{o'G}\cos\theta=R_2\cos\theta \tag{11.1.18}$$

となる．図(2)の $y$ 方向で $y_1=\overline{o'H}$，$y_2=\overline{o'I}$ となっているから，$y$ 軸上で $y_1/y_2$ の分数形式の加法合成が成り立つ．ここで，まず o′ を中心に $\overline{o'I}$ を半径とした円 $C_0$ をとる．この $C_0$ は分数操作のための補助円である．

円 $C_0$（中心 o′）：半径 $=y_2=\overline{o'I}$

$$\overline{o'I}=\overline{o'J}$$

ここで，直角三角形 △Ho′J において，三角法より，

$$\overline{o'J}:\overline{LJ}=\overline{o'H}:\overline{LK}$$

であるから，

$$\frac{\overline{LJ}}{\overline{o'J}}=\frac{\overline{LK}}{\overline{o'H}} \tag{11.1.19}$$

を得る．ここで，$\overline{LJ}=1$ ととると，図(2)の $\overline{LK}$ が式(11.1.12)の $y$ 値を与えるから，$y_1=\overline{o'H}$，$y_2=\overline{o'J}$ と式(11.1.19)より，

$$y=\overline{o'P}=\overline{LK}=\frac{y_1}{y_2} \tag{11.1.20}$$

となる．これより，

$$y=\frac{y_1}{y_2}=\frac{R_2\cos\theta}{R_3\sin\theta-R_4\cos\theta+R_5} \tag{11.1.21}$$

を得る．ここでの作図は $R_2>R_5>R_4>R_3$ である．

**〈2 次元平面での加法合成〉**

これまでは $x$ 軸を仮想軸とした $y$ 成分のみの加法合成であったが，ここでは，$x$ 成分を加えた 2 次元平面での加法合成に移る．そこで，$x$ 成分に次式をとろう．

$$x=R_1\sin\theta \tag{11.1.22}$$

図 11.1.4 に式(11.1.20)より得られた $y$ 成分と式(11.1.22)による $x$ 成分との加法合成図を示す．図 11.1.3 での $y$ 成分 $\overline{o'P}$ を図 11.1.4 での $\overline{oP}$ へ距離を保持してそのまま写そう．

図 11.1.3：

$$y=\overline{o'P}\rightarrow\overline{oP}：図 11.1.4 \tag{11.1.23}$$

つまり，図 11.1.4 の左側に図 11.1.3 の加法合成図があると思えばよい．そこで，図 11.1.4 において，原点 o を中心にした半径 $R_1$ の円 $C_1$ をとる．

円 $C_1$（中心 o）：半径 $=R_1$

$$\overline{oB}=R_1$$

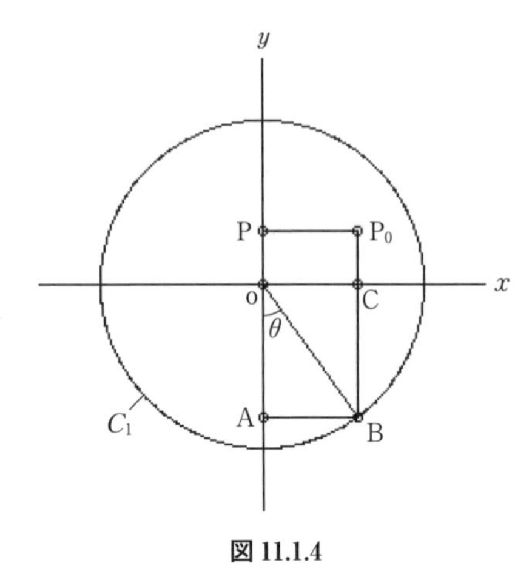


**図 11.1.4**

$$\overline{AB}=\overline{oB}\sin\theta=R_1\sin\theta$$

となる．これより，$x$ 値として，

$$x=\overline{oC}=\overline{AB}=R_1\sin\theta \tag{11.1.24}$$

を得て，$(x, y)$ の軌跡は $P_0$ となる．$P_0(x, y)$ とすると，式(11.1.21)，(11.1.23)および式(11.1.24)より，

$P_0(x, y)$：

$$x=R_1\sin\theta$$

$$y=\frac{R_2\cos\theta}{R_3\sin\theta-R_4\cos\theta+R_5} \tag{11.1.25}$$

を得る．この $P_0$ は $\theta=0\sim2\pi$ で 2 次元平面上での自己回帰調和波 SRHW となる．この SRHW は後述するサナギ形多様体でも使うので，これを PPS とよんでおこう．

**〈PPS の 2 次元軌跡〉**

$\theta=0\sim2\pi$ での PPS の軌跡を図 11.1.5 に示す．この PPS は $2\pi$ ごとに自己回帰する閉 1 次曲線としての自己回帰調和波である．始点は A であり，矢印の方向へ進行する．点 A～D での $\theta$ と $x$ の値を以下に示す．

$\theta=0\sim2\pi$：

$$\begin{aligned}
&\mathrm{A}：\theta=0, 2\pi &&：x=0\\
&\mathrm{B}：\theta=\frac{\pi}{2} &&：x=R_1\\
&\mathrm{C}：\theta=\pi &&：x=0\\
&\mathrm{D}：\theta=\frac{3\pi}{2} &&：x=-R_1
\end{aligned} \tag{11.1.26}$$

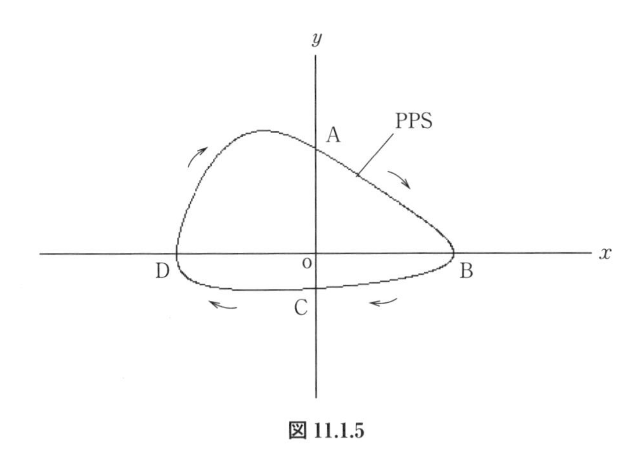


**図 11.1.5**

また，$\theta$ による $y$ 値の ± の関係は

$$
\begin{aligned}
&y \geqq 0 \to 0 \leqq \theta < \frac{\pi}{2},\ \frac{3\pi}{2} < \theta \leqq 2\pi \\
&y < 0 \to \frac{\pi}{2} < \theta < \frac{3\pi}{2}
\end{aligned}
\tag{11.1.27}
$$

である．この PPS の $y$ 成分の分母のマイナス項の $-R_4\cos\theta$ を $+R_4\cos\theta$ に置き換えると，PPS は $x$ 軸の上下が反転する．

## 11.2　3次元空間での分数形式をもった自己回帰調和波の族

11.1 節では 2 次元平面での分数形式をもった自己回帰調和波 SRHW の加法合成について述べた．ここでは 2 次元平面で作成された PPS を 3 次元空間に拡張して $\Gamma(x, y, z)$ での分数形式をもった自己回帰調和波の族について議論する．これを分数形式をもった自己回帰調和波 FSRW（fraction self regression harmonic wave）とよぶ．これまでの議論により SRHW のパラメータ式には，本来角度 $\theta$ に波動ポテンシャル $\xi$ が適用できることがわかっている．そこで，式(11.1.25)の $y$ 成分に $\xi_1$～$\xi_3$ の波動ポテンシャルを適用しよう．これより，式(11.1.25)は

$$
\begin{aligned}
&x = R_1 \sin\theta \\
&y = \frac{R_2 \cos(\xi_1\theta)}{R_3 \sin(\xi_2\theta) - R_4 \cos(\xi_3\theta) + R_5}
\end{aligned}
\tag{11.2.1}
$$

で表される．ここで，$\Gamma(x, y, z)$ において，1.2 節で多様体の軌跡点の集合を

$\mathrm{P}(x,y,z)$とすると，式(1.2.21)より，

$$\mathrm{P}(x,y,z)=\mathrm{P}(x,y)\cup\mathrm{P}(y,z)\cup\mathrm{P}(z,x) \tag{11.2.2}$$

となり，$\mathrm{P}(x,y,z)$は3つの2次元和集合で表されることを思い出そう．つまり，$(x,y,z)$成分のパラメータ式の群で表された多様体もしくはSRHWはそれぞれの2次元のパラメータ式に分解可能であり，しかも分解された2次元成分だけで1つの多様体を構成することができる．これにより，式(11.2.1)の$z$方向に$(x,z)$成分でSRHWを構成できる新たな$z$成分を加えることができる．この$(x,z)$成分を$\mathrm{P}(x,z)$とすると，$x$成分に式(11.1.24)の式もしくはその拡張である$x$成分の内部に$\sin\theta$をもつものとして，2次元で多様体もしくはSRHWを構成し得る$(x,z)$のペアは

$\mathrm{P}(x,y)$：$\theta=0\sim2\pi$：

$$\text{円}\quad:x=R_1\sin\theta,\quad z=R_1\cos\theta \tag{11.2.3}$$

$$\text{楕円}:x=R_1\sin\theta,\quad z=R_6\cos\theta \tag{11.2.4}$$

が考えられる．さらに，クローバー族として

$$\text{2葉クローバー}\ :x=R_1\sin\theta,\quad z=R_6\cos\theta\sin\theta \tag{11.2.5}$$

$$\text{多葉クローバー}:x=R_1\cos(n\theta)\sin\theta,\quad z=R_6\cos(n\theta)\cos\theta \tag{11.2.6}$$

がある．式(11.2.3)～(11.2.6)はすべて$x$成分が式(11.1.24)と同じか，その拡張であるから，式(11.2.1)との結合によって式(11.2.2)が成り立ち，式(11.2.3)～(11.2.6)の$y$成分に式(11.2.1)を用いることにより，3次元空間でのFSRWが構成される．すなわち，

$$\text{式}(11.2.3)\sim(11.2.6)+\text{式}(11.2.1)\text{の}y\text{成分}\Rightarrow\mathrm{FSRW}\ (x,y,z) \tag{11.2.7}$$

となる．

### 11.2.1　FSRWの族

ここでは式(11.2.7)で示されたFSRWの実際をみていこう．

**〈FSRWの円環波〉**

式(11.2.3)と式(11.2.1)の$y$成分から，

$$
\begin{aligned}
x&=R_1\sin\theta\\
y&=\frac{R_2\cos(\xi_1\theta)}{R_3\sin(\xi_2\theta)-R_4\cos(\xi_3\theta)+R_5}\\
z&=R_1\cos\theta
\end{aligned}
\qquad (11.2.8)
$$

となり，これは FSRW の円環状の自己回帰調和波である．これを FSRW1 としよう．ここで，$\xi_1=\xi_2=\xi_3=1$ とすると，HMP＝1 の第 0 種の自己回帰調和波となる．FSRW1 での $xz$，$xy$，$yz$ 面での投影図を図 11.2.1 に示す．この 3 面での軌跡はすべて SCC であるから，自己交点 $T_P$ はもたない．$xy$ 面は図 11.1.5 と同じ像である．また，$xz$ 面は円環であるから，3 次元空間では円筒 CL に埋め込まれた構造となっている．この立体図を図 11.2.2 に示す．背景は CL である．したがって，FSRW1 は CL の周りを循環している．

次に，$\xi_1=\xi_2=1$，$\xi_3=0.5$ とした円環波を FSRW2 とする．FSRW2 では

$$\xi_3=0.5=\frac{1}{2}$$

より，HMP＝2 となり，CL を 2 周回り $\theta=0\sim4\pi$ で 1 サイクルである．FSRW2 の

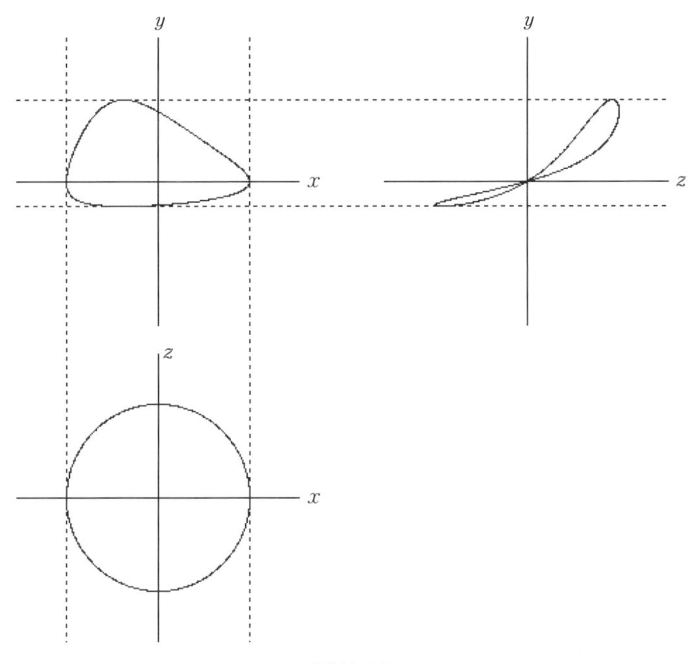


**図 11.2.1**

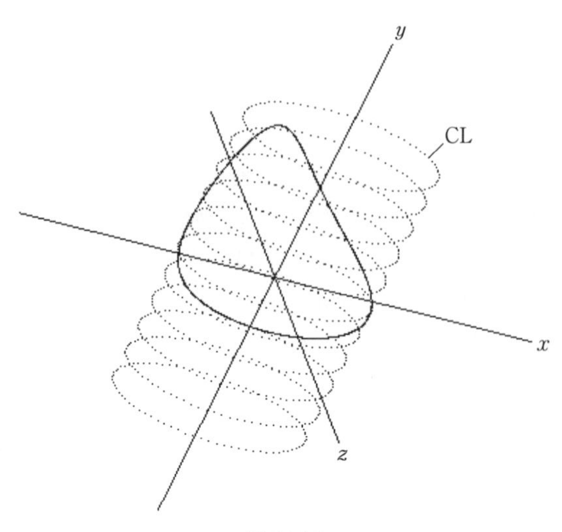


**図 11.2.2**

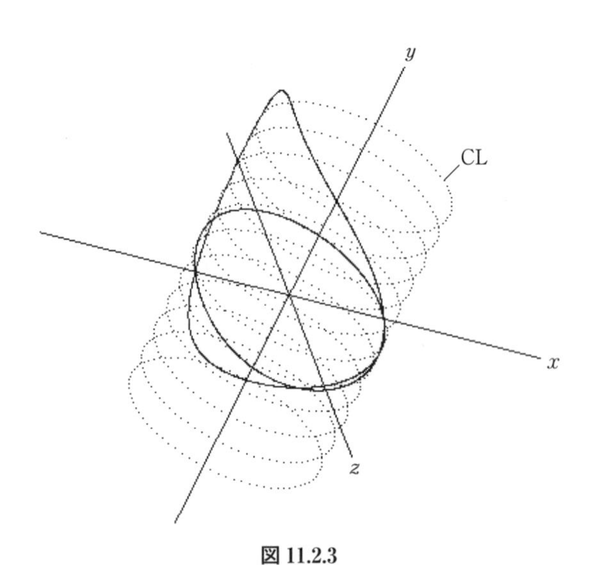


**図 11.2.3**

立体図を図 11.2.3 に示す．これより，FSRW2 は第 2 種の自己回帰調和波である．

**〈FSRW の楕円環波〉**

式(11.2.4)と式(11.2.1)の $y$ 成分から，

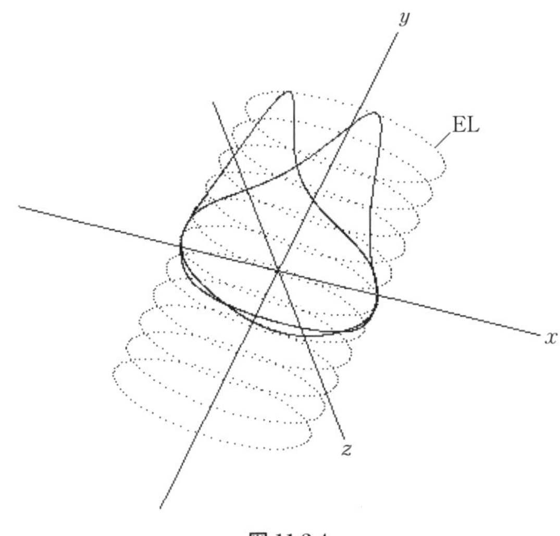


**図 11.2.4**

$$
\begin{aligned}
x &= R_1 \sin\theta \\
y &= \frac{R_2 \cos(\xi_1\theta)}{R_3 \sin(\xi_2\theta) - R_4 \cos(\xi_3\theta) + R_5} \\
z &= R_6 \cos\theta
\end{aligned}
\tag{11.2.9}
$$

ただし，$R_1 \neq R_6$ である．これは FSRW の楕円環状の自己回帰調和波である．$\xi_1 = \xi_2 = 1$，$\xi_3 = 2.5$ とした楕円環波を FSRW3 とする．FSRW3 の立体図を図 11.2.4 に示す．この場合も $\xi_3 = 5/2$ より，HMP=2 であり，楕円筒 EL の周りを 2 回回っている．

**〈FSRW の 2 葉クローバー波〉**

式(11.2.5)と式(11.2.1)の $y$ 成分から，

$$
\begin{aligned}
x &= R_1 \sin\theta \\
y &= \frac{R_2 \cos(\xi_1\theta)}{R_3 \sin(\xi_2\theta) - R_4 \cos(\xi_3\theta) + R_5} \\
z &= R_6 \cos\theta \sin\theta
\end{aligned}
\tag{11.2.10}
$$

である．2 葉クローバー波は自由調和波に属する波である．式(11.2.10)において，$\xi_1 = \xi_2 = \xi_3 = 1$ とした，HMP=1 の第 0 種の自己回帰調和波を FSRW4 とする．FSRW4 の立体図を図 11.2.5 に示す．FSRW4 の $xz$ の投影面での軌跡は 2 葉クローバーとなり原点で交点をもつが，3 次元ではすべて SCC となり，自己交点 $T_P$

をもたないことがわかる.

次に，$\xi_1=\xi_2=1$，$\xi_3=1.2$ での 2 葉クローバー波を FSRW5 とする．この場合，$\xi_3=6/5$ により，HMP$=5$ での第 2 種自己回帰調和波となる．FSRW5 での立体図

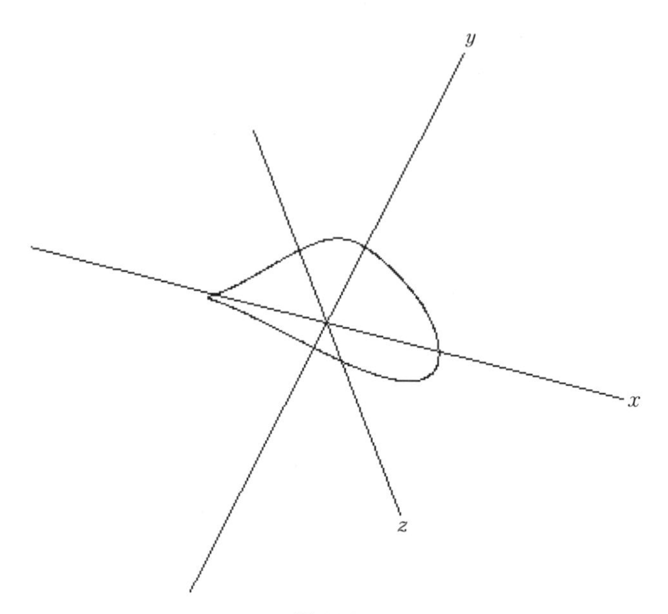


**図 11.2.5**

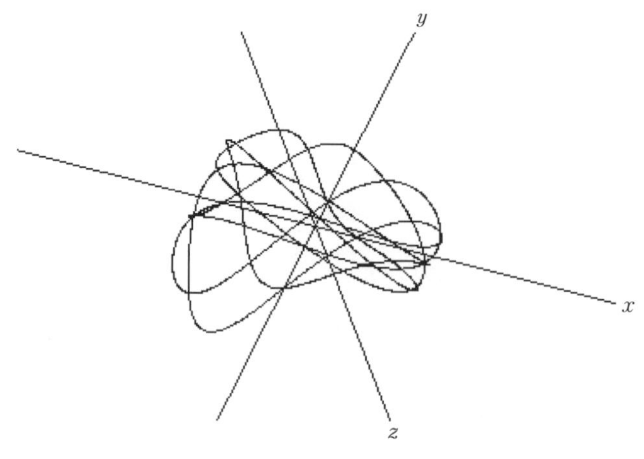


**図 11.2.6**

を図11.2.6に示す．HMP＝5より，$\theta=0\sim5\cdot2\pi$となり，3次元空間を5回周回している．HMPの値が大きくなるほど波の形状は複雑になる．

**〈FSRWの多葉クローバー波〉**

式(11.2.6)と式(11.2.1)の$y$成分から，

$$
\begin{aligned}
x&=R_1\cos(n\theta)\sin\theta\\
y&=\frac{R_2\cos(\xi_1\theta)}{R_3\sin(\xi_2\theta)-R_4\cos(\xi_3\theta)+R_5}\\
z&=R_6\cos(n\theta)\cos\theta
\end{aligned}
\tag{11.2.11}
$$

である．ここで，$n$＝自然数である．式(11.2.11)による$xz$の投影面の軌跡は多葉クローバーとなり，$n$の値によって葉数が決まる．$n=3$，$\xi_1=1.5$，$\xi_2=\xi_3=1$でのFSRWをFSRW6とする．このFSRW6の$xz$，$xy$，$yz$面での投影図を図11.2.7に示す．この場合は$\xi_1=3/2$より，HMP＝2であるから，$xz$面での3葉のクローバーは2回循環している．$xy$，$yz$面ではSCCである．図11.2.8にFSRW6の立体図を示す．

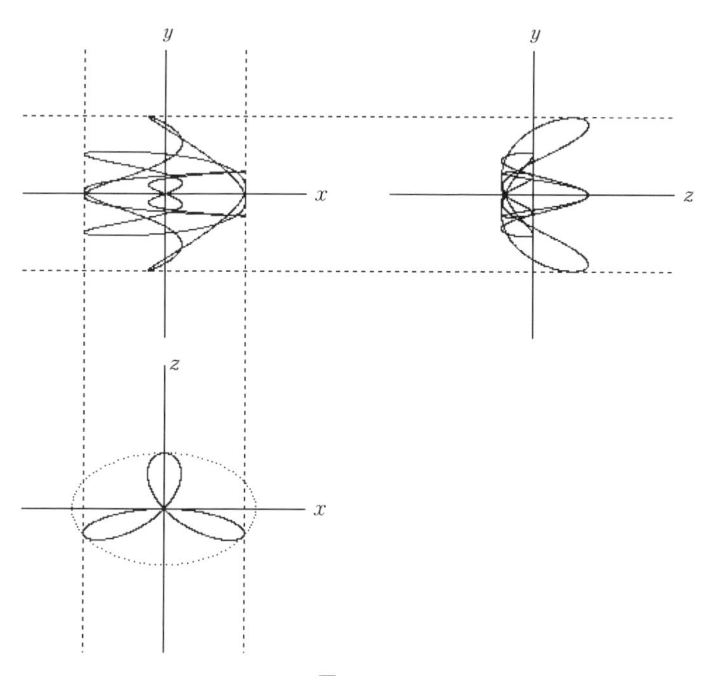


**図11.2.7**

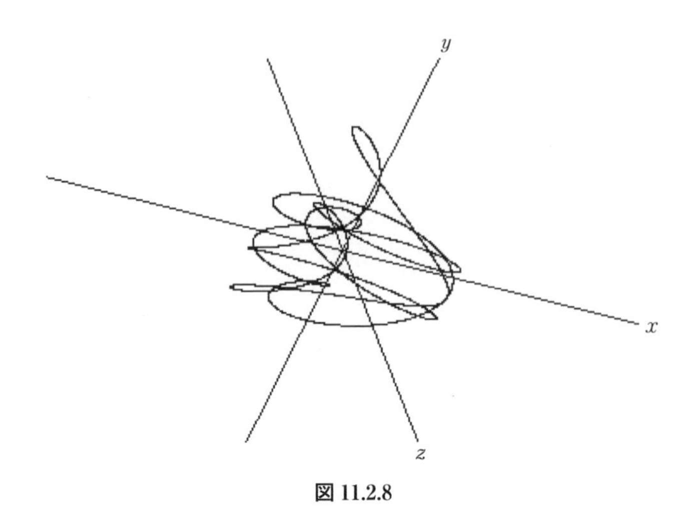


図 11.2.8

**〈第3種の FSRW〉**

これまでは波動ポテンシャル $\xi$ が有理数である第0種から第2種の FSRW であった．ここでは，$\xi$ に無理数を適用して第3種の FSRW についてみていこう．FSRW6 の $\xi_1$ に $\pi$ を適用して，式(11.2.11)において $n=3$，$\xi_1=\pi$，$\xi_2=\xi_3=1$ とした FSRW を FSRW7 とする．第3種の FSRW の場合は HMP＝∞となって，$\theta$ が

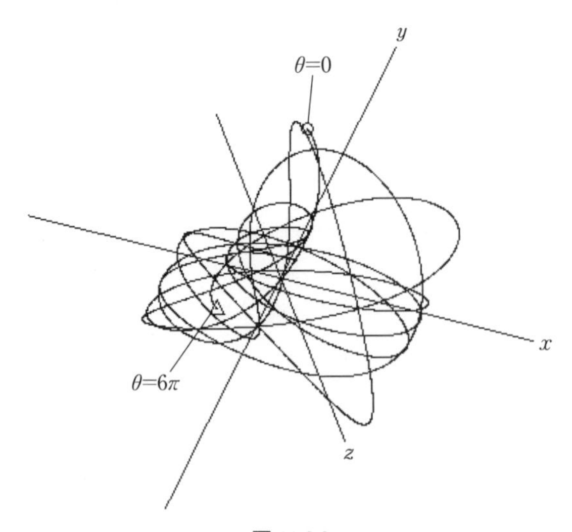


図 11.2.9

いくら増大しても軌跡は決して始点に戻ることはない．そこで，FSRW7 に HMP=3 として $\theta=0\sim6\pi$ の間での立体図を図 11.2.9 に示す．$\theta=0$ での始点位置を○印，また，$\theta=6\pi$ での到達位置を△印で示す．これより，FSRW7 は常に開曲線のままである．

以上の議論より，分数形式をもった自己回帰調和波でも球体類としての第 0 種〜第 3 種に類別される．

## 11.3　分数形式を用いた3次元閉領域の内部を満たす多様体

われわれは実数空間 $\mathbb{R}^3$ 内でのコンパクト多様体の表面構造には興味をもっても，その内部構造に興味を示すことは少ない．2 次元空間での円といっても，その式は円周を描く式である．そこで，次のような円の内部を稠密に描くパラメータ式を考えよう．

$$\theta=0\sim2\pi,\ \nu=0\sim2\pi:$$
$$\begin{aligned} x&=R_1\sin\nu\cos\theta \\ z&=R_1\cos\nu \end{aligned} \tag{11.3.1}$$

式(11.3.1)によって円の内部は直線の集合によって稠密に覆うことができる．ここで，式(11.3.1)の $y$ 成分として式(11.1.12)の分子の $\cos\theta$ を $\cos\nu$ に置き換えた分数形式のパラメータ式を導入しよう．これより，

$$\theta=0\sim2\pi,\ \nu=0\sim2\pi:$$
$$\begin{aligned} x&=R_1\sin\nu\cos\theta \\ y&=\frac{R_2\cos\nu}{R_3\sin\theta-R_4\cos\theta+R_5} \\ z&=R_1\cos\nu \end{aligned} \tag{11.3.2}$$

となり，この式(11.3.2)は実数空間 $\mathbb{R}^3$ で内部の詰まった 1 つのコンパクト多様体を形成する．これを PEEB とよぶ．ここで，$y$ 成分の分母が $\theta$ の範囲で正値をとるように $R_3:R_4:R_5$ の比を定めるものとする．式(11.3.2)による PEEB の $xz$，$xy$，$yz$ 面の投影図を図 11.3.1 に示す．これらの図の領域分割は主に角度 $\nu$ のとる範囲によって異なる．$xz$，$yz$ 面は $\nu$ の $\pi$ ごとに同じ図を描き，$xy$ 面は $\nu=0\sim\pi$ と $\pi\sim2\pi$ によって $y$ 軸の左右で鏡面対称となっている．これより，PEEB は半径 $R_1$ の円筒内部を原点 o を通る 2 つの切断面によって切断されたその内部であることが推測される．$yz$ 面での切断部分の投影面は固有な三角形をしてるいので，これを図 11.3.2 に示す．図 11.3.2 において，この回転対称な三角形の辺を

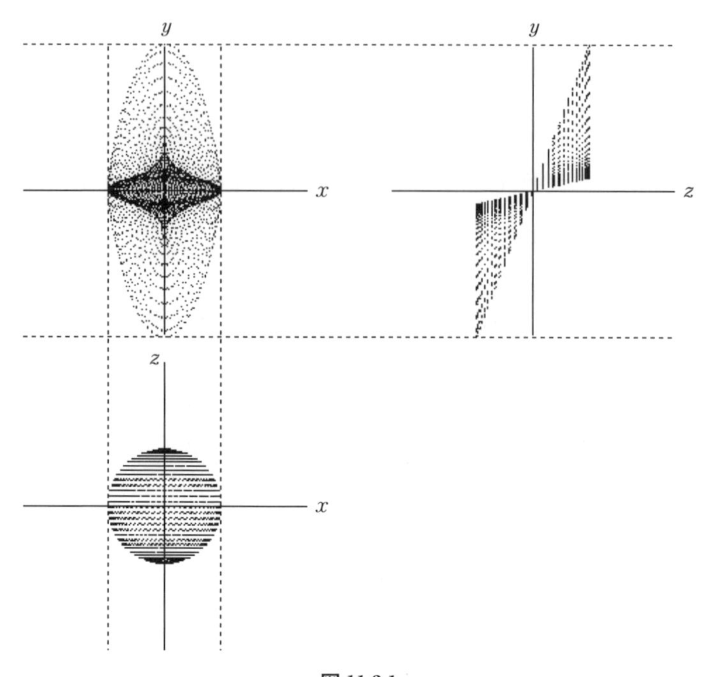


**図 11.3.1**

$\alpha$ 線：oA

$\beta$ 線：oB

$\gamma$ 線：BA

ととると，$\gamma$ 線の角度範囲は

$\gamma$：BA：$\nu=0$，$\theta=0\sim2\pi$

であり，この $\nu=0$ での式(11.3.2)の $y$，$z$ 値は

$$y=\frac{f(\theta)}{g(\theta)}=\frac{R_2}{R_3\sin\theta-R_4\cos\theta+R_5} \tag{11.3.3}$$

$$z=R_1 \tag{11.3.4}$$

となる．A–B 間の $y$ 値は式(11.3.3)の $\theta=0\sim2\pi$ で与えられるから，この範囲での $y$ 値の集合を $\{y\}$ とすると，点 A と B の $y$ 値は

$$\begin{aligned}&\text{A}：y=\max\{y\}\\&\text{B}：y=\min\{y\}\end{aligned} \tag{11.3.5}$$

で与えられる．ここで，$\theta=0\sim2\pi$ の間で $\max\{y\}$ を与える $\theta$ を $\theta_1$，$\min\{y\}$ を与え

る $\theta$ を $\theta_2$ とすると，式(11.3.3)より，

$$\begin{aligned} &\text{A}:y_1=\max\{y\}\rightarrow\min(g(\theta))\rightarrow\theta_1 \\ &\text{B}:y_2=\min\{y\}\rightarrow\max(g(\theta))\rightarrow\theta_2 \end{aligned} \tag{11.3.6}$$

となる．$g(\theta)$ は式(11.3.3)より

$$g(\theta)=R_3\sin\theta-R_4\cos\theta+R_5 \tag{11.3.7}$$

であるから，$g(\theta)$ の微分より $\theta_1$，$\theta_2$ は得られる．この微分方程式の解は式(11.1.7)と同じであるから，

$\theta=0\sim2\pi$：

$$(\theta_1,\theta_2)=\tan^{-1}\left(-\frac{R_3}{R_4}\right) \tag{11.3.8}$$

となる．$y_1$，$y_2$ の値は式(11.3.3)にそれぞれ $\theta_1$，$\theta_2$ を代入すれば得られる．図11.3.3に式(11.3.3)の $\theta$ によるグラフを示す．これより，$\text{A}(z,y_1)$，$\text{B}(z,y_2)$ としての $z$，$y$ 値が得られる．図11.3.2において，

$$\angle\text{Aoz}=\theta_1$$
$$\angle\text{Boz}=\theta_2$$

となり，

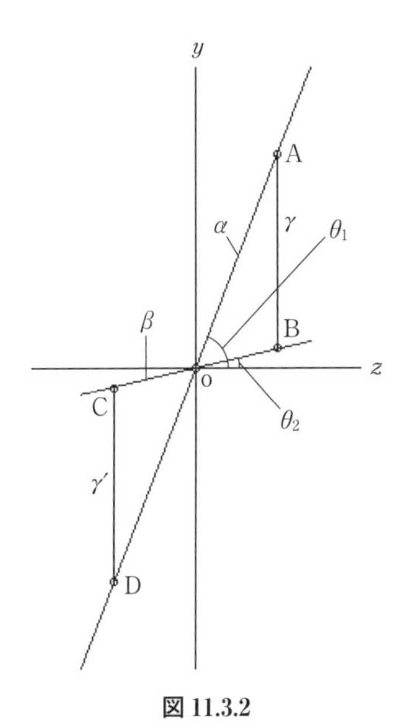


**図 11.3.2**

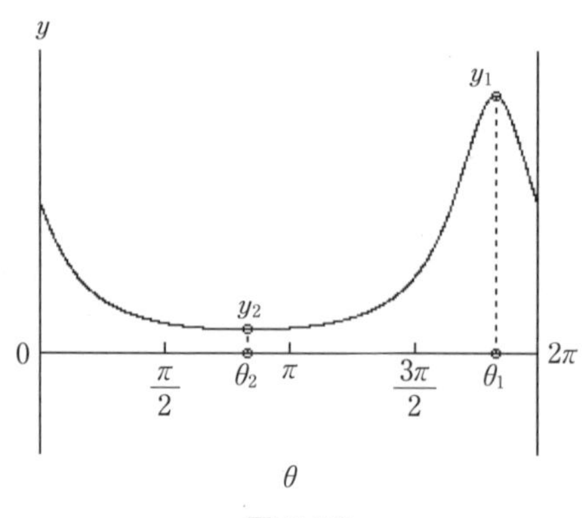


**図 11.3.3**

$$\tan\theta_1=\frac{y_1}{R_1}$$

$$\tan\theta_2=\frac{y_2}{R_1}$$

である．ここで，$\alpha$，$\beta$，$\gamma$ の式は

$$\begin{aligned}&\alpha : y=z\cdot\frac{y_1}{R_1}\\&\beta : y=z\cdot\frac{y_2}{R_1}\\&\gamma : z=R_1\end{aligned}\qquad(11.3.9)$$

で与えられる．

ここで，PEEB の 3 次元領域について考察しよう．図 11.3.1 だけではわかりにくいので，図 11.3.1 の $yz$ 面を $y$ 軸を中心にして $x$ 方向へ $\pi/2$ ほど水平に回転させた立体図を図 11.3.4 に示す．図 11.3.2 での $\alpha$ 線と $\beta$ 線は図 11.3.4 では原点 o を中心とした楕円となっている．したがって，PEEB は半径 $R_1$ の円筒内でこの $\alpha$ 楕円と $\beta$ 楕円に囲まれた内部であることがわかる．この内部を ￡ とすると，

| 図11.3.2 | | 図11.3.4 |
|---|---|---|
| △oAB | ⇒ | ￡$_1$：ABCD |
| △oDC | ⇒ | ￡$_2$：DFEA |

￡＝￡$_1$＋￡$_2$

となる．PEEB の立体図を図 11.3.5 に示す．中央部分の球状の点列の塊は $\beta$ 楕円周辺での軌跡間隔が密になるためである．この多様体内部での点列密度と一様性の問題は第 17 章で改めて議論する．

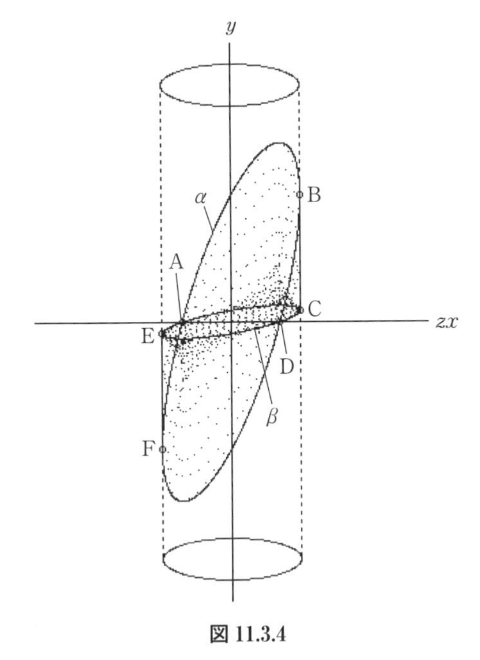


**図 11.3.4**

**図 11.3.5**

# 第 5 編

# 特殊な多様体

# 第 12 章

# 3 次元空間での卵形体とサナギ形多様体

## 12.1　3 次元空間での卵形体

われわれの身近な空間の中でニワトリの卵ほど奇妙な形状のものはない．どの方向から見ても不思議で見飽きることのない形状である．数学上では 2 次元での卵形としてはカッシーニの卵形線（oval）が知られている*)．

しかし，この曲線は卵形というよりはむしろコクーン形であろう．そこで，ここでは楕円体とクローバー体の加法合成により，ニワトリの卵に極めてよく似た 3 次元多様体を導こう．これを卵形体 EGGB（EGG body）とよぶ．実数空間 $\mathbb{R}^3$ に直交座標 $\Gamma(x, y, z)$ をとる．図 12.1.1 に EGGB の加法合成図を示す．図 12.1.1(1) に示すように $\Gamma(x, z)$ の原点 o を中心にした楕円の上半分をとり，その楕円の上に第 1 象限での 2 葉クローバーを $z$ 方向に加法として合成することを考えよう．楕円とクローバーのパラメータ式は

楕円：$\{E\}$：

$$x = R_1 \cos\theta \qquad (12.1.1)$$
$$z = R_2 \sin\theta$$

*)　カッシーニの卵形線の曲線方程式

$$(x^2+y^2)^2 - 2a^2(x^2-y^2) - (b^4-a^4) = 0$$
$$(a>0,\ \ b>0)$$

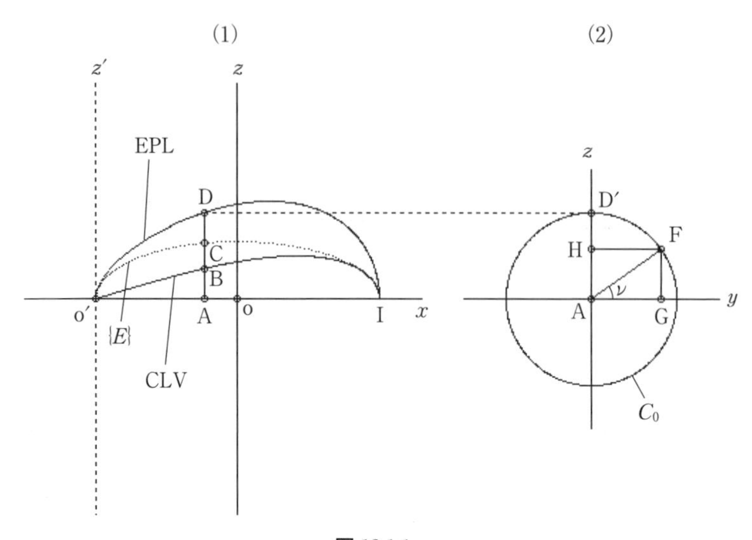


図 12.1.1

クローバー：CLV

$$x = R\cos\theta$$
$$z = r\cos\theta\sin\theta \tag{12.1.2}$$

で与えられる．ここで，図 12.1.1(1)に示す $\{E\}$ +CLV を作成するために，$\Gamma(x,z)$ から $x$ 方向に $-R_1$ だけ平行移動した座標を $\Gamma(x,z')$ とする．$\Gamma(x,z')$ の原点を o′ とすると，o-o′ の間の差は $R_1$ である．$\Gamma(x,z')$ での $\{E\}$ は

$\Gamma(x,z')$ ：$\{E\}$ ：

$$x = R_1 + R_1\cos\theta$$
$$z = R_2\sin\theta \tag{12.1.3}$$

である．図(1)に示す CLV は $\Gamma(x,z')$ で原点 o′ を中心とした CLV の第 1 象限での断片であり，CLV の $x$ 成分の $R$ は図(1)での $\overline{\mathrm{o'I}}$ であるから，

$$\overline{\mathrm{o'o}} = \overline{\mathrm{oI}} = R_1$$
$$\text{CLV}：R = \overline{\mathrm{o'I}} = \overline{\mathrm{o'o}} + \overline{\mathrm{oI}} = 2R_1 \tag{12.1.4}$$

となる．ここで，$\{E\}$ の $\theta$ の範囲は $\theta = 0 \sim \pi$ であり，CLV の第 1 象限での $\theta$ の範囲は $\theta = 0 \sim \pi/2$ であるから，CLV の変化範囲を $\theta = 0 \sim \pi$ に合わせることを考えよう．これは式(12.1.2)の $\theta$ を $\theta/2$ に置き換えればよい．また，式(12.1.4)より $R$ を $2R_1$，$r$ を $R_3$ に置き換えると，

$\Gamma(x, z')$：CLV：第 1 象限：$\theta=0\sim\pi$：

$$x=2R_1\cos\frac{\theta}{2}$$
$$z=R_3\cos\frac{\theta}{2}\sin\frac{\theta}{2} \quad (12.1.5)$$

を得る．次に，図 12.1.1(1)において，同じ $x$ 値での $\{E\}$ と CLV の $z$ 値の加法を考えると，$x$ 軸上の点 A で，

$(x=\mathrm{A})$：

$$z_0=(\{E\}:z)+(\mathrm{CLV}:z)=\overline{\mathrm{AB}}+\overline{\mathrm{AC}} \quad (12.1.6)$$

でなければならない．そこで，式(12.1.3)の $\{E\}$ と式(12.1.5)の CLV の加法を行うのであるが，困った問題が生じる．ここで，1.3 節の三角作用素の対称性の問題を思い出そう．2 つの関数があって，全体の軌跡は同じなのであるが，1 つ 1 つの軌跡点は異なるという問題である．ここでは同じ $\theta$ をもつパラメータ式の群は $\theta$ の値を統一する必要がある．式(12.1.3)と式(12.1.5)の $x$ 成分に任意の $\theta_0$ を与えると，

$\theta=\theta_0$：

$$\{E\}:x=R_1+R_1\cos\theta_0\neq 2R_1\cos\frac{\theta_0}{2}=x:\mathrm{CLV} \quad (12.1.7)$$

となって $x$ 値は一致しない．ではどうすればよいのか．幸い楕円 $\{E\}$ には基本式としての 1 元関数が存在する．そこで，楕円ではパラメータ $\theta$ を用いずに楕円の基本式から，$x$，$z$ 値が得られるから，楕円基本式の $x$ 値に CLV の $x$ 値を代入することによって，式(12.1.6)の成り立つ楕円 $\{E\}$ での $z$ 値を得ることができる．図 12.1.1(1)に対応する楕円の基本式は

$\{E\}$：

$$\frac{(x-R_1)^2}{{R_1}^2}+\frac{z^2}{{R_2}^2}=1 \quad (12.1.8)$$

である．そこで，図 12.1.1(1)での $x$ 軸上の点 A に式(12.1.5)と式(12.1.8)をうまく対応させるため，式(12.1.5)で $x=x_1$，$z=z_2$ として，$x$，$z$ 値を指定すると，式(12.1.5)は

$\Gamma(x, z')$：CLV：第 1 象限：$\theta=0\sim\pi$：

$$x_1=2R_1\cos\frac{\theta}{2}$$
$$z_2=R_3\cos\frac{\theta}{2}\sin\frac{\theta}{2} \quad (12.1.9)$$

となる．一方，楕円 $\{E\}$ は式(12.1.8)において，$x=x_1$，$z=z_1$ とすると，

$$z_1=\frac{R_2}{R_1}\sqrt{{R_1}^2-(x_1-R_1)^2} \tag{12.1.10}$$

として $z_1$ 値を得る．ここで，図 12.1.1(1)において，$x$ 軸上の点 A を $\theta=\theta_0$ として固定すると，

図(1)：$\theta=\theta_0$：

$$\begin{aligned}&\overline{\mathrm{o'A}}=x_1：\mathrm{CLV}\\&\overline{\mathrm{AB}}=z_2：\mathrm{CLV}\\&\overline{\mathrm{AC}}=z_1：\{E\}\end{aligned} \tag{12.1.11}$$

となる．ここで，図(1)での D の軌跡を EPL とすると，EPL は $z$ 方向で $\{E\}$ ＋CLV であるから，

$$\mathrm{EPL}：\overline{\mathrm{AD}}=\overline{\mathrm{AB}}+\overline{\mathrm{AC}} \tag{12.1.12}$$

である．$\overline{\mathrm{AD}}=z_3$ とおくと，式(12.1.11)および式(12.1.12)より，

$$z_3=z_1+z_2 \tag{12.1.13}$$

を得る．これで，図 12.1.1(1)での $z$ 方向の値は定まったので，$\Gamma(x,z')$ から $\Gamma(x,z)$ へ座標を戻すと，$z_1$，$z_2$，$z_3$ の $z$ 方向は変わらず，変わるのは式(12.1.9)の $x$ 成分だけであるから，

$$\Gamma(x,z)：x=R_1+x_1 \tag{12.1.14}$$

を得る．これより，$\theta=0\sim2\pi$ 間での $\theta$ によって $\Gamma(x,z)$ の原点 o からの点 A, B, C, D が定まる．

**〈$z$ 方向の回転〉**

$x$ 軸上の点 A と垂直方向の点 D を $x$ 軸を中心軸として，角度 $\nu$ により $y$ 方向に回転しよう．図 12.1.1(1)の AD の線分の $y$ 方向の回転を図 12.1.1(2)に示す．これを $yz$ 面とする．図(2)において，

$$\begin{aligned}&\overline{\mathrm{AD}}=\overline{\mathrm{AD'}}=\overline{\mathrm{AF}}=z_3\\&\angle\mathrm{FAG}=\nu\end{aligned} \tag{12.1.15}$$

円 $C_0$：半径$=\overline{\mathrm{AF}}=z_3$，$\nu=0\sim2\pi$

$$\begin{aligned}&y=\overline{\mathrm{AG}}=\overline{\mathrm{AF}}\cos\nu=z_3\cos\nu\\&z=\overline{\mathrm{AH}}=\overline{\mathrm{AF}}\sin\nu=z_3\sin\nu\end{aligned} \tag{12.1.16}$$

となる．これより，EGGB のパラメータ式は，式(12.1.9)，(12.1.10)，(12.1.13)，(12.1.14)および式(12.1.16)より，

EGGB：$\theta=0\sim\pi$，$\nu=0\sim2\pi$：

$$x_1=2R_1\cos\frac{\theta}{2}$$

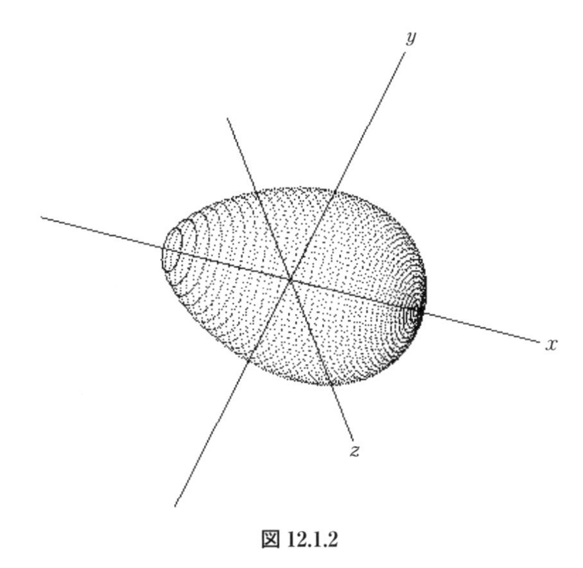


**図 12.1.2**

$$z_1 = \frac{R_2}{R_1}\sqrt{{R_1}^2 - (x_1 - R_1)^2}$$

$$z_2 = R_3 \cos\frac{\theta}{2} \sin\frac{\theta}{2}$$

$$z_3 = z_1 + z_2$$

$$\begin{cases} x = R_1 + x_1 \\ y = z_3 \cos\nu \\ z = z_3 \sin\nu \end{cases} \qquad (12.1.17)$$

で与えられる．EGGB は $R_1$，$R_2$，$R_3$ の 3 球体である．そして，EGGB はニワトリの卵形を基本体として $R_1 : R_2 : R_3$ の比によって種々に変化する．図 12.1.2 に EGGB の 3 次元立体図を示す．これは $R_1 : R_2 : R_3 = 5 : 2 : 3$ での作図である．この図 12.1.2 はニワトリの卵に酷似していることがわかる．

この卵形体とは幾何学的には楕円体をクローバーが飲み込んだ形状である．ここで鳥類の卵を考えてみよう．同種類であれば皆同じように見えるが，その生成過程によって近似的に $R_1 : R_2 : R_3$ の比がほんの少し異なることによって，常に微妙な個体差が生じるであろう．

## 12.2　3次元空間でのサナギ形多様体

図11.1.5を再び見てみよう．これは自己回帰調和波としてのPPSである．同時に2次元平面での1次元多様体でもある．この1次元多様体から3次元空間での2次元多様体を構成しよう．その最も簡単な構造として，$z$方向に円環もしくは楕円環をもった構造が考えられる．その加法合成図を図12.2.1に示す．図12.2.1(1)に置かれた図形は図11.1.5でのPPSである．図(1)において，PPSの$y>0$の部分を$\alpha$線，$y<0$の部分を$\beta$線とする．任意の$x$値$(-R_1 \leqq x \leqq R_1)$で，$\alpha$線と$\beta$線の間で等距離にある点が1つとれる．この点列集合を中央線と呼び$\gamma$線とする．この$\gamma$線を中心線として，$z$方向に$\alpha$-$\gamma$あるいは$\gamma$-$\beta$間の距離を半径とした円，またはこれを$y$径とした楕円を作成すれば，コンパクトな表面をもった2次元多様体を作成できる．この多様体は昆虫などのサナギのような形状なので，これをサナギ形多様体PPB(pupa body manifold)とよぶ．

PPSは角度$\theta$に関して式(11.1.27)のように分かれる．そこで，図12.2.1(1)において，$x$軸上に任意の点Bをとり，その切断面として$y'$をとる．$y'$上の$\alpha, \beta, \gamma$の値を得るには式(11.1.27)より，$x \geqq 0$と$x<0$に分けて，$\theta$の値をさらに別の角度パラメータ$\omega$で指定する必要がある．そこで，まず$x \geqq 0$の場合を示す．

$x \geqq 0$：($x$：o～G)：$y'$軸上

$\omega = 0 \sim \dfrac{\pi}{2}$ で$\omega$を固定

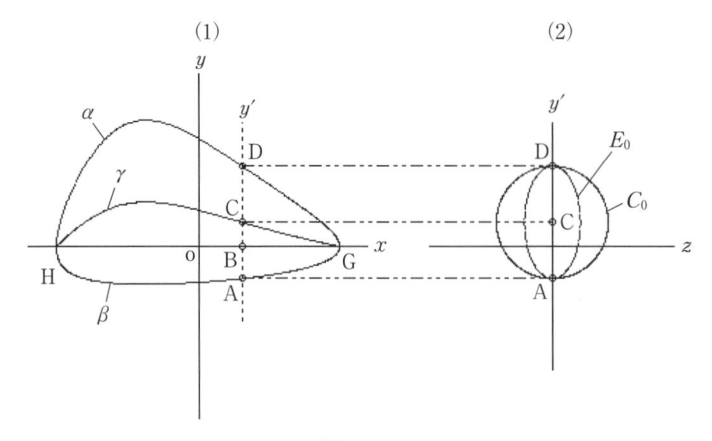


**図 12.2.1**

$$\theta_1=\frac{\pi}{2}-\omega$$
$$\theta_2=\frac{\pi}{2}+\omega \tag{12.2.1}$$

点A，B，C，Dはすべて$y'$上にあるから，PPSの式(11.1.25)の$x$成分から，

$$x=\overline{\mathrm{oB}}=R_1\sin\theta_1 \tag{12.2.2}$$

また，式(11.1.25)の$y$成分を適用して，

$$\alpha\text{線}：\overline{\mathrm{BD}}=y_1=\frac{R_2\cos\theta_1}{R_3\sin\theta_1-R_4\cos\theta_1+R_5}$$
$$\beta\text{線}：-\overline{\mathrm{BA}}=y_2=\frac{R_2\cos\theta_2}{R_3\sin\theta_2-R_4\cos\theta_2+R_5} \tag{12.2.3}$$

となる．$\gamma$線は$\alpha$線および$\beta$線と常に等距離であるから，この等距離を$YM$とすると，

$$YM=\overline{\mathrm{AC}}=\overline{\mathrm{CD}}=\frac{\overline{\mathrm{AD}}}{2} \tag{12.2.4}$$

である．また，

$$\overline{\mathrm{AD}}=\overline{\mathrm{AB}}+\overline{\mathrm{BD}}$$

より，

$$YM=\frac{\overline{\mathrm{BD}}+\overline{\mathrm{AB}}}{2} \tag{12.2.5}$$

さらに，式(12.2.3)および式(12.2.5)より，

$$YM=\frac{y_1+|y_2|}{2} \tag{12.2.6}$$

となる．また，$\gamma$線の$y$値を$YC$とすると，

$$\gamma\text{線}：YC=\overline{\mathrm{BC}}=YM+y_2 \tag{12.2.7}$$

で与えられる．ここで，式(12.2.7)の$y_2$は常にマイナス値であることに注意する．さらに，$x$軸上の点Gは$x=R_1$，点Hは$x=-R_1$である．

次に，$x<0$の場合を示そう．

$x<0$：($x$：o～H)：$y'$軸上

$\omega=0\sim\frac{\pi}{2}$で$\omega$を固定

$$\theta_1=\frac{3\pi}{2}+\omega$$
$$\theta_2=\frac{3\pi}{2}-\omega \tag{12.2.8}$$

となり，式(12.2.2)～(12.2.7)は同じである．これで，$x=-R_1 \sim R_1$ の間での $x$ 値に対する $YM$，$YC$ の値が得られたので，$\gamma$ 線を中心とした $z$ 方向への回転に移ろう．

図12.2.1(2)は図(1)での $y'$ 軸と $z$ 軸による $y'$ 軸上での回転図である．図(2)において，$y'$ 軸上の点Cは円もしくは楕円形成の中心点である．ここで，円または楕円のための角度 $\nu$ を用いると，$YM=\overline{\mathrm{CD}}=\overline{\mathrm{CA}}$ より，Cを中心にして

$$\begin{aligned} y_3 &= YM\cos\nu \\ z_3 &= U\cdot YM\sin\nu \end{aligned} \tag{12.2.9}$$

となり，式(12.2.9)の $U$ により，

$$\begin{aligned} &\text{円}：C_0：U=1 \rightarrow \text{式}(12.2.9) \\ &\text{楕円}：E_0：U\neq 1 \text{の正の実数値} \rightarrow \text{式}(12.2.9) \end{aligned} \tag{12.2.10}$$

となり，円と楕円に分かれる．これを $(y', z)$ 上で記せば

$$\begin{aligned} y &= y_3 + YC \\ z &= z_3 \end{aligned} \tag{12.2.11}$$

である．これより，$\Gamma(x, y, z)$ でのPPBの軌跡点 $\mathrm{P}(x, y, z)$ は

$$\begin{aligned} x &= R_1\sin\theta_1 \\ y &= YM\cos\nu + YC \\ z &= U\cdot YM\sin\nu \end{aligned} \tag{12.2.12}$$

となる．これより，PPBのパラメータ式は $x \geqq 0$ と $x<0$ に分けられ，式(12.2.1)，(12.2.3)，(12.2.6)，(12.2.7)，(12.2.8)および式(12.2.12)より，

PPB：

$\omega=0\sim\dfrac{\pi}{2}$ において

$x \geqq 0$ の場合

$$\theta_1=\frac{\pi}{2}-\omega$$

$$\theta_2=\frac{\pi}{2}+\omega$$

$x<0$ の場合

$$\theta_1=\frac{3\pi}{2}+\omega$$

$$\theta_2=\frac{3\pi}{2}-\omega$$

として

$$y_1 = \frac{R_2 \cos\theta_1}{R_3 \sin\theta_1 - R_4 \cos\theta_1 + R_5}$$

$$y_2 = \frac{R_2 \cos\theta_2}{R_3 \sin\theta_2 - R_4 \cos\theta_2 + R_5}$$

$$YM = \frac{y_1 + |y_2|}{2}$$

$$YC = YM + y_2$$

$\nu = 0 \sim 2\pi$

$$x = R_1 \sin\theta_1$$

$$y = YM \cos\nu + YC \qquad (12.2.13)$$

$$z = U \cdot YM \sin\nu$$

で与えられる．ただし，$U$ 値は

$$\text{円}：C_0：U=1 \qquad (12.2.14)$$

$$\text{楕円}：E_0：U \neq 1 \text{ の正の実数値}$$

である．ここで，角度 $\omega$ と $\nu$ が1次パラメータであり，$\theta$ は2次パラメータとなっている．PPB は $R_1 \sim R_5$ で構成されているから，5球体の球体類となる．

**〈PPB の立体構造〉**

式(12.2.13)において $U=1$ として $R_1：R_2：R_3：R_4：R_5=5：15：3：4：8$ での円環形の PPB の立体図を図 12.2.2 に示す．上部の凸部は $R_5$ が大きくなるほど小

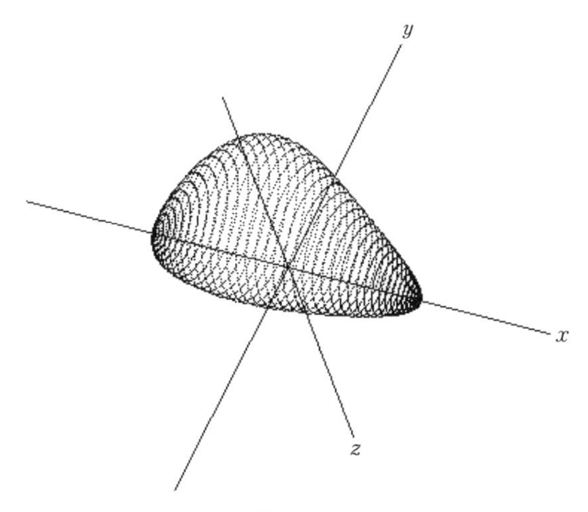


**図 12.2.2**

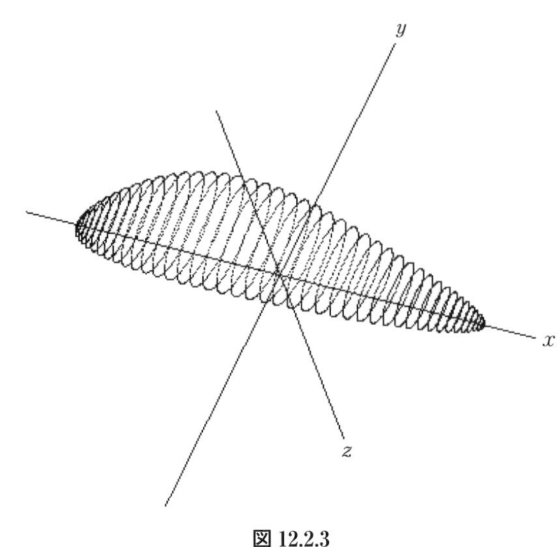


**図 12.2.3**

さくなり，$x$ 方向は $R_1$ が大きくなるほど長くなる．次に，$U=0.5$ として $R_1:R_2:R_3:R_4:R_5=8:15:3:4:9$ での楕円環状の PPB を図 12.2.3 に示す．図 12.2.2 と比べると $R_1$ と $R_5$ が大きくなっており，そのため上部の凸部が小さく，$x$ 方向が長くなっている．図 12.2.2 から図 12.2.3 への変化には環形動物の前進運動を連想させる．

## 12.3　サナギ形多様体の族

前節でのサナギ形多様体 PPB は，そのパラメータ式群の中に分数形式の項が含まれている．その分数形式とはもともと 11.1 節で導かれた式(11.1.12)であり，これを再び記すと，

$$y=\frac{y_1}{y_2}=\frac{R_2\cos\theta}{R_3\sin\theta-R_4\cos\theta+R_5} \tag{12.3.1}$$

である．この式(12.3.1)の分母を変えると多様な PPB の族が考えられる．式(12.3.1)の分母中の $R_5$ は分母がゼロまたは負値をとらないための係数であるから，分母の基本形は

$$y_2'=R_3\sin\theta-R_4\cos\theta \tag{12.3.2}$$

である．ここで，この $y_2'$ を次のようにとろう．

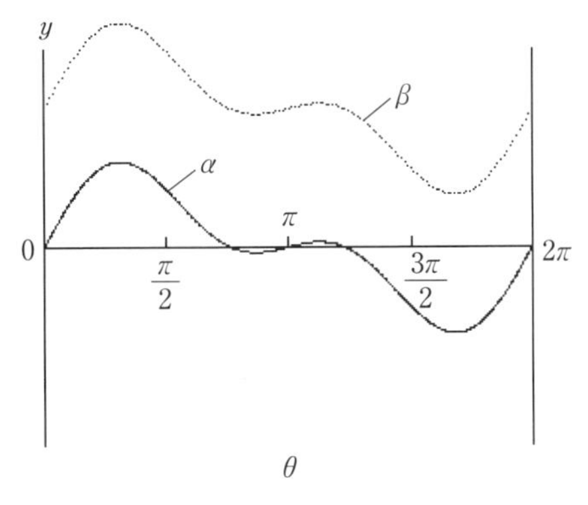


**図 12.3.1**

$$y_2' = (R_3 + R_4 \cos\theta)\sin\theta \tag{12.3.3}$$

$\theta=0\sim2\pi$ での $y_2'$ と $\theta$ のグラフを図 12.3.1 に示す．これを $\alpha$ 線とする．$\alpha$ 線は

$$\alpha \text{線}:\theta = \frac{3\pi}{4},\ \pi,\ \frac{5\pi}{4} \to y_2' = 0$$

となり，$\theta$ の 3 か所で $y_2'=0$ となる．この場合も $y_2'>0$ となるように $R_5=R_3+R_4$ として $R_5$ をとり，$y_2'$ に $R_5$ を付加したものを $y_2$ とすると，

$$y_2 = (R_3 + R_4 \cos\theta)\sin\theta + R_5 \tag{12.3.4}$$

となり，図 12.3.1 中に $\beta$ 線として示す．この $y_2$ を式(12.3.1)の $y_2$ と置き換えると，

$$y = \frac{y_1}{y_2} = \frac{R_2 \cos\theta}{(R_3 \sin\theta + R_4 \cos\theta)\sin\theta + R_5} \tag{12.3.5}$$

を得る．この式(12.3.5)に PPB での式(12.2.3)中の $\theta_1$，$\theta_2$ を適用すれば，

$$\begin{aligned} y_1 &= \frac{R_2 \cos\theta_1}{(R_3 \sin\theta_1 + R_4 \cos\theta_1)\sin\theta_1 + R_5} \\ y_2 &= \frac{R_2 \cos\theta_2}{(R_3 \sin\theta_2 + R_4 \cos\theta_2)\sin\theta_2 + R_5} \end{aligned} \tag{12.3.6}$$

となり，これを式(12.2.3)の $y_1$，$y_2$ にあてはめれば，新たな式(12.3.6)を用いた式(12.2.13)によるサナギ形多様体が得られる．これを PPB(1)としよう．$U=1$ として $R_1:R_2:R_3:R_4:R_5=5:15:3:5:7$ での円環形状の PPB(1)を図 12.3.2 に示す．これは図 12.2.2 に比べて後方の凸部分がさらに盛り上がった形状である．

次に，式(12.3.3)の $y_2'$ を以下のように変えよう．

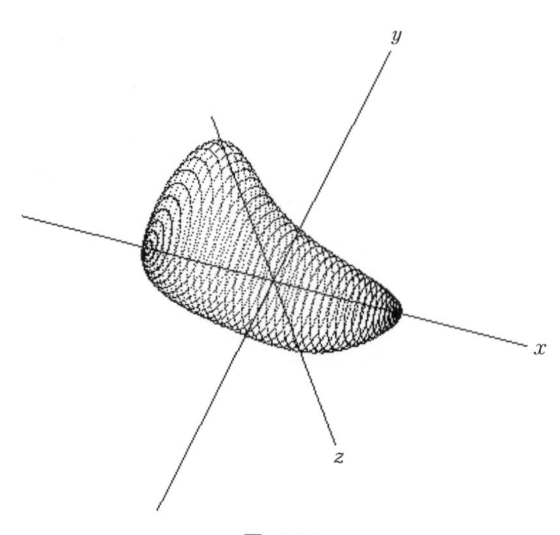


図 12.3.2

$$y_2' = (R_3 + R_4 \cos\theta)\cos\theta \tag{12.3.7}$$

$\theta=0\sim2\pi$ での式(12.3.7)の $y_2'$ と $\theta$ のグラフを図 12.3.3 に示す．これを $\alpha$ 線とする．$\alpha$ 線は

$$\alpha\text{線}：\theta=\frac{\pi}{2},\ \frac{3\pi}{4},\ \frac{5\pi}{4},\ \frac{3\pi}{2} \rightarrow y_2'=0$$

となり，$\theta$ の 4 か所で $y_2'=0$ となる．この場合も $y_2'>0$ となるように $R_5=R_3$ とし

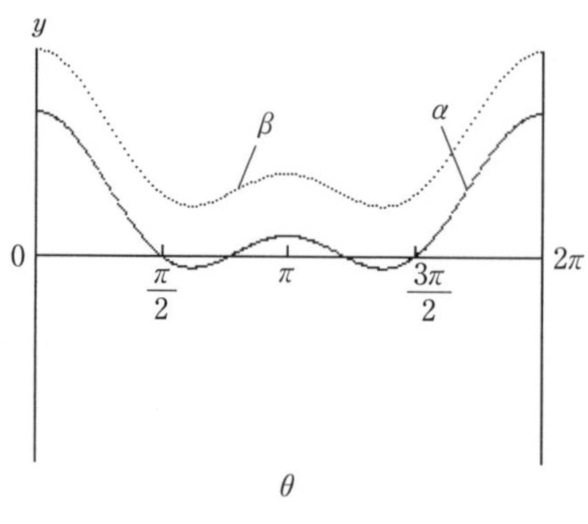


図 12.3.3

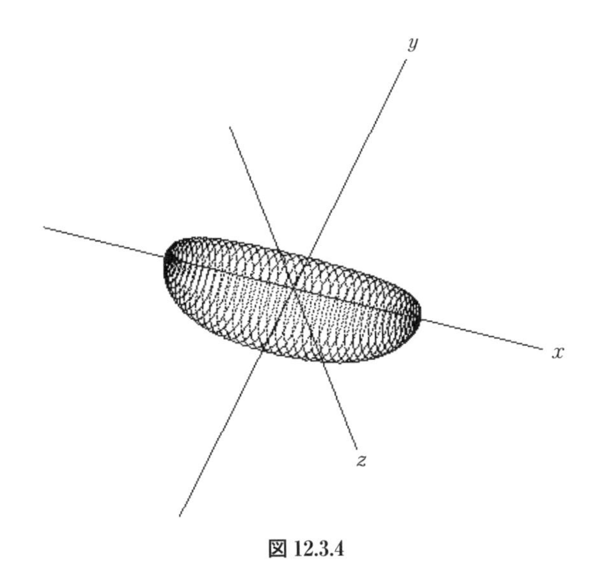


**図 12.3.4**

て $R_5$ をとり，$y_2'$ に $R_5$ を付加したものを $y_3$ とすると，

$$y_3=(R_3+R_4\cos\theta)\cos\theta+R_5 \tag{12.3.8}$$

となり，図 12.3.3 中に $\beta$ 線として示す．この $y_3$ を式(12.3.6)のそれぞれの分母と置き換えると，

$$\begin{aligned} y_1&=\frac{R_2\cos\theta_1}{(R_3\sin\theta_1+R_4\cos\theta_1)\cos\theta_1+R_5} \\ y_2&=\frac{R_2\cos\theta_2}{(R_3\sin\theta_2+R_4\cos\theta_2)\cos\theta_2+R_5} \end{aligned} \tag{12.3.9}$$

となり，この $y_1$，$y_2$ を式(12.2.3)に適用した多様体を PPB(2)とする．$U=1$ として $R_1:R_2:R_3:R_4:R_5=5:15:4:3:7$ での円環形状の PPB(2)を図 12.3.4 に示す．この像は昆虫のサナギのような形状である．

# 第 13 章
# 水平円環波の回転体

水平円環波は 2.1.3 節で定義され，7.1 節での 2 重調和円環波でも再度議論されてきた．この水平円環波のターミナル関数に正弦波を与えると 2 次元平面で，中心軸を境に鏡面対称になることがわかっている．これより，中心軸に沿って回転させると 3 次元空間での 2 次元多様体を形成する．この多様体を水平円環波の回転体 HRM とよぶ．このとき，ターミナル関数の正弦波中の波動ポテンシャル $\xi$ に偶数を与えると，中心軸は傾斜する．この傾斜軸の回転方法には大別して 2 つの方法が考えられるが，いずれも幾何学的に興味深い問題を含んでいるので，ここではその 2 つの方法について議論する．

## 13.1　座標変換による水平円環波の回転体

水平円環波のパラメータ式は，式(2.1.15)に示されている．このターミナル関数 $\mathcal{T}$ に次の関数をとろう．

$$\mathcal{T}=R_1\sin(4\theta) \tag{13.1.1}$$

これと式(2.1.15)より，ここでの水平円環波は

$$\begin{aligned}&\mathcal{T}=R_1\sin(4\theta)\\&x=(R_2+\mathcal{T})\cos\theta\\&y=(R_2+\mathcal{T})\sin\theta\end{aligned} \tag{13.1.2}$$

となる．$\theta=0\sim2\pi$ での式(13.1.2)による水平円環波を図 13.1.1 に示す．この像は $y'$ で鏡面対称であり，座標系自体を回転させ，この $y'$ を軸に水平方向に回転させれば 1 つの多様体が得られる．これを HRM(1) とする．図 13.1.1 において，

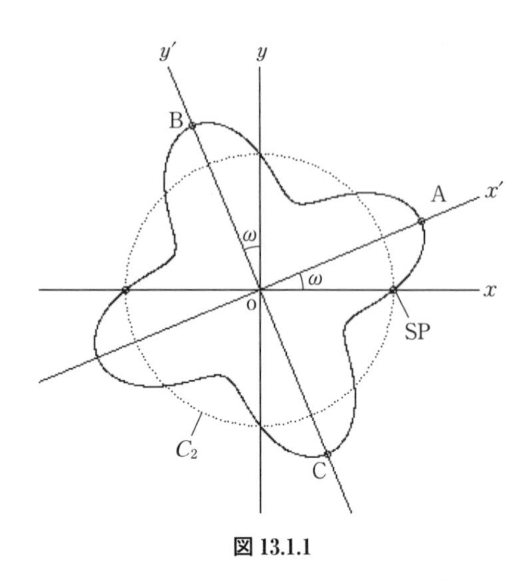


**図 13.1.1**

$(x, y)$ 軸と $(x', y')$ 軸の間は

$$\angle \mathrm{Ao}x = \omega \rightarrow \omega = \frac{\pi}{8} \tag{13.1.3}$$

さらに,

$$\begin{aligned} &\mathrm{A}: \theta = \frac{\pi}{8} \\ &\mathrm{B}: \theta = \frac{5\pi}{8} \\ &\mathrm{C}: \theta = \frac{13\pi}{8} \end{aligned} \tag{13.1.4}$$

である．また，SP は $\theta=0$ での始点である．図中の円 $C_2$ は半径 $R_2$ の参考円である．ここで，$\Gamma(x, y)$ から $\Gamma(x', y')$ へ $-\omega$ だけ座標を回転させよう．

$$\Gamma(x, y) \underset{-\omega\ \text{回転}}{\Longrightarrow} \Gamma(x', y')$$

$\Gamma(x', y')$ による水平円環波を図 13.1.2 に示す．2 次元直交座標系での $[x, y] \rightarrow [X, Y]$ への回転公式は

$$\begin{aligned} X &= x\cos\theta - y\sin\theta \\ Y &= x\sin\theta + y\cos\theta \end{aligned} \tag{13.1.5}$$

で与えられる．そこで，

$$\eta = -\omega \tag{13.1.6}$$

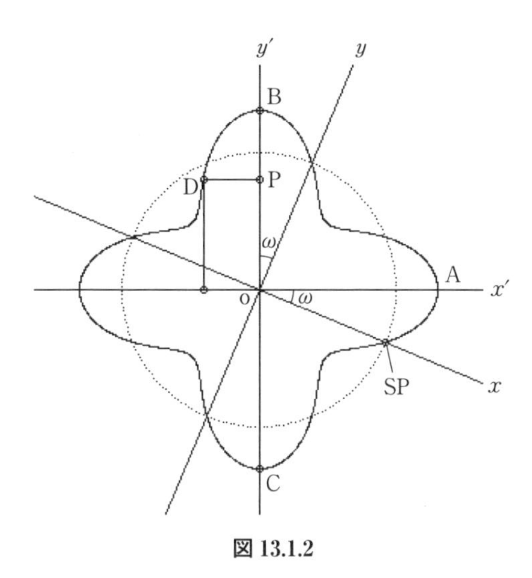


**図 13.1.2**

とすると,

$\Gamma(x', y')$：$[X, Y]$：

$$\begin{aligned} X &= x\cos\eta - y\sin\eta \\ Y &= x\sin\eta + y\cos\eta \end{aligned} \tag{13.1.7}$$

となる．これより，式(13.1.2)の $\Gamma(x, y) \to \Gamma(x', y')$ への座標変換は

$$\Gamma(x, y)\text{：式(13.1.2)} \xrightarrow[\eta=-\omega]{} \text{式(13.1.7)：}\Gamma(x', y') \tag{13.1.8}$$

で与えられる．これで座標変換は終わったので，次に，$y'$ 軸を中心にこの水平円環波を回転させよう．図 13.1.2 において，B → C まで回転させればよい．これは，$\theta$ の範囲として，式(13.1.4)より，

$$\mathrm{B} \to \mathrm{C}：\theta = \frac{5\pi}{8} \sim \frac{13\pi}{8} \tag{13.1.9}$$

となる．ここで，B → C の間で水平円環波の任意の 1 点を D ととると，式(13.1.7)での $X$, $Y$ をとって,

$$\mathrm{D}(X, Y)：\overline{\mathrm{DP}} = |X| \tag{13.1.10}$$

であり，$y'$ 軸の点 P を中心に半径 $\overline{\mathrm{DP}}$ の円を $C_0$ とする．回転角度を $\lambda$ とすると，図 13.1.2 において,

$\Gamma(x', z')$：$C_0$：半径$=\overline{\mathrm{DP}}=|X|$：

$$
\begin{aligned}
&\lambda=0\sim2\pi\\
&x'=\overline{\mathrm{DP}}\cos\lambda=|X|\cos\lambda\\
&z'=\overline{\mathrm{DP}}\sin\lambda=|X|\sin\lambda
\end{aligned}
\qquad (13.1.11)
$$

となる．このとき，$y'$ 方向には B → C までの $y'$ 値をとればよいから，D$(X, Y)$ の $Y$ 値が式(13.1.9)の範囲で $y'$ 値としてそのまま使える．よって，

$\Gamma(x', y', z')$：

$$
\begin{aligned}
&x'=|X|\cos\lambda\\
&z'=|X|\sin\lambda\\
&y'=Y
\end{aligned}
\qquad (13.1.12)
$$

である．これより，座標変換による HRM(1)のパラメータ式は

$\Gamma(x', y', z')$：$\theta=\dfrac{5\pi}{8}\sim\dfrac{13\pi}{8}$：

$$
\begin{aligned}
&Ŧ=R_1\sin(4\theta)\\
&x=(R_2+Ŧ)\cos\theta\\
&y=(R_2+Ŧ)\sin\theta\\
&\eta=-\omega \qquad \left(\omega=\frac{\pi}{8}\right)\\
&X=x\cos\eta-y\sin\eta\\
&Y=x\sin\eta+y\cos\eta
\end{aligned}
$$

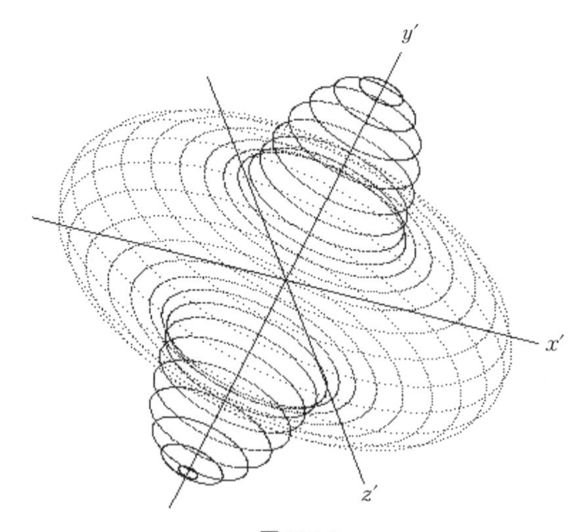


**図 13.1.3**

$\lambda=0\sim2\pi$

$$
\begin{aligned}
x'&=|X|\cos\lambda\\
z'&=|X|\sin\lambda\\
y'&=Y
\end{aligned}
\qquad (13.1.13)
$$

で与えられる．ここで，角度変数は $\theta$ と $\lambda$ のみであって $\omega$ は定数としての傾斜角度である．

式(13.1.13)による HRM(1)の立体図を図 13.1.3 に示す．これは $\Gamma(x', y', z')$ 上に描かれた水平円環波の回転体である．

## 13.2　傾斜軸の回転による水平円環波の回転体

前節では $\Gamma(x, y)$ から $\Gamma(x', y')$ への座標変換を用いて水平円環波の回転を行ったが，ここでは座標系の変換は行わずに $\Gamma(x, y, z)$ 上で，傾斜した水平円環波を傾斜方向に回転させる方法について説明する．これは，水平円環波のうち $y'$ 軸の左半分のみを $y'$ 軸を中心にして回転させればよい．このときの $\theta$ の範囲は式(13.1.9)と同じである．この水平円環波の回転体を HRM(2)とする．$\Gamma(x, y)$ 上での水平円環波を図 13.2.1 に示す．図 13.2.1 において，$y'$ 軸の左半分にある水平円環波上の点 A をとり，A$(x, y)$ とする．A の $x$ 値は図 13.2.1 では $x<0$ である．そこで

$$
\angle \mathrm{AP}y'=\frac{\pi}{2} \qquad (13.2.1)
$$

であるから，$y'$ 上の点 P を中心にして AP を回転させればよいことになる．ここで，P の $x, y$ 値を P$(xx, yy)$ とする．

**〈P$(xx, yy)$と AP の距離〉**

図 13.2.1 において，$x\leqq0$ のとき，$\angle y\mathrm{o}y'=\omega$ となり，この $\omega$ の値は式(13.1.3)と同じ $\omega=\pi/8$ である．したがって，

$$
\begin{aligned}
\overline{\mathrm{oD}}&=y\\
x_1&=\overline{\mathrm{CD}}=\overline{\mathrm{oD}}\tan\omega=y\tan\omega
\end{aligned}
\qquad (13.2.2)
$$

であり，$\overline{\mathrm{AD}}$ は距離であるから，

$$
\overline{\mathrm{AD}}=|x|
$$

である．これより，

$$
\begin{aligned}
\overline{\mathrm{AC}}&=\overline{\mathrm{AD}}-\overline{\mathrm{CD}}\\
x_2&=\overline{\mathrm{AC}}=|x|-x_1
\end{aligned}
\qquad (13.2.3)
$$

この式(13.2.2)および式(13.2.3)は $x\leqq0$ の場合のみに適用される．

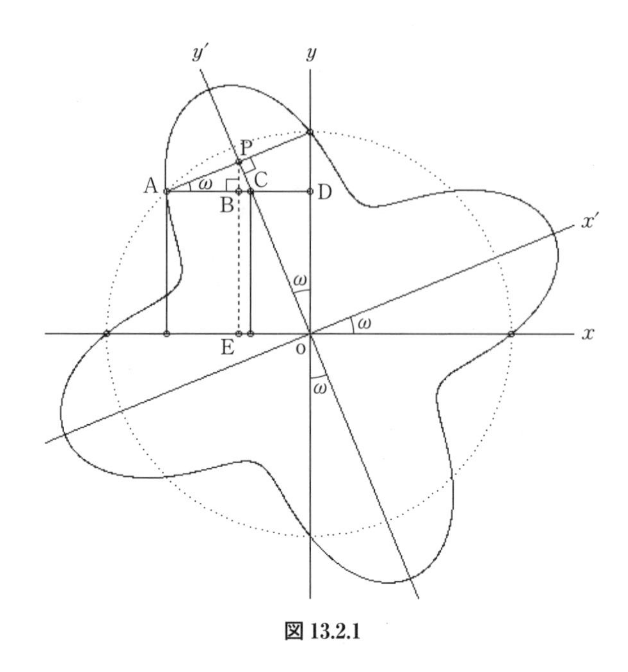


**図 13.2.1**

直角三角形△APC において，$\overline{\mathrm{AP}}=RR_1$ とすると，∠ CPA$=\pi/2$ であるから，直角三角形△oDC と△APC より，

$$\angle\mathrm{PAC}=\omega \tag{13.2.4}$$

であり，$RR_1$ は

$$RR_1=\overline{\mathrm{AP}}=\overline{\mathrm{AC}}\cos\omega=x_2\cos\omega \tag{13.2.5}$$

を得る．また，直角三角形△ABP において，∠ABP$=\pi/2$ と式(13.2.4)より，

$$y_1=\overline{\mathrm{BP}}=\overline{\mathrm{AP}}\sin\omega=x_2\cos\omega\sin\omega \tag{13.2.6}$$

を得る．ここで，$\overline{\mathrm{PE}}$ が P の $y$ 値としての $yy$ である．

$$\overline{\mathrm{EB}}=y$$

$$yy=\overline{\mathrm{PE}}=\overline{\mathrm{EB}}+\overline{\mathrm{BP}}$$

式(13.2.6)より，

$$yy=y+y_1=y+x_2\cos\omega\sin\omega \tag{13.2.7}$$

となる．また，$\overline{\mathrm{AB}}$ については，これを $x_3$ とおくと $x_3>0$ より，

$$x_3=\overline{\mathrm{AB}}=\overline{\mathrm{AP}}\cos\omega=x_2\cos^2\omega \tag{13.2.8}$$

を得る．ここで，$\overline{\mathrm{AD}}$ は距離としてのプラス値であるが，$x$ 値はマイナス値であるから，

$$-\overline{\mathrm{AD}}=x$$

さらに，$xx$ 値もマイナス値であるから，

$$xx=-(\overline{\mathrm{AD}}-\overline{\mathrm{AB}})=x+x_3 \tag{13.2.9}$$

となり，$\mathrm{P}(xx, yy)$ と $\overline{\mathrm{AP}}=RR_1$ の値が得られる．ここで，図 13.2.1 に示すように $x>0$ の場合もあり得るから，

$x>0$ のとき，

$$\begin{aligned} x_1&=|y|\cdot\tan\omega \\ x_2&=x_1-x \end{aligned} \tag{13.2.10}$$

とする．あとは同じ扱いである．これより，

$\mathrm{P}(xx, yy)$：

$$\begin{aligned} \theta&=\frac{5\pi}{8}\sim\frac{13\pi}{8} \\ xx&=x+x_3 \\ yy&=y+y_1 \\ RR_1&=\overline{\mathrm{AP}}=x_2\cos\omega \end{aligned} \tag{13.2.11}$$

を得る．

**〈$y'$ 軸の回転〉**

図 13.2.1 において，$y'$ 軸上の点 $\mathrm{P}(xx, yy)$ を中心にして角度 $\omega$ の斜め方向に半径 $RR_1$ の円を作成すればよいことになる．3 次元空間では $\Gamma(x, y, z)$ 上で点 P を中心とした平行移動による座標 $\Gamma(x'', y'', z'')$ をとり，これを図 13.2.2(1)，(2)に示す．図 13.2.2 において，中心 P′ は $\mathrm{P}(xx, yy)\rightarrow\mathrm{P}'(xx, 0)$ へ写る．

さて，ここで，斜めになった円の運動が $\Gamma(x'', y'', z'')$ 上ではどのように運動するのかを考えよう．3 次元空間で垂直に立てられた楕円柱があり，短半径方向から斜めにうまく切断すると，切断面に長半径を半径とした円を得ることができる．これを図 13.2.3 に示す．$E_0$ は楕円柱の水平面の楕円である．$C_0$ は短半径の方向（$x$ 軸方向）から斜めに切断した切断面の円である．$E_0$ の長半径を $QZ$，短半径を $QX$ として切断角度を $\omega$ とすると，図 13.2.3 において，

$$\angle\mathrm{CoD}=\angle\mathrm{AFB}=\omega$$

$$\overline{\mathrm{oC}}=QZ,\quad \overline{\mathrm{oD}}=QX$$

これより，

$$\cos\omega=\frac{\overline{\mathrm{oD}}}{\overline{\mathrm{oC}}}=\frac{QX}{QZ} \tag{13.2.12}$$

このとき，$E_0$ 面上では

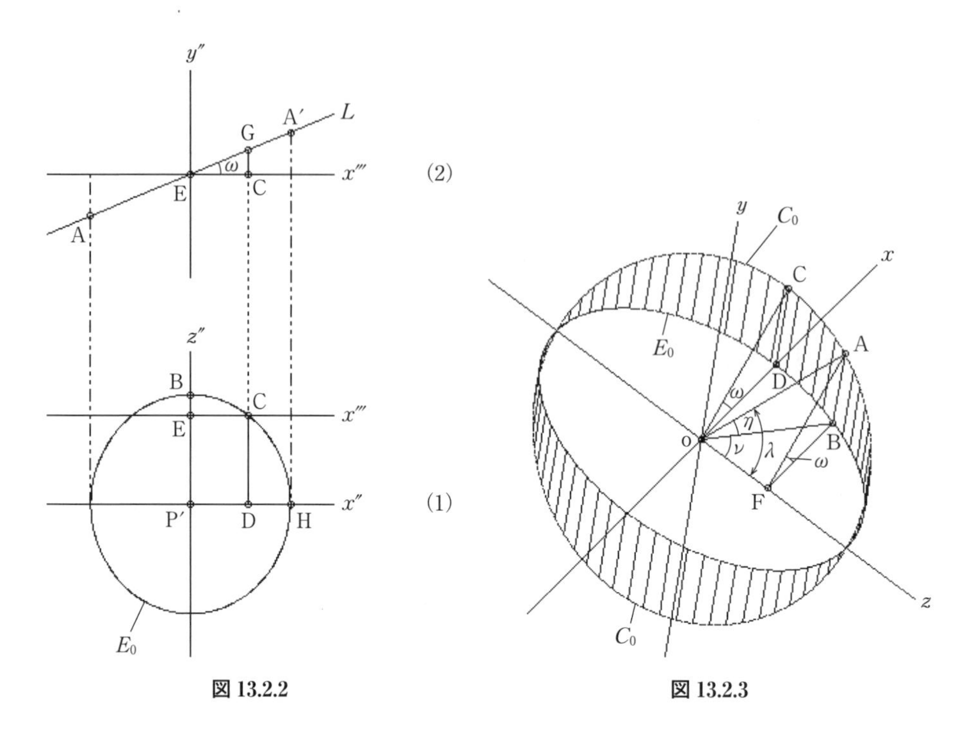


図 13.2.2

図 13.2.3

$$E_0 : \angle \mathrm{BoF} = \nu$$

であり，$C_0$ 面上では

$$C_0 : \angle \mathrm{AoF} = \lambda$$

となり，$\nu$ は $E_0$ 上の回転角度であり，$\lambda$ は $C_0$ 上の回転角度である．この $\nu$ と $\lambda$ の間には AB を共有する角度として∠ AoB$=\eta$ が介在している．この $\lambda, \nu, \eta$ の間には

$$\sin\lambda = \frac{\sin\eta}{\sin\nu}$$

が成り立つ．つまり，$\lambda \neq \nu$ なのであり，この 2 つの角度の違いが本章での 2 つの方法の違いとなっている．ここで，例として $\omega = 0.3\pi$ での $E_0$ と $C_0$ を図 13.2.4 に示す．$z$ 軸上で $E_0$ の $QZ$ と $C_0$ の半径が一致していることがわかる．これより，図 13.2.2(2)の A-A′ は $\omega$ を切断角度とした半径 $QZ$ の円 $C_0$ の軌跡であり，図(1)の $E_0$ は長半径 $QZ$，短半径 $QX$ の楕円となっている．よって，

$$E_0 : (QX, QZ) \underset{\omega}{\rightarrow} C_0\ (\text{半径}\ QZ) \tag{13.2.13}$$

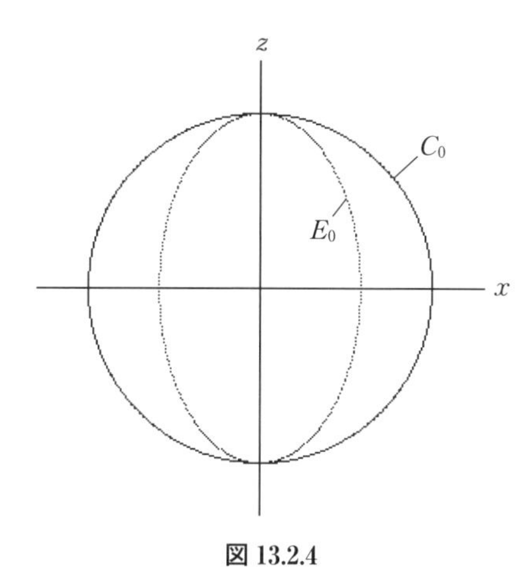


**図 13.2.4**

であり，この $E_0 \leftrightarrow C_0$ が成り立つためには，条件として式(13.2.12)より，

$$\cos\omega = \frac{QX}{QZ} \tag{13.2.14}$$

が成り立つ必要がある．そこで，図 13.2.2 において，$L$ 線上の $\overline{\mathrm{AE}}$ は $RR_1$ であるから，

$$\overline{\mathrm{AE}} = \overline{\mathrm{EA'}} = RR_1 \tag{13.2.15}$$

である．また，$E$ を中心に $z$ 方向に A-A′ の円 $C_0$ を描くためには，式(13.2.13)より，$E_0$ の $QZ$ は $RR_1$ となる．これより，図(1)において，式(13.2.5)より，

$$QZ = \overline{\mathrm{P'B}} = RR_1 = x_2 \cos\omega \tag{13.2.16}$$

また，図 13.2.2(1)での $\overline{\mathrm{P'H}}$ は図 13.2.1 での $\overline{\mathrm{AB}}$ であるから，式(13.2.8)より，

$$QX = \overline{\mathrm{P'H}} = \overline{\mathrm{AB}} = x_3 = x_2 \cos^2\omega \tag{13.2.17}$$

となり，式(13.2.16)および式(13.2.17)より，$QX/QZ$ は式(13.2.14)を満たす．これより，図 13.2.2(1)での $E_0$ は

楕円 $E_0$ (中心 P′)：

$$\begin{aligned} &QX\ 径 = x_2 \cos^2\omega \\ &QZ\ 径 = x_2 \cos\omega \end{aligned} \tag{13.2.18}$$

で与えられる．図 13.2.2 での $\Gamma(x'', y'', z'')$ での値は

$E_0$：$\nu = 0 \sim 2\pi$

$$\begin{aligned} x'' &= QX \cos\nu \\ z'' &= QZ \sin\nu \end{aligned} \tag{13.2.19}$$

となる．ここで，図13.2.2(1)の $E_0$ 上で点Cとなるように $\nu$ 値をとると，

$E_0$：C：

$$x''=\overline{\mathrm{P'D}}=\overline{\mathrm{EC}}$$
$$z''=\overline{\mathrm{P'E}}$$

であるから，$y''$ の値は

$$y''=\overline{\mathrm{CG}}=\overline{\mathrm{EC}}\tan\omega=x''\cdot\tan\omega=QX\cos\nu\tan\omega \tag{13.2.20}$$

となる．これより，$\Gamma(x'', y'', z'')$ を $\Gamma(x, y, z)$ へ戻すと，$\mathrm{P}(xx, yy)$ より，

$$\begin{aligned} x&=xx+x''=xx+QX\cos\nu \\ y&=yy+y''=yy+QX\cos\nu\tan\omega \\ z&=QZ\sin\nu \end{aligned} \tag{13.2.21}$$

を得る．これより，HMP(2)のパラメータ式は，式(13.1.2)より，

$$\Gamma(x, y, z)：\theta=\frac{5\pi}{8}\sim\frac{13\pi}{8}：\omega=\frac{\pi}{8}$$

$$\begin{aligned} \varUpsilon&=R_1\sin(4\theta) \\ x_s&=(R_2+\varUpsilon)\cos\theta \\ y_s&=(R_2+\varUpsilon)\sin\theta \end{aligned} \tag{13.2.22}$$

とすると，式(13.2.2)および式(13.2.3)より，

$x_s \leqq 0$ のとき，

$$x_1=y_s\tan\omega$$
$$x_2=|x_s|-x_1$$

$x_s>0$ のとき，

$$x_1=|y_s|\cdot\tan\omega$$
$$x_2=x_1-x_s$$

$xx$ と $yy$ は式(13.2.7)，(13.2.8)および式(13.2.9)より

$$xx=x_s+x_2\cos^2\omega$$
$$yy=y_s+x_2\cos\omega\sin\omega$$

$(x, y, z)$ の値は，式(13.2.18)および式(13.2.21)より，

$\nu=0\sim2\pi$

$$\begin{aligned} x&=xx+x_2\cos^2\omega\cos\nu \\ y&=yy+x_2\cos^2\omega\tan\omega\cos\nu \\ z&=x_2\cos\omega\sin\nu \end{aligned} \tag{13.2.23}$$

となり，式(13.2.22)～(13.2.23)で与えられる．ここで，$\omega$ は $y'$ の傾斜角度であり，$\theta$ は式(13.2.21)の軌跡角度，$\nu$ は $y'$ を中心とした回転角度である．$\Gamma(x, y, z)$

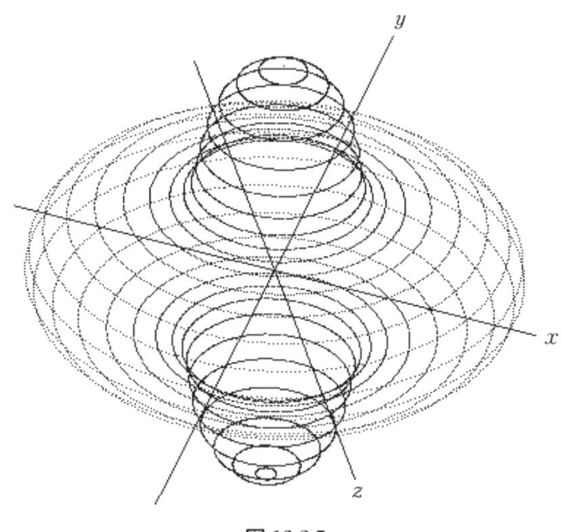


図 13.2.5

での HMP(2)の立体図を図 13.2.5 に示す．HMP(1)と HMP(2)は当然同相であるから，

$$\mathrm{HMP}(1) \simeq \mathrm{HMP}(2)$$

である．

HMP(1)と HMP(2)の導出過程を比較すると HMP(1)のほうが簡素であり，一般には回転公式を用いた HMP(1)を用いるのが普通である．つまり，HMP(1)はスマートであるが，HMP(2)はいかにも泥臭い．しかし，HMP(2)のほうが多くの幾何学的知見を含んでおり，基本的な応用範囲も広いのである．そして，何よりも創造力をかきたてる．

スマートな数学からはスマートな応用しか生まれない．

# 第 14 章

# 波状環トーラスと埋め込み構造

## 14.1　波状環トーラス

ドーナツショップへ行ったとき，ケースの中に普通のドーナツのそばに必ずデコボコと波を打ったようなドーナツを見かける．この形状を数学的に波状環トーラス WCT（wave structure circular torus）とよぶ．この WCT は 2 つの水平円環波に囲まれた領域を波の進行方向に回転することによって作成可能である．初めに，WCT の基になる円環トーラス CT の 2 次元 $xy$ 面の投影図を作成しよう．図 14.1.1 において，原点 o を中心とした CT の $xy$ 面をとる．図 14.1.1 において，

CT：

中央円 $CC$：半径$=R=\overline{\mathrm{oA}}$

$\overline{\mathrm{AB}}=\overline{\mathrm{AC}}=r$

とすると，

$$
\begin{aligned}
&C_1：内円：半径=\overline{\mathrm{oB}}=R_1=R-r\\
&C_2：外円：半径=\overline{\mathrm{oC}}=R_2=R+r
\end{aligned}
\tag{14.1.1}
$$

である．この内円 $C_1$ 上に次のようなターミナル関数 $\mathcal{T}$ をもった水平円環波を作成しよう．

$$\mathcal{T}=RT\,f(\xi\theta)=RT\sin(n\theta) \tag{14.1.2}$$

$n$ は自然数だから，ここでは $n=5$ とし，この水平円環波を HRW1 とする．$x$ 軸から反時計回りに $\theta$ をとり，これを固定すると，角度$\angle Lox=\theta$として 1 本の $L$ 線が定まる．$L$ 線上で $\overline{\mathrm{AD}}=\overline{\mathrm{AE}}$ として点 A を中心に角度 $\nu$ の回転より，D-E の間

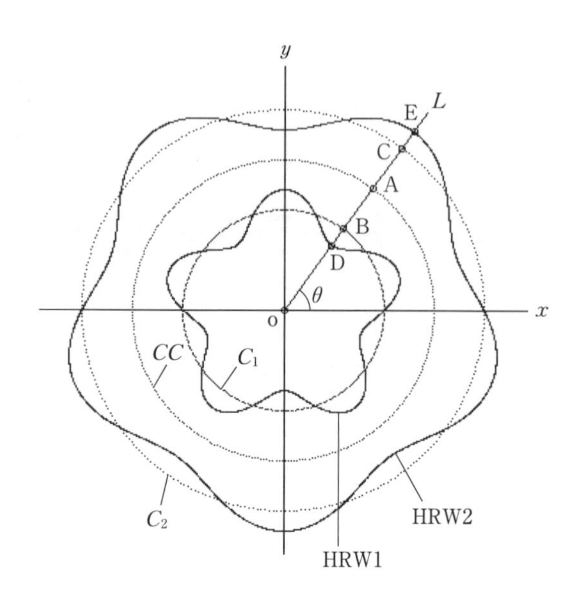


**図 14.1.1**

で円を形成するような CT の変形を考えよう．ここで，HRW1 のパラメータ式は，式(2.1.15)より，

$$\begin{aligned} &\mathcal{T}=RT\sin(5\theta) \\ &Q=R_1+\mathcal{T} \\ &x=Q\cos\theta \\ &z=Q\sin\theta \end{aligned} \qquad (14.1.3)$$

で与えられ，$L$ 線上の HRW1 の点 D は $C_1$ の内側にあり，内側ではマイナス値，外側ではプラス値となっている．$T$ 関数の $\mathcal{T}$ を $T$ 値とすると，$\theta$ の固定によって $T$ 値はマイナス値であるから，

$$|T|=\overline{\mathrm{DB}}$$

$$Q=\overline{\mathrm{oD}}$$

である．そこで，$CC$ 上の点 A を中心に $\overline{\mathrm{AD}}=\overline{\mathrm{AE}}$ となるように，D → E なる D に対応する $L$ 線上の点 E をとる．

$L$：HRW1：D → E：HRW2

ただし，$\overline{\mathrm{AD}}=\overline{\mathrm{AE}}$

として，$\theta$ による $L$ 線上で D に対応する E を指定し，E の $\theta$ による集合を $\{E\}:\theta$

とすると，$\{E\}:\theta$ は HRW1 と 1 対 1 に対応する閉曲線を $C_2$ 上に作成し，これを HRW2 とする．よって

$$C_1: \mathrm{HRW1}: \{D\}: \theta \to \{E\}: \theta: \mathrm{HRW2}: C_2 \tag{14.1.4}$$

である．ここで，$\overline{\mathrm{AD}}$ を $Q_1$ とすると，

$$Q_1=\overline{\mathrm{AD}}=\overline{\mathrm{oA}}-\overline{\mathrm{oD}}=R-Q \tag{14.1.5}$$

さらに，$\overline{\mathrm{AD}}=\overline{\mathrm{AE}}$ であるから，$\overline{\mathrm{oE}}$ を $Q_2$ とすると，

$$Q_2=\overline{\mathrm{oE}}=R+Q_1=2R-Q=R_2-T \tag{14.1.6}$$

となる．これより，HRW2 は $\{E\}:\theta$ であるから，

HRW2：

$$\begin{aligned} Q_1&=R-Q\\ Q_2&=2R-Q\\ x&=Q_2\cos\theta\\ y&=Q_2\sin\theta \end{aligned} \tag{14.1.7}$$

を得る．さて，$CC$ を中央円とした円環トーラス CT のパラメータ式は

$$\begin{aligned} x&=(R+r\cos\nu)\cos\theta\\ y&=(R+r\cos\nu)\sin\theta\\ z&=r\sin\nu \end{aligned} \tag{14.1.8}$$

で与えられる．この CT の $z$ 方向の円環に HRW1 を組み込むことを考えよう．式(14.1.8)の加法合成式は

$$\begin{pmatrix} x\\ y\\ z \end{pmatrix}=\overset{[\mathrm{GU1}]}{\begin{pmatrix} x_1=R\cos\theta\\ y_1=R\sin\theta \end{pmatrix}}+\overset{[\mathrm{GU2}]}{\begin{pmatrix} x_2=r\cos\nu\cos\theta\\ y_2=r\cos\nu\sin\theta\\ z_2=r\sin\nu \end{pmatrix}} \tag{14.1.9}$$

で表されて，幾何ユニット [GU1] と [GU2] に分けられる．[GU1] は図 14.1.1 での $\theta$ による中央円 $CC$ の項であり，[GU2] は B-C 間の角度 $\nu$ による $z$ 方向の円の作成項である．よって，WCT 作成のためには，$L$ 線上で $\overline{\mathrm{AB}}$ を $\overline{\mathrm{AD}}$ に入れ替えることである．

$$L: \mathrm{CT}: \overline{\mathrm{AB}} \to \overline{\mathrm{AD}}: \mathrm{WCT}$$

ここで，$\overline{\mathrm{AB}}=r$ であり，式(14.1.5)より，$\overline{\mathrm{AD}}=Q_1$ であるから，

$$L: \mathrm{CT}: r \to Q_1: \mathrm{WCT} \tag{14.1.10}$$

となり，この式(14.1.10)より $r=Q_1$ として式(14.1.8)および式(14.1.9)を変換すればよい．これより，WCT は，式(14.1.9)の [GU2] として，

$$
\begin{aligned}
&\overset{[\mathrm{GU2}]}{x_2=Q_1\cos\nu\cos\theta}\\
&y_2=Q_1\cos\nu\sin\theta\\
&z_2=Q_1\sin\nu
\end{aligned}
\qquad (14.1.11)
$$

を得る．式(14.1.11)の[GU2]を式(14.1.9)の[GU2]に置き換えれば，式(14.1.9)はWCTの加法合成式となる．よって，WCTの加法合成式は

$$
\begin{pmatrix} x \\ y \\ z \end{pmatrix}=\overset{[\mathrm{GU1}]}{\begin{pmatrix} x_1=R\cos\theta \\ y_1=R\sin\theta \end{pmatrix}}+\overset{[\mathrm{GU2}]}{\begin{pmatrix} x_2=Q_1\cos\nu\cos\theta \\ y_2=Q_1\cos\nu\sin\theta \\ z_2=Q_1\sin\nu \end{pmatrix}}
\qquad (14.1.12)
$$

で与えられる．

これより，WCTのパラメータ式は，式(14.1.2)，(14.1.3)，(14.1.5)および式(14.1.12)より，

$$
\begin{aligned}
&\not{T}=RT\sin(n\theta)\\
&Q_1=R-R_1-\not{T}
\end{aligned}
\qquad (14.1.13)
$$

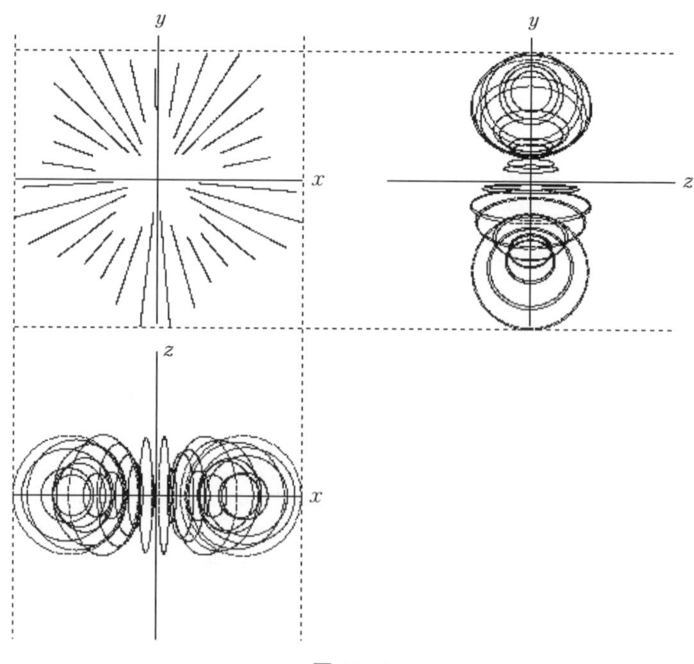


**図 14.1.2**

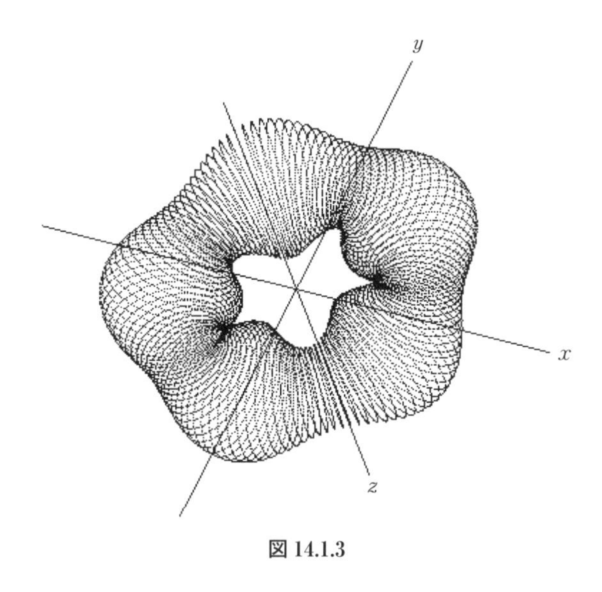


図 14.1.3

$$
\begin{aligned}
x &= (R+Q_1\cos\nu)\cos\theta \\
y &= (R+Q_1\cos\nu)\sin\theta \\
z &= Q_1\sin\nu
\end{aligned}
\tag{14.1.14}
$$

となる．ここで，$R$ は中央円 $CC$ の半径，$R_1$ は内円の半径，$RT$ は水平円環波の波高である．

〈**波状環トーラスの実際**〉

式(14.1.13)および式(14.1.14)による $n=5$ での WCT の $xz$，$xy$，$yz$ 面の投影図を図 14.1.2 に示す．$xy$ 面では放射状の線分の集まりとなっており，$xz$，$yz$ 面では波状の円環となっている．$n=5$ での立体図を図 14.1.3 に示す．この WCT では CT をベースとして 5 個の凸凹の連続した環より構成されていることがわかる．これより，CT をベースとして多くの変形トーラスの作成が可能となる．なお，$n\to$ 大とすると，WCT はジャバラ管となる．

## 14.2　波状環トーラスに埋め込まれた多葉クローバー環

第 2 巻では一般楕円環トーラス GET への埋め込み構造が論じられてきたが，ここでは WCT への多葉クローバー環の埋め込みについて議論する．これを多葉クローバー環 WMCT とよぶ．GET へ埋め込まれた多葉クローバー環 MCET のパラ

メータ式は式(8.1.17)で示されている．この多葉クローバーを円環トーラスCTへ埋め込むには，式(8.1.17)に

$$
\begin{aligned}
&R_1=R_2=R\\
&R_3=R_4=R_5=r
\end{aligned}
\tag{14.2.1}
$$

の変換を与えて位相縮退を行えばよい．これより，CTでのMCETのパラメータ式は

$$
\begin{aligned}
&x=(R+r\cos(n\nu)\cos\nu)\cos\theta\\
&y=(R+r\cos(n\nu)\cos\nu)\sin\theta\\
&z=r\cos(n\nu)\sin\nu
\end{aligned}
\tag{14.2.2}
$$

となる．ここで，WCTのどこを変換すればよいかを考えよう．WCTのパラメータ式の式(14.1.13)は波状の形成の項であり，式(14.1.14)は波状内でのCTを形成する項であるから，このCT項の内部に多葉クローバーを埋め込むことを考えればよい．CT内の多葉クローバー環の形成はすでに式(14.2.2)で与えられている．式(14.1.14)においてCTの内円半径を波状に繰り返す項は式(14.1.14)中の$Q_1$である．したがって，式(14.2.2)の$r$を$Q_1$として，これを式(14.1.14)と置き換えればよい．

$$
r=Q_1 \tag{14.2.3}
$$

ここで，式(14.2.1)中の$n$との区別のため式(14.1.13)の$T$関数で$n\theta\rightarrow N\theta$に

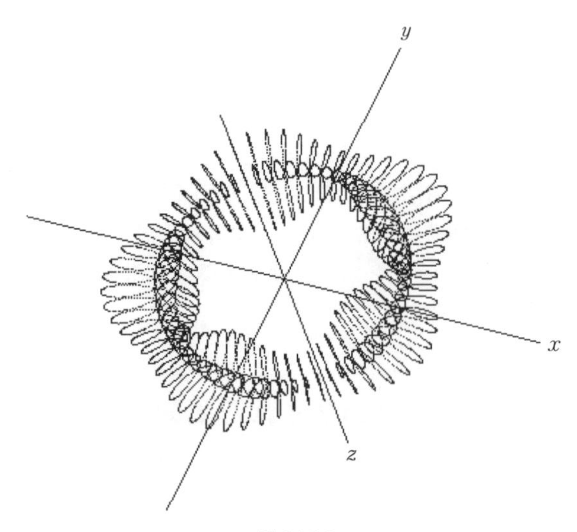


図 14.2.1

変える．これより，WMCT のパラメータ式は，式(14.1.13)，(14.2.2)および式(14.2.3)より，

$$\begin{aligned} &\not{T}=RT\sin(N\theta) \\ &Q_1=R-R_1-\not{T} \end{aligned} \tag{14.2.4}$$

$$\begin{aligned} &x=(R+Q_1\cos(n\nu)\cos\nu)\cos\theta \\ &y=(R+Q_1\cos(n\nu)\cos\nu)\sin\theta \\ &z=Q_1\cos(n\nu)\sin\nu \end{aligned} \tag{14.2.5}$$

で与えられる．ここで，$\theta=0\sim2\pi$，$\nu=0\sim2\pi$ である．

$N=5$，$n=3$ での WMCT の $\delta\theta$ ごとの立体図を図 14.2.1 に示す．これより，WCT の内部に 3 葉のクローバー環が埋め込まれていることがわかる．この 3 葉クローバー環の内部を $U_{I1}$，$U_{I2}$，$U_{I3}$ とし，外部を $U_{O1}$，$U_{O2}$，$U_{O3}$ とすると

$$\mathrm{WMCT}=U_{I1}\cup U_{I2}\cup U_{I3}\cup U_{O1}\cup U_{O2}\cup U_{O3} \tag{14.2.6}$$

となって，$U_{I1}\sim U_{O3}$ はそれぞれ独立である．

## 14.3　波状環自己回帰ラセン波

第 9 章において様々な自己回帰ラセン波 SPGW をみてきたが，WCT でも SPGW が得られることを示そう．ここでも例として MCET の SPGW の拡張による波状環自己回帰ラセン波 WMSW を作成しよう．MCET の SPGW は，すでに式(9.2.4)に与えられている．この式(9.2.4)は GET によるものであるから，これを式(14.2.1)を用いて CT による MCET に変換すると，

$$\begin{aligned} &x=(R+r\cos(n\xi\theta)\cos(\xi\theta))\cos\theta \\ &y=(R+r\cos(n\xi\theta)\cos(\xi\theta))\sin\theta \\ &z=r\cos(n\xi\theta)\sin(\xi\theta) \end{aligned} \tag{14.3.1}$$

となる．ここで，$n$ はクローバーの葉数であり，波動ポテンシャル $\xi$ は自然数であれば $\theta=0\sim2\pi$ 間でのラセンのサイクル数となる．WMSW の場合も，WCT の波状形成の式(14.1.13)に CT の MCET の SPGW を埋め込むことであるから，操作は WMCT の場合と同様となり，

$$\mathrm{WMSW}=\text{式}(14.1.13)+\text{式}(14.3.1)\,|\,r=Q_1 \tag{14.3.2}$$

で与えられる．これより，WMSW のパラメータ式は

WMSW：$\theta=0\sim2\pi$：

$$\begin{aligned} &\not{T}=RT\sin(N\theta) \\ &Q_1=R-R_1-\not{T} \end{aligned}$$

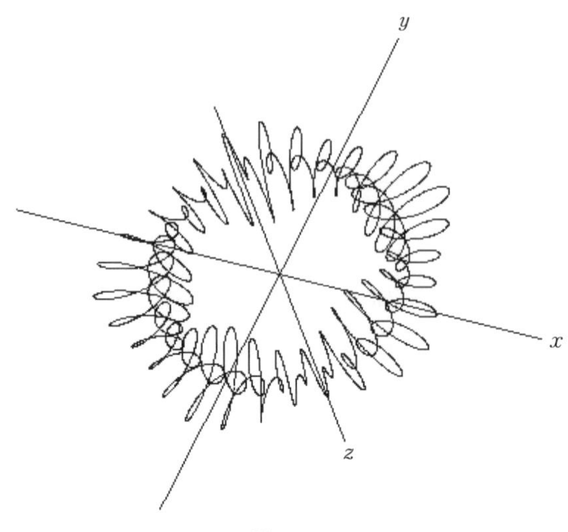


**図 14.3.1**

$$
\begin{aligned}
x &= (R + Q_1 \cos(n\xi\theta)\cos(\xi\theta))\cos\theta \\
y &= (R + Q_1 \cos(n\xi\theta)\cos(\xi\theta))\sin\theta \qquad (14.3.3) \\
z &= Q_1 \cos(n\xi\theta)\sin(\xi\theta)
\end{aligned}
$$

となる．

$N=5$，$n=3$，$\xi=15$ での式(14.3.3)による WMSW の立体図を図 14.3.1 に示そう．これは $\xi$ が自然数より HMP$=1$ である．この像は $N=5$ の波状環トーラスの内部を 3 葉のクローバーのラセン波が $2\xi=30$ 回（$n=$奇数では $\theta=0\sim\pi$ で $\xi$ 回となる）回転している閉 1 次曲線となっている．図 14.2.1 と図 14.3.1 を比較して見ると，図 14.2.1 は $\delta\theta$ のため 3 葉クローバーが 1 つ 1 つ独立して描かれているが，図 14.3.1 では連続曲線となっていることがわかる．

# 第 15 章

# 多孔 2 重球体と多穴トーラス

## 15.1　単孔 2 重球体

実数空間 $\mathbb{R}^3$ に直交座標系 $\Gamma(x, y, z)$ をとる．原点 o を中心とした半径の異なる球 $S_1$ と $S_2$ ($S_1 > S_2$) があり，この外球 $S_1$ と内球 $S_2$ の間の空隙に $S_1$ と $S_2$ に接する球 $S_3$ が置かれているとしよう．この場合の $xz$ 面での切断面を図 15.1.1 に示す．このとき，3 次元空間内で $S_3$ の表面は $S_1$ の表面と 1 点のみで交わり，それは図 15.1.1 に示す点 B である．同様に $S_2$ とも 1 点のみで交わり，それは点 C である．

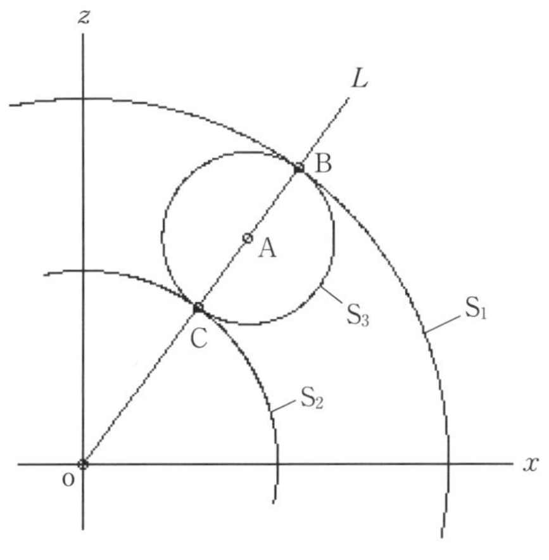


図 15.1.1

そして，$S_3$の中心をAとすると，点B，A，C，oは直線$L$上の点となる．この$L$線は3次元空間で1本だけ定まる．よって，

$$
\begin{aligned}
&\Gamma(x, y, z): \\
&\quad S_1 \ni B \in S_3 \\
&\quad S_2 \ni C \in S_3 \qquad (15.1.1) \\
&\quad L \ni A, B, C, o
\end{aligned}
$$

である．これより，点B，Cはそれぞれ$S_1$と$S_2$による$S_3$との共有点であるから，

$$
\begin{aligned}
&S_1 \rightarrow B \rightarrow S_3 \\
&S_2 \rightarrow C \rightarrow S_3
\end{aligned}
\qquad (15.1.2)
$$

による連続性が保たれる．$S_3$を$z$軸を中心軸として$y$方向に回転して円環トーラスCTを作ることができる．これより，図15.1.1において点BとCの$z$軸を中心とした回転軌跡（図15.1.2では点FとHに対応）はそれぞれCT上の円となり，それぞれの円の軌跡を$C_a$，$C_b$とすると，式(15.1.2)よりCTと$S_1$，$S_2$の接する$C_a$，$C_b$の近傍$\varepsilon$はなめらかな（微分可能な）領域となる．

$$
\begin{aligned}
&\varepsilon : S_1 \rightarrow C_a \rightarrow CT \\
&\varepsilon : S_2 \rightarrow C_b \rightarrow CT
\end{aligned}
\qquad (15.1.3)
$$

これより，図15.1.1において，$S_1$と$S_2$を$L$線によって切断し，$S_1$と$S_2$の$z$方向部分のみを取り除き，代わりに$S_3$のB-C間の半円をはめ込むことによって内球

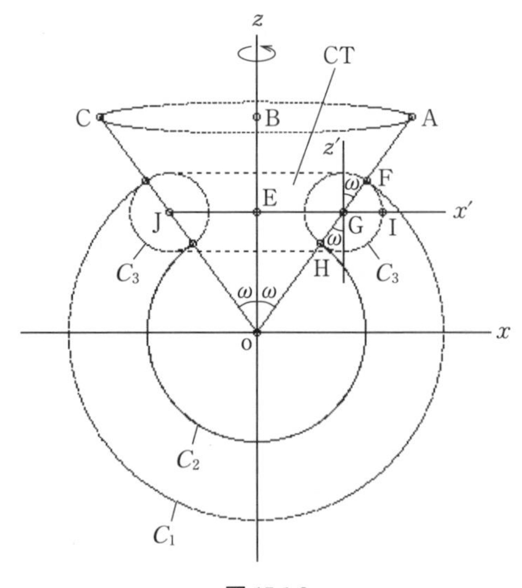


**図15.1.2**

と外球の間に１つのなめらかな孔を開けることができる．そして，これにより内球と外球の間の領域は閉領域のままである．このようなコンパクト多様体を単孔２重球体 SHS（simple holed spheres）とよぶ．

図 15.1.2 に SHS の切断面としての $xz$ 面を示す．$C_1$，$C_2$，$C_3$ は $S_1$，$S_2$，$S_3$ のそれぞれの大円である．SHS はこれまでのように１つのパラメータ式の群では表記できず，２つの幾何構造に分けて，それを貼り合わせる必要がある．その幾何操作は以下のようになる．

（ｉ）　o を中心とした $S_1$，$S_2$ に図 15.1.2 に示すように円錐（oABC）CN を差し込み，この頂点を o に置く．$S_1$，$S_2$ の CN の内部に含まれる部分を取り除く．

（ii）　この $S_1$ と $S_2$ の間の取り除かれた空隙部分は図 15.1.1 の $L$ 線による切断面と同じであり，図 15.1.1 での $S_3$ の CB は図 15.1.2 では HF となっている．

（iii）　この空隙部分に式(15.1.3)による CT を表面が点 H と F と重なるようにはめ込む．そして，CT の H–F の上半分のみを残し，下半分を切り取る．

これにより，連続的になめらかな表面をもった SHS が作成される．

**〈$S_1$，$S_2$ での CN の挿入〉**

球のパラメータ式は次式より与えられる．

$$\begin{aligned} x &= r\cos\nu\cos\theta \\ y &= r\cos\nu\sin\theta \\ z &= r\sin\nu \end{aligned} \tag{15.1.4}$$

図 15.1.2 において，

円錐 CN：oABC

CN の側線：$L=\mathrm{oA}$

$L'=\mathrm{oC}$

o を CN の頂点とすると，

$$\angle\mathrm{EoG}=\angle\mathrm{EoJ}=\omega \tag{15.1.5}$$

である．大円 $C_1$，$C_2$，$C_3$ の半径は

$$\begin{aligned} &C_1：半径=R_1=\overline{\mathrm{oF}} \\ &C_2：半径=R_2=\overline{\mathrm{oH}} \\ &C_3：半径=R_3=\frac{R_1-R_2}{2}=\overline{\mathrm{GI}}=\overline{\mathrm{GH}}=\overline{\mathrm{GF}} \\ &\qquad R_1>R_2>R_3 \end{aligned} \tag{15.1.6}$$

である．これより，

$$\overline{oG}=\overline{oH}+\overline{GH}=R_2+R_3$$
$$\overline{oE}=\overline{oG}\cos\omega=(R_2+R_3)\cos\omega \quad (15.1.7)$$
$$\overline{EG}=\overline{oG}\sin\omega=(R_2+R_3)\sin\omega$$

となる．ここで，$C_1$，$C_2$ を $z$ 軸を中心軸として $xy$ の方向へ回転させよう．

$\theta$：$xy$ 方向の回転角度

$\nu$：$z$ 軸を始点とした $x$ 方向への回転角度

とすると，式(15.1.4)の $r$ に $S_1$ では $R_1$，$S_2$ では $R_2$ を与えると，

$S_1$：

$$x=R_1\cos\nu\cos\theta$$
$$y=R_1\cos\nu\sin\theta \quad (15.1.8)$$
$$z=R_1\sin\nu$$

$S_2$：

$$x=R_2\cos\nu\cos\theta$$
$$y=R_2\cos\nu\sin\theta \quad (15.1.9)$$
$$z=R_2\sin\nu$$

となる．このとき，

$$\theta=0\sim 2\pi \quad (15.1.10)$$

であるが，$\nu$ は図15.1.2において，CNの挿入部分を $S_1$，$S_2$ より切り取る必要があるから，$C_1$，$C_2$ 上の $+x$ 軸を $\nu$ の始点とすると，

$$\nu=0\sim 2\pi : \nu=\left(\frac{\pi}{2}-\omega\right)\sim\left(\frac{\pi}{2}+\omega\right)| \text{except} \quad (15.1.11)$$

の間は切り取る必要がある．以上でSHSにCNによる空隙ができたので，ここにCTをはめ込もう．

**〈$S_1$，$S_2$ へのCTのはめ込み〉**

CTのパラメータ式は，角度を $\lambda$，$\eta$ とすると，

CT：

$$x=(R+r\cos\eta)\cos\lambda$$
$$y=(R+r\cos\eta)\sin\lambda \quad (15.1.12)$$
$$z=r\sin\eta$$

で与えられる．ここで，図15.1.2上では，

$\eta$：$(x', z')$ での始点をIとした $C_3$ の反時計回りの回転角度

$\lambda$：$z$ 軸を中心軸とした $\overline{EG}$ を径とした $(x', y')$ 方向の回転角度

である．CTは $(x', z)$ 軸上の点Eを中心にした円環トーラスであるから，式

(15.1.12)において，$R$ と $r$ は式(15.1.6)および式(15.1.7)より，

$$R \rightarrow \overline{\mathrm{EG}} = (R_2 + R_3)\sin\omega \qquad r \rightarrow \overline{\mathrm{GF}} = R_3 \tag{15.1.13}$$

である．$z$ 方向では $(x, z) \rightarrow (x', z)$ により，＋方向へ $z$ 値を $\overline{\mathrm{oE}}$ だけ平行移動させる必要がある．よって，式(15.1.12)の $z$ 値は，

$$z = r\sin\eta + \overline{\mathrm{oE}} = R_3 \sin\eta + (R_2 + R_3)\cos\omega \tag{15.1.14}$$

となる．ここで，CTのはめ込まれた有効領域を考えよう．SHSにおいて，CTは $L$ 線上のF-H間で切断され，F → Hの部分のみがCTの有効領域である．これは角度 $\eta$ をF → Hの間でのみ回転させることになる．そこで，

CT：$\eta$（始点Ｉで反時計回り）：F → H：

$$\eta = \left(\frac{\pi}{2} - \omega\right) \sim \left(\frac{3\pi}{2} - \omega\right) \tag{15.1.15}$$

である．これより，CTの $\eta$ による式(15.1.15)での有効領域と $\mathrm{S}_1$，$\mathrm{S}_2$ の $\nu$ の式(15.1.11)を除いた領域は，式(15.1.3)による円形 $C_\mathrm{a}$ と $C_\mathrm{b}$ のみを重複した接線となり，SHSのなめらかな（全域で微分可能な）表面を保障する．

そこで，式(15.1.12)に式(15.1.13)を代入し，$z$ 成分の式に式(15.1.14)を用いると，CTのパラメータ式は

$$\begin{aligned} x &= ((R_2 + R_3)\sin\omega + R_3\cos\eta)\cos\lambda \\ y &= ((R_2 + R_3)\sin\omega + R_3\cos\eta)\sin\lambda \\ z &= R_3\sin\eta + (R_2 + R_3)\cos\omega \end{aligned} \tag{15.1.16}$$

を得る．ここで

$$\lambda = 0 \sim 2\pi$$

$$\eta = \left(\frac{\pi}{2} - \omega\right) \sim \left(\frac{3\pi}{2} - \omega\right)$$

である．$\mathrm{S}_1$ のうちCNにカットされた部分を取り除いた領域を $(\mathrm{S}_1 - \mathrm{CN}) = U_1$ とし，$\mathrm{S}_2$ のうちCNにカットされた部分を取り除いた領域を $(\mathrm{S}_2 - \mathrm{CN}) = U_2$ とする．さらに，CTのうち，その有効領域を $U_3$ とすると，

$$\mathrm{SHS} = U_1 + U_2 + U_3 \tag{15.1.17}$$

ただし，$U_1 \cap U_2 \cap U_3 = \phi$

となって，SHSはこの3つの互いに独立な幾何構造より構成されている．SHSを構成する主要な円には $C_1$，$C_2$，$C_3$ とCTでの半径 $R$ の中央円 $CC$ の4つがあるが，$CC$ はCNの頂角 $\omega$ の任意性によるから主円である．$C_3$ は $C_1$，$C_2$ の従属円であるから，SHSの球体次元数は3であり，

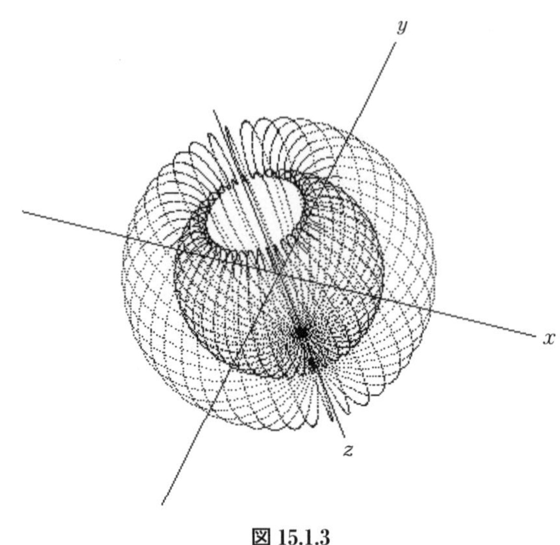


**図 15.1.3**

$$\mathrm{SHS} = SM(3) \tag{15.1.18}$$

である．また，SHS は内球 $S_2$ を消滅するように位相変換して球を構成することができる．

$$\mathrm{SHS} \underset{\text{位相変換}}{\Longleftrightarrow} \text{球} \tag{15.1.19}$$

したがって，SHS と球は位相同相である．図 15.1.3 に SHS の立体図を示す．このホール部分は，はめ込まれた CT の表面となっている．さらに，SHS のホール部分が広がり内球の底部がホールの中にせり出すことによって，SHS は反転球となる．

## 15.2　多孔2重球体と多穴トーラス

単孔2重球体 SHS への円錐 CN の挿入はどの位置に挿入しても成り立つ．このことより，図 15.1.2 に示した CN 以外に新たな CN を SHS の別の位置に挿入し，2つの孔をもった2重球体を作ることは可能である．そこで，図 15.2.1 に示すように，図 15.1.2 での CN の $x$ 軸対称の位置に新たな CN を挿入しよう．ここで，CN の頂角より，

$$\begin{aligned} &\angle \mathrm{Ao}z = \angle \mathrm{Bo}z = \omega \\ &\angle \mathrm{Co}z = \angle \mathrm{Do}z = \rho \end{aligned} \tag{15.2.1}$$

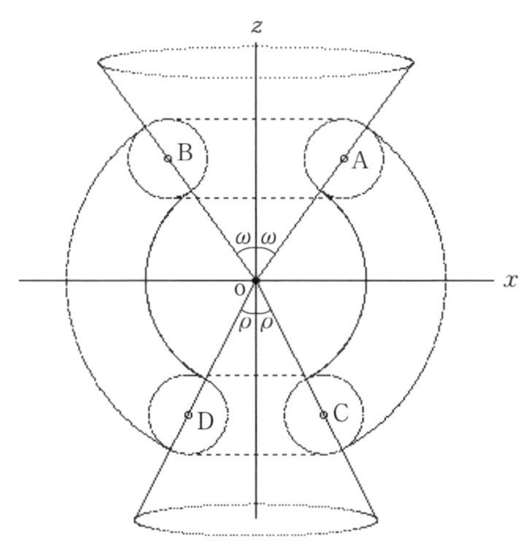


**図 15.2.1**

ととる．この図 15.2.1 は上下のホールをもつ 2 孔 2 重球体の $xz$ 面である．これを THS とする．上方のホールは 15.1 節での SHS のホールをそのまま用いる．これを第 1 孔とする．この CN を $CN_1$ とすると，$CN_1$ の頂角は $2\omega$ である．下方のホールを第 2 孔とし，この CN を $CN_2$ とすると，$CN_2$ の頂角は $2\rho$ である．これより，第 1 孔での式(15.1.11)による $\nu$ の切り取り範囲と，式(15.1.15)による $\eta$ の範囲は

第 1 孔　　　　　　　　　第 2 孔

$$\text{式(15.1.11)} \rightarrow \nu=0\sim 2\pi : \nu=\left(\frac{3\pi}{2}-\rho\right)\sim\left(\frac{3\pi}{2}+\rho\right) | \text{except} \quad (15.2.2)$$

$$\text{式(15.1.15)} \rightarrow \eta=\left(\frac{\pi}{2}+\rho\right)\sim\left(\frac{3\pi}{2}+\rho\right) \quad (15.2.3)$$

となる．第 2 孔の作成パラメータ式は，基本的には $\omega \rightarrow \rho$ に変換するだけでよい．したがって，第 2 孔での CT のパラメータ式は，式(15.1.16)より，

$$\begin{aligned} x &= ((R_2+R_3)\sin\rho + R_3\cos\eta)\cos\lambda \\ y &= ((R_2+R_3)\sin\rho + R_3\cos\eta)\sin\lambda \\ z &= R_3\sin\eta - (R_2+R_3)\cos\rho \end{aligned} \quad (15.2.4)$$

となり，$z$ 成分のみが上下の対称性により，右辺の一部がマイナス項に変わっている．

このように作成された THS の立体図を図 15.2.2 に示す．この場合は $\omega>\rho$ である．これまでわれわれが議論してきた変形トーラスを含めてそのホールは 1 つであ

る．この種数（genus）1のトーラスを1穴トーラスとよぶと，THSは1穴トーラスと位相同相である．よって，

$$2\text{孔}2\text{重球体} \simeq 1\text{穴トーラス} \tag{15.2.5}$$

となる．さて，SHS → THSの作成過程により，われわれは2重球体にいくらでも

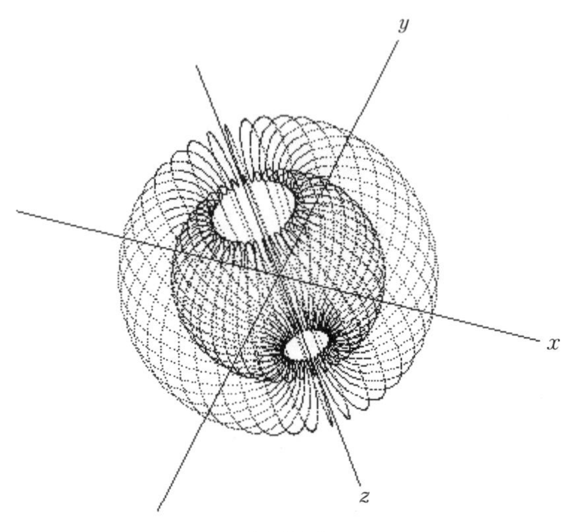


図 15.2.2

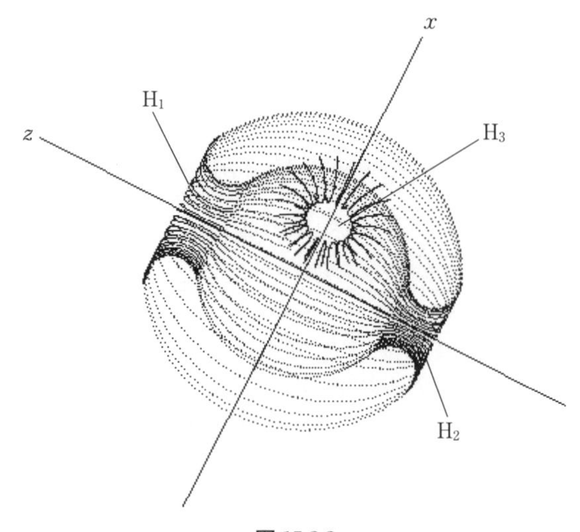


図 15.2.3

孔を開けることができる．これを多孔２重球体 MHS とよぶ．３孔２重球体の例を図 15.2.3 に示す．これは $z$ 軸上に２つの孔 $H_1$，$H_2$ をもち，その側面に第３の孔 $H_3$ を開けたものである．$H_1$，$H_2$ の形状から各孔に CT をはめ込まれた構造がわかるであろう．さらに，孔を $z$ 軸上に $H_1$，$H_2$ として開け，$x$ 軸上に $H_3$，$H_4$ と４つの孔をもつ MHS を図 15.2.4 に示す．この孔のうち，$H_1$ を広げて２重球体を扁平に延ばすと，$H_1$ を外縁とした３穴のトーラスを作成することができる．これを図 15.2.5 に示す．このように多孔２重球体と種数を１つ減らした多穴トーラスは常に位相同相な関係にあるのである．ここで，MHS の孔数と多穴トーラスの種数の関係は

| MHS（孔数） | トーラス（種数） |
|---|---|
| 1 | 球 |
| 2 | １穴トーラス |
| $n$ | $n-1$ |

(15.2.6)

ただし，$n=1, 2, 3, \cdots$である．さらに，

| MHS（孔数） | トーラス（種数） | トーラスの外縁 |
|---|---|---|
| $n$ | $n-1$ | 1 |

(15.2.7)

となって，MHS の孔数と多穴トーラスの種数と外縁数は一致する．また，球体類としての MHS は，式(15.1.18)のアナロジーとして孔数 $n$ より，

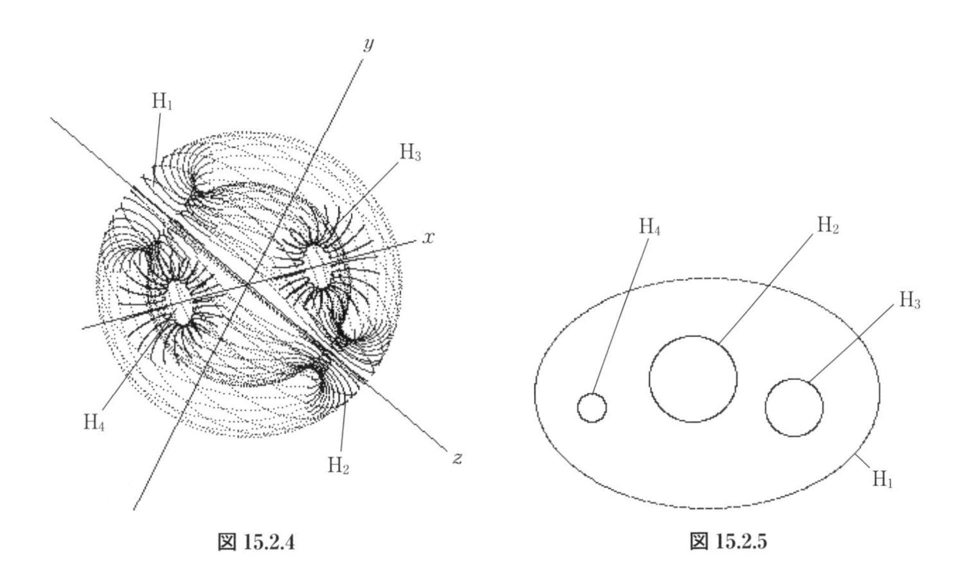


図 15.2.4　　図 15.2.5

$$\mathrm{MHS} : SM(2+n) \tag{15.2.8}$$

である．

これまでの議論により，実数空間 $\mathbb{R}^3$ においてMHSの表面点列の集合 $\{P\}$ にはすべて演算が定義されており，MHSを単位球にとれば $\{P\}$ の単位元が存在し，球の対称性より逆元が定義できる．これより $\{P\}$ は $\{g\}$ としての群をなす．この群は互いに素であるから，

$$\mathrm{MHS} \ni \{g\}$$
$$\cap \{g\} = \phi$$

である．多穴トーラスの表面の点列集合を $\{T\}$ とすると，$\{P\}$ から $\{T\}$ へと位相空間の中で連続写像が可能である．これより，多穴トーラスの表面の点列群を $\{Tg\}$ とすると，連続写像により $\{g\} \rightarrow \{Tg\}$ が可能となり，

$$\text{位相空間} : \mathrm{MHS} : \{g\} \underset{\text{連続写像}}{\Longleftrightarrow} \{Tg\} : \text{多穴トーラス} \tag{15.2.9}$$

となる．ここで重要なことは多穴トーラスの表面構造が何ものかわからなくても，常に演算の定義されたMHSの $\{g\}$ に連続写像が可能であるということである．

# 第 16 章

# クラインの壺と穴あき U 字管トーラス

数学上で奇妙な立体にクラインの壺がある．その奇妙さからか，最近ではインテリアなどでも見かける．その表面は連続して底部に集まり，さらに内壁を突き破って元の管に戻っている．このとき，その内壁を突き破って生じた穴はどうなっているのだろうか．この疑問のためには，多少の位相幾何学を必要とするので，ここで等化空間について少し復習をしておこう．

## 16.1　クラインの壺のホール

### 16.1.1　等化空間

位相空間中の等化空間に $I^2=I\times I$ なる長方形の空間をとり，$(s,t)$ は $(0<s<1, 0<t<1)$ であり，これは $(s,t)$ とだけ同値とする．この等化空間 $I^2$ にはよく知られているように円環面，メービウスの帯，クラインの壺，射影空間などがある．メービウス帯を図 16.1.1(1) に，クラインの壺を図 16.1.1(2) に示すが，同値関係を“≡”で表すと，

$$
\begin{aligned}
&I^2=I\times I:(s,t)\,(0<s<1,0<t<1)\\
&\quad (0,t)\equiv(1,1-t)\rightarrow \text{メービウスの帯}\\
&\quad \left.\begin{array}{l}(s,0)\equiv(s,1)\\(0,t)\equiv(1,1-t)\end{array}\right\}\rightarrow \text{クラインの壺}
\end{aligned}
\tag{16.1.1}
$$

となる．これは位相空間において，向き付け不可能といわれる．つまり，図 16.1.1(1) では C → A，B → D であり，このまま貼り合わせることはできない．そこで，メービウスの帯では，帯を 1 回ねじ曲げてその両端同士を貼り合わせて 1 つ

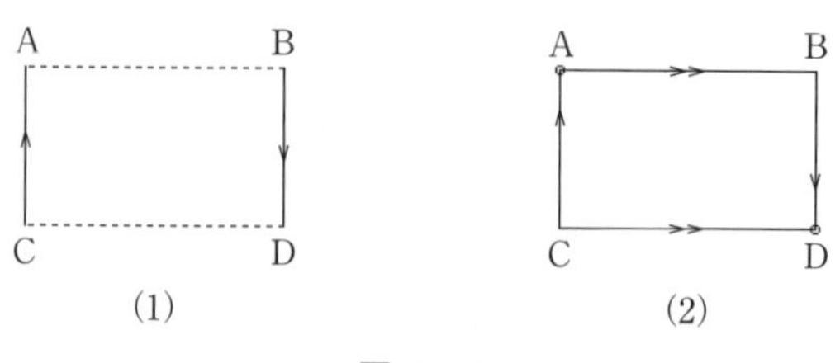


**図 16.1.1**

の輪を作る．クラインの壺では A → B と C → D を貼り合わせて円筒を作ることはできるが，その両端の円の向きは反対方向を向いている．したがって，メービウスの帯は 2 次元の場合であり，クラインの壺は 3 次元の場合となっている．この等化空間では空間の連続性を保障しており，向き付け不可の場合は連続写像が損なわれることになる．

クラインの壺は，よく知られているように図 16.1.2 のようになっている．管の切断面を A-D 間で切断すると，点 A が下方の $S_1$ の曲線を通ったとき，その軌跡は点 C に達する．また，点 D が下方の $S_2$ の曲線を通ったとき，その軌跡は点 B に達する．

$$A \to S_1 \to C$$
$$D \to S_2 \to B$$

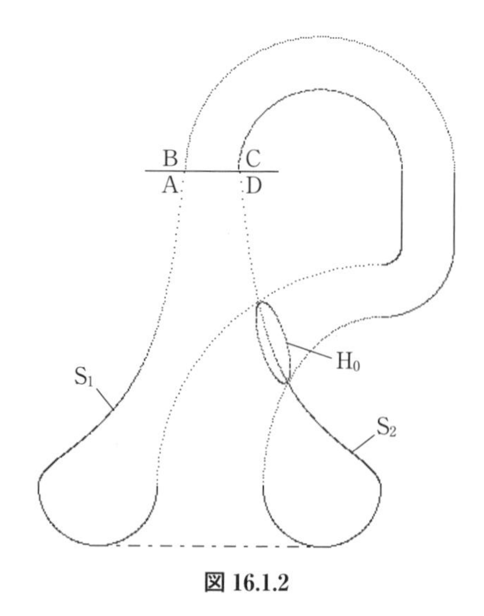


**図 16.1.2**

この対応は，図 16.1.1(2)の $C\to A$，$B\to D$ と一致しており，$(0,t)\equiv(1,1-t)$ の同値関係と一致している．図 16.1.2 の像は概念図としても位相空間で連続的に位相変換が可能でなければならない．このとき，内側から外壁を突き破るときの図 16.1.2 でのホール $H_0$ はどうなっているのであろうか．

### 16.1.2 クラインの壺のホールの実験

ここで，クラインの壺のホール $H_0$ を知るために簡単な実験を行ってみよう．この実験で用意するものは，よくコンビニエンスストアなどの買い物でくれるポリ袋1つで十分である．このポリ袋の取手の部分と底の部分を切断し，1つの円筒を作ろう．この円筒を立てて，右側に 1 cm 程度の切れ目をいれよう．この切れ目にポリ袋の底を内側から入れ，底を右側に 2〜3 cm ほど外へ出そう．この状態は図 16.1.2 でのクラインの壺の A-D 部分を切断した状態となっている．そこで，切れ目から出た底部分を右手にもち右側へ，上方の取手の切断部分を左手にもって左側にゆっくりと引っ張ろう．ぴんと張ったところで止めて，先ほどの切れ目の部分を注意深く観察しよう．そうすると，その部分は図 16.1.3(2)のようになって，左手の下半分と右手の上半分がつながり，左右に2つの穴が開いていることがわかる．これがクラインの壺のホール $H_0$ の正体である．この2つの穴をつなげてふさごうとしても難しい．それは円環の円周部分は折り曲げるのに方向性があり，図 16.1.3(3)に示すように，円の中心部分への方向性をもっているからである．

このポリ袋の実験を等化空間 $I^2$ として数学上で考察しよう．ポリ袋実験による $I^2=I\times I$ なる長方形の空間を図 16.1.3(1)に示す．図 16.1.3(1)において，EF と

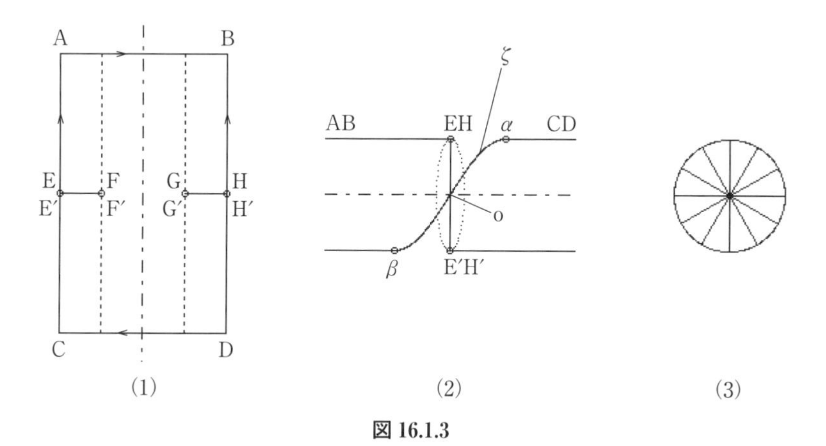


**図 16.1.3**

GHに切れ込みを入れて，AとB間を表側に折り曲げてAEとBHを貼り合わせる．また，CDを逆に裏側に折り曲げてCE′とDH′を貼り合わせる．そうすると，図16.1.3(2)のようになる．図16.1.3(2)において，ABは長方形ABCDの表側の管であり，CDは裏側による管となっている．このとき，長方形ABCDのEHの切断面は図16.1.3(2)ではEH-E′H′である．その切断面を$C_0$とすると，$C_0$でのAB→CDはともに$C_0$の半円部分であり，この上下の半円でのつながり部分を$\xi$とする．このとき，図16.1.3(2)の円管はこの折り曲げによっても長方形ABCDの面積を満たす必要があるとすると，CDの管での折り曲げの$\xi$の始まり点$\alpha$はEHへ達する前であり，ABの管でも$\xi$の始まり点$\beta$はE′H′に達する前でなければならない．これより，

（i）　図16.1.3(2)において，EHと$\xi$，E′H′と$\xi$の間にはかならず穴が開き，これをうまく接合することはできない．

を得る．これはクラインの壺が内側から$H_0$を貫くとき，外部表面に定義できない領域としての穴$H_0$が生じ，その領域が位相変換によって，その接続部分に（i）を生じさせるものと考えられる．

### 16.1.3　穴あきU字管トーラス

ポリ袋の実験からわかるように，2つの穴をうまく接合することはできないだろうか．これは円管のままでは難しい．何れにせよ，$(0,t)\equiv(1,1-t)$の同値関係を満たせばよい．そこで，円管に力を加えてU字管を作ろう．これを図16.1.4に示す．U字管の側面は$(s,0)\equiv(s,1)$として向き付けが同じ方向である．ここで，図16.1.4(1)において，

$$\text{U字管}：\alpha：(\mathrm{A}\to\mathrm{C}\to\mathrm{D}\to\mathrm{B}\to\mathrm{A}) \tag{16.1.2}$$

として方向付けられた$\alpha$をとる．さらに，別に$\alpha$の内側と合同な曲線$\beta$を作成すると，

$$\alpha(\mathrm{B}\to\mathrm{A}\to\mathrm{C})\equiv\beta(\mathrm{F}\to\mathrm{H}\to\mathrm{G}) \tag{16.1.3}$$

となり，この(F-H-G)を外面として(G-E-F)を内面にとると，F→Fの閉曲線ができ，$\beta$は$\alpha$の内壁を外壁としてもったU字管となる．よって，

$$\text{U字管}：\beta：(\mathrm{E}\to\mathrm{F}\to\mathrm{H}\to\mathrm{G}\to\mathrm{E}) \tag{16.1.4}$$

である．式(16.1.3)より，

$$\mathrm{A}=\mathrm{H},\ \mathrm{C}=\mathrm{G},\ \mathrm{B}=\mathrm{F} \tag{16.1.5}$$

である．これより，$z$面で$\alpha(\mathrm{B}\to\mathrm{A}\to\mathrm{C})$と$\beta(\mathrm{F}\to\mathrm{H}\to\mathrm{G})$を接合できて，この$z$面での接合部分を図16.1.4(2)に示す．このとき，U字管$\alpha$は$z$面で$(\mathrm{C}\to\mathrm{D}\to\mathrm{B})$の部分は切断されたままで外側の穴となっており，U字管$\beta$は$z$面で$(\mathrm{G}\to\mathrm{E}\to\mathrm{F})$

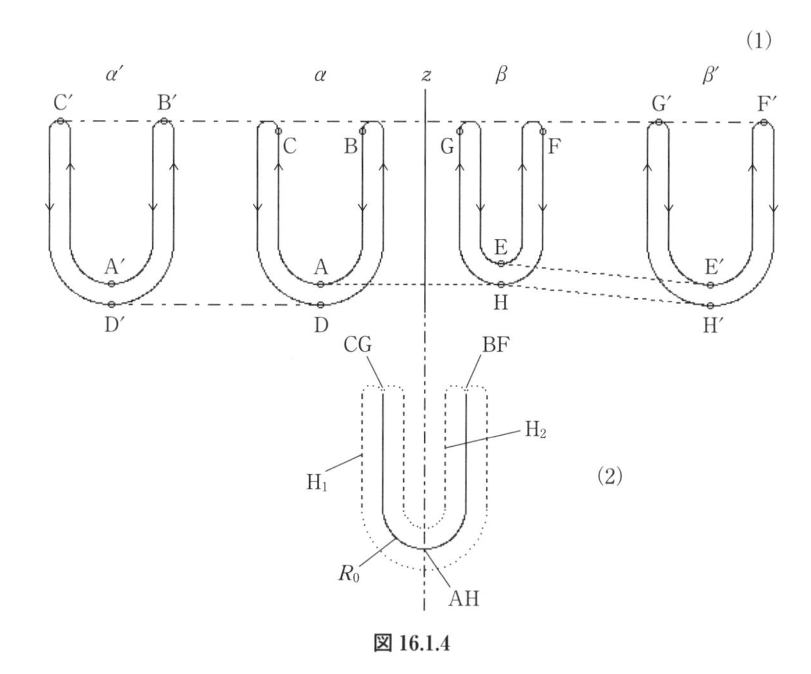


**図 16.1.4**

の部分は切断されたままで内側の穴となっている．図 16.1.4(2)において，

接合部分：$(\alpha,\beta)$：

$R_0$：(A－E，C－G，B－F)

外側ホール：$\alpha$：$H_1$ (C → D → B)

内側ホール：$\beta$：$H_2$ (G→E → F)

となる．そして，この $H_1$，$R_0$，$H_2$ の関係は図 16.1.4(2)に示すとおりである．U 字管 $\beta$ は位相的に拡大して $\alpha$ と同じ U 字管の断面を作ることができて，これを $\beta'$ とする．$\alpha$ の延長した U 字管を $\alpha'$ とすると，$\alpha'$ と $\beta'$ は合同であるから，$\alpha'$ と $\beta'$ とを手前に折り曲げてトーラス状に $\alpha'$ と $\beta'$ を貼り合わせることができる．

$$\beta \underset{\text{拡大}}{\longrightarrow} \beta' \equiv \alpha' \leftarrow \alpha$$

このとき，その接合面は

$\alpha'$(A′ → C′ → D′ → B′ → A′)

$\beta'$(E′ → F′ → H′ → G′ → E′)

となって，$\alpha'$ と $\beta'$ の閉曲線の向き付け方向は逆となっており，$(0,t)\equiv(1,1-t)$ の同値関係を満たしている．これを穴あき U 字管トーラスとよぶ．この穴あき U 字

管トーラスは，等化空間でのクラインの壺の同値関係と同じであるから，

$$\text{クラインの壺} \simeq \text{穴あき U 字管トーラス} \tag{16.1.6}$$

となり，両者は位相同相である．穴あき U 字管トーラスの 2 つの穴を接合することは不可能であるが，この 2 つの穴の存在はクラインの壺での外側と内側が通じて一体であることを保障している．

### 16.1.4　ねじれ楕円環

メービウスの帯は 2 次元の帯を 1 回転ひねった構造であり，その接合部分は向き付けが反対の 1 次元の直線である．そこでメービウスの帯の 3 次元の場合として接合部分に楕円を用いて考えてみよう．細長い扁平な楕円 $E_0$ をとり，$xz$ 面で原点 o を中心に $y$ 方向へ 180° 回転させると，$xz$ 面では図 16.1.5 のように回転する．この回転の $xy$ 面では図 16.1.6 に示すように中心部分でくびれたようになり，$E_0$ の頂点の軌跡（○印）はサインカーブとしてのラセンスロープを描く．この構造は楕円 $E_0$ の連続したねじれ楕円環となっており，メービウスの帯の 3 次元バージョンである．しかし，図 16.1.5 での回転始点の楕円 $E_1$ と回転終点の楕円 $E_2$ での $E_0$ の頂点の軌跡（○印）位置は上下反対であるが，$E_0$ 楕円周での方向付けは $E_1$ と

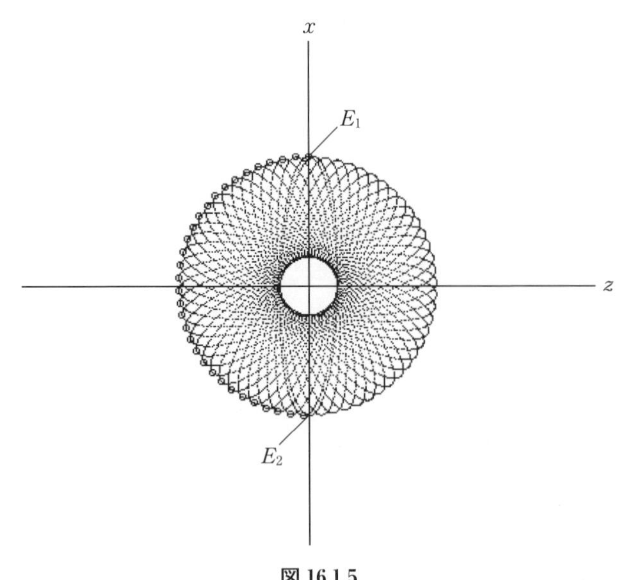


**図 16.1.5**

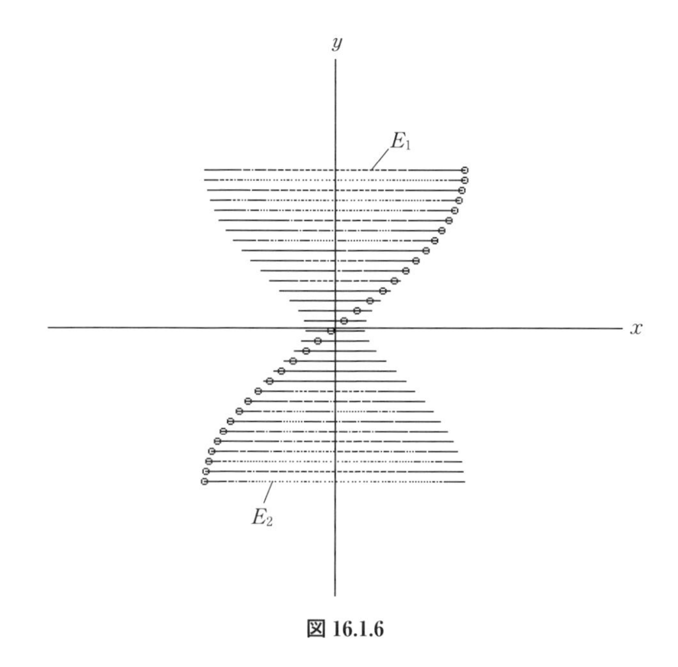


**図 16.1.6**

$E_2$ で同じである．したがって，このような 3 次元でのねじれ楕円環では，式(16.1.1)のクラインの壺の同値関係を満たさないことがわかる．そこで，メービウスの帯と同様に 1 回ねじったトーラスをねじれ楕円環トーラス TET（twisted ellipse torus）とよぶ．楕円 $E_0$ の長径を $RX$，短径を $RY$ とすると，$RX > RY$ での TET の立体図を図 16.1.7 に示す．また，$RX < RY$ での TET の立体図を図 16.1.8 に示す．図中に楕円環の端点の軌跡を○印で示す．いずれの図でも $x$ 軸上の A-B 間では端点の位置(○印)はなるほどメービウスの帯のように逆転しているのがわかる．しかし，A と B の楕円周の向き付け方向は図 16.1.7 および図 16.1.8 ではともに図 16.1.5 の場合と同じく同じ方向なのである．したがって，TET は式(16.1.1)の同値関係を満たさない．つまり，3 次元空間で円環状の構造をいくらねじれさせても回転の対称性と互いに相反する鏡面対称により，円環周の向き付け方向は変わらない．これより，ねじれた楕円環トーラスなどからクラインの壺の同値関係を得ることは難しいものと推測される．

クラインの壺に残された不思議な穴のおかげで，インテリアとしての置物はより神秘性を増すのである．

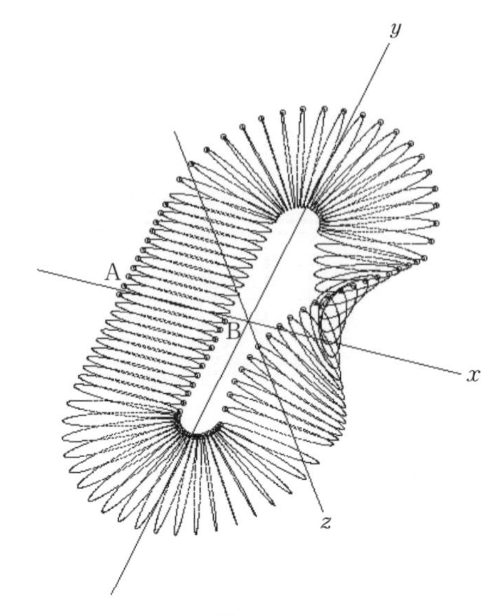


図 16.1.7

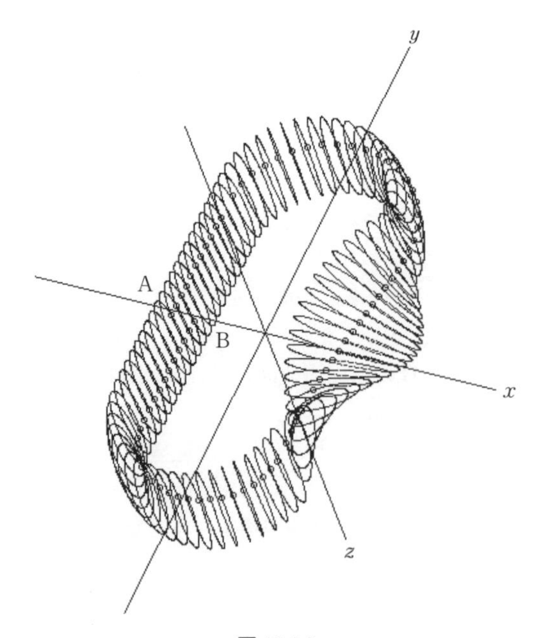


図 16.1.8

# 第 6 編

# 球体類の確率表現

# 第 17 章 多様体の内部空間での確率的一様性

これまでの3次元空間内での多様体の表現はいずれも2次元表面による扱いであった．実数空間 $\mathbb{R}^3$ 内に置かれたコンパクト多様体の内部は実数点列によって一様に満たされていると考えるのが自然である．しかし，11.3節の分数形式を用いた3次元閉領域の内部を満たす多様体PEEBで議論したように，この実数点列に演算が定義された場合，内部に密度差が生じてしまう可能性があった．球体類のパラメータ表現では，多様体の内部もパラメータで表現されるべきだと考えるのが自然である．つまり，内部に演算が定義された場合，その定義された点列群は空間的に一様といえるのかという問題である．ここではこの問題について考察する．

## 17.1 円内部の一様性と超限集合

パラメータ表示による円 $C$ の内部の一様性について考えよう．$C$ の内部を満たすパラメータ式は，次のように与えられる．

円 $C$：半径 $=R$

$N=$ 十分大きな自然数

とすると，

$$\delta R=\frac{R}{N}$$

$$i=1, 2, 3, \cdots, N$$

$$r_i=R(1-i\cdot\delta R)$$

ここで，$\theta=0\sim2\pi$ で，$\theta$ の細分を $\delta\theta$ とすると，

$$\delta\theta = \frac{2\pi}{m}$$
$$j = 1, 2, 3, \cdots, m$$
$$\theta_j = j \cdot \delta\theta$$

これより，円 $C$ の内点を $\mathrm{P}(x, y)$ とすると，

$\mathrm{P}(x, y)$：

$$\begin{aligned} x &= r_i \cos\theta_j \\ y &= r_i \sin\theta_j \end{aligned} \qquad (17.1.1)$$

で与えられる．この $\mathrm{P}(x, y)$ の点列は図 17.1.1 に示すように $C$ の内部を $2\pi r_i$ で与えられた円周の集合 $\{C\}$ で稠密に埋め尽くすことができる．$C$ の内部を $C_0$ とすると，

$$C_0 \ni \{C\}$$
$$\cap \{C\} = \phi$$

である．しかし，有限の範囲では $\delta R$, $\delta\theta$ に一定の細分をとると，図 17.1.1 に示すように中心部分に点列が集まり，$C$ の中心部分で密となる点列の濃度分布が生じてしまう．つまり，有限の範囲では $C$ の内部は一様とはならない．そこで，$C$ の内部に超限集合を適用するとどうなるであろうか．

図 17.1.1 において，原点 o を中心として任意の直線 $L$ をとろう．ここで，o を除いた $L$ を $LL$ とすると，

$$LL = L - (\mathrm{o})$$

となり，$\{C\}$ の任意の元 $C_i$ と $LL$ が交わる点 $\mathrm{P}_i$ が各 $\{C\}$ に 1 つだけ存在する．

$$\{C\} \ni C_i \cap LL = \mathrm{P}_i \quad \text{only} \qquad (17.1.2)$$

この $\mathrm{P}_i$ の集合を $\{P\}$ とする．$LL$ の互いに素な集合を $\{LL\}$ とすると，

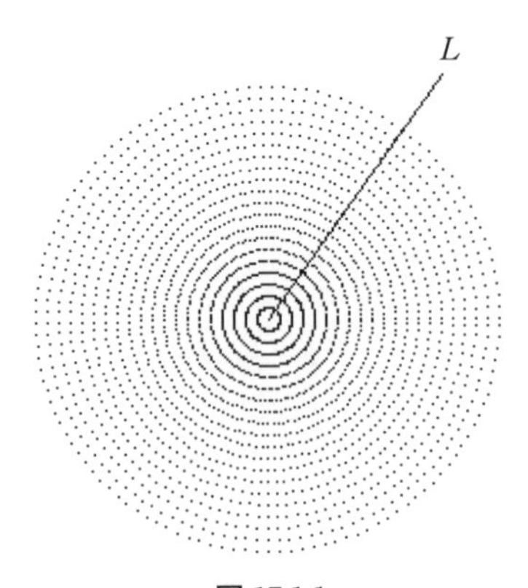


**図 17.1.1**

$$\{LL\} \ni LL_i$$

$$\cap \{LL\} = \phi$$

である．$\{C\}$ の元の個数を $\#\{C\}$，$\{P\}$ の元の個数を $\#\{P\}$ とすると，1 本の $LL$ に対して

$$LL：\#\{C\} = \#\{P\} \tag{17.1.3}$$

が成り立つ．これは式(17.1.2)より，1 本の $LL$ に対して各 $C_i$ 上に常に 1 点 $\mathrm{P}_i$ が対応していることを表している．これは互いに素な $N$ 本の $\{LL\}$ に対して，各円 $C_i$ 上に互いに素な $N$ 個の点が対応することを意味している．これより，$\{LL\}$ の個数を $\#\{LL\}$，$\mathrm{P}_i$ の個数を $\#\{P_i\}$ とすると $\{C\}$ の任意の元 $C_i$（個々の円）に対して，

$$C_i：\#\{LL\} = \#\{P_i\} \tag{17.1.4}$$

となる．ここで $\#\{LL\}$ はいくらでも大きな自然数をとることができるので，自然数のベキ集合 $\aleph_0$ をとろう．すると，式(17.1.4)より，

$$C_i：\#\{LL\} = \#\{P_i\} = \aleph_0 \tag{17.1.5}$$

となる．$C_i$ の集合 $\{C\}$ は円 $C$ 内の点列集合を $C_0$ とすれば，$\{C\}$ は $C_0$ 内を稠密に覆っているから，$\#\{C\}$ にも $\aleph_0$ がとれる．

$$\#\{C\} = \aleph_0 \tag{17.1.6}$$

式(17.1.3)および式(17.1.4)より，

$$C_0 = \#\{LL\} \cdot \#\{C\} \tag{17.1.7}$$

さらに，式(17.1.5)および式(17.1.6)より，超限集合論に基づけば，

$$C_0 = \aleph_0 \cdot \aleph_0 = \aleph_0 \tag{17.1.8}$$

となり，

$C_0$ の面内の点列はいたるところで $\aleph_0$ 一様となる

が帰結する．これより，式(17.1.1)による $C$ の内点は有限の範囲では一様とはならず，超限集合を用いてはじめて一様となる．一般に，このような場合，われわれは実数列の任意の区間 $\delta$ の間には，実数のベキ集合 $\aleph_1$ が存在することを，連続体仮説により暗黙の前提としているのである．さて，式(17.1.1)での $\delta R$，$\delta\theta$ をどんなに小さくとろうとも，有限値であるかぎり，図 17.1.1 に示す濃度分布は生じてしまい一様とはならない．また，$r_i$ および $\theta_j$ をどのようにとってもこの濃度差が式(17.1.8)に入り込む可能性はある．

超限集合において，カントールの

$$\aleph = \aleph + 1 \tag{17.1.9}$$

は，式(17.1.9)の系内において，$\aleph$ に対して $+1$ がトリビアル（trivial）の場合に

のみ成り立つ．つまり，$\aleph$ に対して+1が系になにも影響を及ぼさなかったり，系の構造を変えたりしない場合にのみ成り立つ．式(17.1.1)における $r_i$，$\theta_j$ のとり方は有限と無限での一様性のかい離は大きく，このかい離が系を変える可能性があり，式(17.1.9)においてもトリビアルとはかぎらないかも知れない．

### 17.1.1　有限領域での一様性の相異

演算の定義された有限領域の一様性について，もう少し調べてみよう．円 $C$ の内部 $C_0$ を満たす点列としては，$C$ 内部を格子状に覆う点列構造が考えられる．$C$ の半径を $R$ とすると，直交座標系 $\Gamma(x, y)$ において，

$$\begin{aligned} -R \leqq x \leqq R \\ -R \leqq y \leqq R \end{aligned} \tag{17.1.10}$$

として，$x$ 成分と $y$ 成分の細分 $\delta x$，$\delta y$ に同じ距離の細分 $\delta a$ を用いると，

$$\delta x = \delta y = \delta a \tag{17.1.11}$$

であり，式(17.1.10)の範囲で，

$$R^2 \geqq x^2 + y^2 \tag{17.1.12}$$

とする．この式(17.1.12)を満たす2次元平面での点列を $\mathrm{P}_{xy}(x, y)$ とすると図17.1.2のようになる．この $\mathrm{P}_{xy}(x, y)$ は2次元測度空間での面測度 $m(J)$ の表現

$$m(J) = |J| = (b_1 - a_1)(b_2 - a_2) \tag{17.1.13}$$

を満たしており，$C_0$ の内部は一様である．しかし，式(17.1.11)での $\delta a$ と式(17.1.1)での点列を $\mathrm{P}_\theta(x, y)$ とすると $\delta R$，$\delta\theta$ との構成上の違いから，一般に有限領域では

$$\mathrm{P}_{xy}(x, y) \neq \mathrm{P}_\theta(x, y) \tag{17.1.14}$$

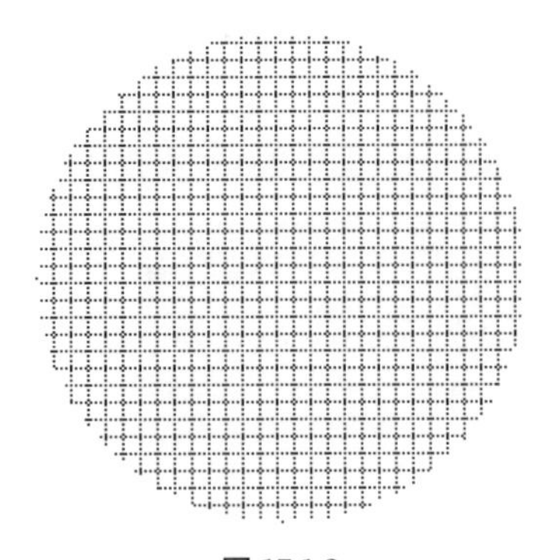

**図 17.1.2**

である．これは，同じ $C$ の内部を満たす $\mathrm{P}_{xy}(x,y)$ と $\mathrm{P}_{\theta}(x,y)$ の有限な範囲内での点列軌跡の相異からくる．本書では，この問題の断片として，すでに1.3節での三角作用素の対称性や12.1節の卵形体のなかで議論されてきた．すなわち，有限領域の中では，異なる演算によって定義された点列同士の一様性は保てない可能性がある．さらに，超限集合においても，その演算の相異が系自体を変え得るならば，系の一様性は保てない可能性がある．そこで，円のパラメータ式と1元関数よりもたらされる $C_0$ の点列集合がともに同じ一様性をもつようにすることを考えよう．

## 17.2 内部空間の確率的一様性

距離空間の中である局所領域 $D$（ドメイン）が定義され，$D$ の元として異なる演算によって定義された点AとBがあったとしよう．距離として $A \neq B$ であったとすれば，それは演算の相異による．この演算に測度空間 $\|\mathscr{L}$ が定義でき，さらに，その拡張である確率空間 $\|\mathrm{Pr}$ に $D$ が張れるとしよう．距離空間では

$$D \ni (A, B) \to A \neq B$$

であるが，確率空間の中で，$A$ と $B$ は $D$ の中に等価で存在する．

$$\|\mathrm{Pr} : (A, B) \to D$$

$D$ の集合を $\{D\}$ として，$\{D\}$ の任意の元 $D_i$ と $D_j$ は互いに素とすると，

$$\{D\} \ni D : \cap \{D\} = \phi \tag{17.2.1}$$

である．この $\{D\}$ を要素とする確率空間では $\{D\}$ の各元は等価であり，確率空間内で一様に存在しているものと考えられる．これを確率的一様性とよぶ．さらに，$D$ の元である $A$ と $B$ が同じ確率で $D$ に含まれているならば，異なる演算で定義された $A$ も $B$ も確率空間の中では一様で等価と考えられる．これを確率的等価性とよぶ．この同じ確率を⇒で表すと，

$$\|\mathrm{Pr} : \left.\begin{matrix} A \Rightarrow D \\ B \Rightarrow D \end{matrix}\right\} \xrightarrow[\text{確率的等価}]{} D(A, B) \tag{17.2.2}$$

となる．

### 17.2.1 2次元空間での確率的一様性

ここでは円 $C$ の内部 $C_0$ が同じ確率的一様性もつ方法を検討する．そこで，条件として，

（i） 対象領域内で変数の与えられた関数による軌跡が稠密であること．

（ii） 与えられた変数列は確率変数であること．

を与える．ここで，測度より与えられた確率空間の中で，全対象領域を $S_m$ とすると，$S_m$ は長さ，面積，体積などの測度をもつ．さらに，（ⅰ），（ⅱ）より与えられた $S_m$ 内の点列の個数を $R_0$ とすると，$S_m$ と $R_0$ の比として，

$$\mathrm{GPD} = \frac{R_0}{S_m} \tag{17.2.3}$$

を定義し，これを幾何確率密度 GPD（geometric probability density）とよぶ．そこで，$S_m$ の互いに素な部分集合 $D_1$ と $D_2$ をとったとき，

$$S_m \supset D_1, D_2 : D_1 \cap D_2 = \phi \tag{17.2.4}$$

である．$D_1$ 内の点列の個数を $R_1$，$D_2$ 内の個数を $R_2$ とすると，$C_0$ 内の確率的一様性は，

$$\text{（ⅲ）}\quad \| \mathrm{Pr} : \mathrm{GPD} = \frac{R_1}{D_1} = \frac{R_2}{D_2} \tag{17.2.5}$$

で表される．ここで，（ⅰ），（ⅱ）の確率変数に乱数（RND）をとれば，

$$0 \leqq \mathrm{RND} < 1$$

として（ⅲ）より $S_m$ 内の点列集合はランダム空間となる．これより，（ⅱ）において，確率変数を与えることは，確率空間での RND の試行回数 $N$ を与えることになる．すなわち，$N$ 個の確率変数を与えることは，$N$ 回の試行を繰り返すことと同じである．したがって，

$$N \to fN\ (\text{有限回})$$

$$N \to \infty\ (\text{無限回})$$

となり，どちらの場合も（ⅰ）～（ⅲ）は成り立つ．$fN$ は有限に大きな自然数である．そこで，$S_m$ の任意の部分集合 $D_i$ をとり，$D_i$ 中に含まれる点列個数を $R_i$ とすると，式(17.2.3)および式(17.2.5)より，

$$\frac{R_0}{S_m} = \frac{R_i}{D_i} \tag{17.2.6}$$

となり，式(17.2.6)を変形して $A_i$ をとると，

$$\mathrm{GPM}: \quad A_i = \frac{R_i}{R_0} \cdot \frac{S_m}{D_i} \fallingdotseq 1 \tag{17.2.7}$$

となり，この領域 $D_i$ の与える $A_i$ をここでは，幾何確率測度 GPM（geometric probability measurement）とよんでおこう．GPM は式(17.2.7)からわかるように確率的に 1 の近傍の値をとる．これより，$S_m$ 内の互いに素な任意の領域 $D_1$，$D_2$ において，その GPM を $A_1$，$A_2$ とすると，

$$\left.\begin{array}{l}|A_2-A_1|=\varepsilon\\N\to fN\\N\to\infty\end{array}\right\}\Rightarrow\varepsilon\to 0 \qquad (17.2.8)$$

となり，式(17.2.8)は $N$ 回の試行が有限の場合でも，無限の場合でも成り立つ．この $\varepsilon\to 0$ の傾向は有限と無限の間でスムーズに移行し，17.1 節での議論のようなかい離はない．これより，この式(17.2.8)が与えられた領域内での( i )～(iii)の操作による点列に確率的一様性を与える．つまり，ある領域 $G$ があり，この $G$ を満たすべき 2 つ以上の異なる演算で定義された点列群に確率的な任意性を与えれば，超限集合の仮定なしに，有限個の点列数でも $G$ の部分領域内での点列の存在確率を等しくできるということである．

### 17.2.2　乱数を用いた 2 次元領域内での確率的一様性

確率変数に乱数 RND を適用して円 $C$ 内の 1 元関数による確率的一様性とパラメータ式によるそれを比較しよう．

**〈円の 1 元関数を用いた確率的一様性〉**

図 17.1.2 において，$x$，$y$ 成分によるどの格子も稠密に小さくなり得るから条件( i )は成り立つ．ここで，$N$ 回の試行を行うということは，1 回の試行で必要な RND 列を $N$ 回発生させるということである．乱数 RND は

$$\mathrm{RND}=[0,1]$$

で与えられて，1 回の試行で使う異なる RND には順に添え字番号を付ける．ここで，

$$-R\leqq x\leqq R$$
$$-R\leqq y\leqq R$$

よって，$x$，$y$ 値の確率変数域は

$$\begin{aligned}x&=R(2\cdot\mathrm{RND}_1-1)\\y&=R(2\cdot\mathrm{RND}_2-1)\end{aligned} \qquad (17.2.9)$$

である．この $(x,y)$ の点列を $\mathrm{PP}(x,y)$ とすると，式(17.1.12)より，

$$\mathrm{PP}(x,y):R^2\geqq x^2+y^2 \qquad (17.2.10)$$

となり，この式(17.2.10)を満たす $(x,y)$ を $\mathrm{PP}_{xy}(x,y)$ とする．$N=3000$ での $\mathrm{PP}_{xy}(x,y)$ の点列を図 17.2.1 に示す．図中の $\alpha$，$\beta$ は同じ正方形の観測窓である．$\alpha$，$\beta$ で計測した GPD はほぼ一致しており，また，$\alpha$ 領域で観測された GPM は 1.09 であり，$\beta$ 領域での GPM は 0.97 程度であった．乱数列の取り方によるばらつきがこの場合 ±0.05 程度であるから，有意と考えられる．これより，

$$\mathrm{GPM}(\alpha)=\mathrm{GPM}(\beta)\fallingdotseq 1$$

となり，$C$ の内部は確率的に一様である．

**〈円のパラメータ式を用いた確率的一様性〉**

パラメータ式を用いた円の内部は図17.1.1に示したように，半径方向に濃度分布をもっている．この濃度分布を解消するためには，内円の集合 $\{C\}$ の円周長さに応じて出現する点列に出現確率を設定することである．この出現確率は最外円の半径に対する内円の半径の比として設定できる．

円 $C$ の半径を $R$ とすると，内部円の半径 $r$ は，

$$\begin{aligned} &A=\mathrm{RND}_1 \\ &r=A\cdot R \end{aligned} \tag{17.2.11}$$

である．ここで，$R$ の円周長さに対する $r$ の円周長さの存在確率は，

$$\frac{2\pi r}{2\pi R}=\frac{2\pi AR}{2\pi R}=A \tag{17.2.12}$$

となる．そこで，$A$ に対する非存在確率を $B$ とすると，

$$B=1-A \tag{17.2.13}$$

である．$B$ の意味は多数回試行において，半径 $r$ の円周上の点列の中で式(17.2.12)の比を満たさない確率である．これより，半径 $r$ の円の出現確率を $C$ とすると，$C$ の値が $B$ の値を超えたときのみ $2\pi r$ 上の点として有効になる．よって，

$$\begin{aligned} &C=\mathrm{RND}_2 \\ &\text{if } B>C \text{ then rejection} \end{aligned} \tag{17.2.14}$$

～rejection の意味は，if 文の中で if～が真のとき，そのサンプリングを棄却する．さらに，角度 $\theta$ の確率変数を $D$ とすると，

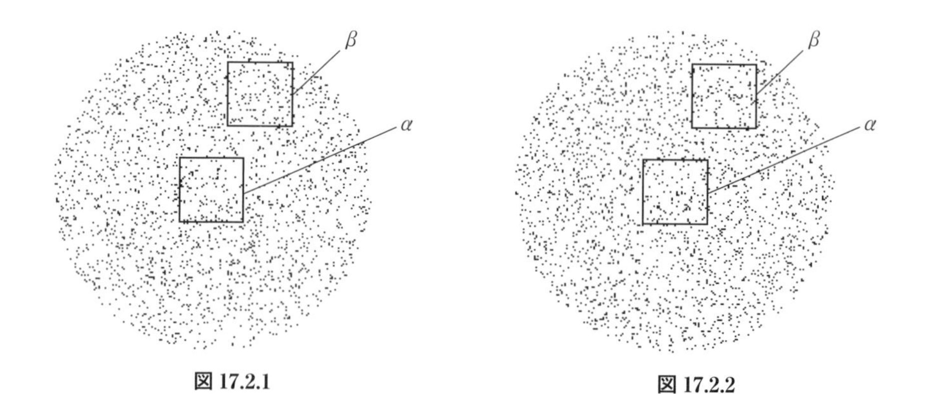


図 17.2.1　　図 17.2.2

$$\begin{aligned} &D=\mathrm{RND}_3 \\ &\theta=2\pi D \\ &x=A\cdot R\cos\theta \\ &y=A\cdot R\sin\theta \end{aligned} \qquad (17.2.15)$$

となり，この $(x, y)$ の点列を $\mathrm{PP}_\theta(x, y)$ とする．式(17.2.11)～(17.2.15)までが1回での試行となる．これを $N$ 回試行する．これより，この場合は1回の試行で3つの乱数を必要とする．$N=5000$ での円 $C$ 内での点列を図17.2.2に示す．図中の $\alpha$，$\beta$ は図17.2.1と同じ大きさの観測窓である．この観測窓に入る点列個数は図17.2.1と図17.2.2とで同じ100程度に合わせてある．$\mathrm{PP}_\theta(x, y)$ では式(17.2.14)で点列を間引きするため，$\mathrm{PP}_{xy}(x, y)$ より $N$ の数が大きくなる．図17.2.2での観測窓でのGPMは $\alpha$ で0.98，$\beta$ で0.96程度でいずれも有意であった．これらより，1元関数を用いた場合も，パラメータ式の場合も同じ確率的一様性が得られる．

### 17.2.3　球の2次元表面での確率的一様性

図17.1.1は球の2次元投影図となっているから，球の表面軌跡もパラメータ式を用いると極付近で高くなる濃度分布が生じる．そこで，球表面の点列集合 $\{P\}$ の確率的一様性を考えよう．球表面の加法合成図を図17.2.3に示す．図17.2.3において，$xy$ 面での $x$ 軸より角度 $\theta$ をとった直線を $L$ 線とする．図17.2.3(2)において，$L$ 線上で原点oから $z$ 方向へ角度 $\nu$ をとったときの球Sの大円 $C_0$ の点をPとすると，$\mathrm{P}(x, y, z)$ は次式で与えられ，

$$\begin{aligned} &x=R\cos\nu\cos\theta \\ &y=R\cos\nu\sin\theta \\ &z=R\sin\nu \end{aligned} \qquad (17.2.16)$$

角度 $\theta$ および $\nu$ は

$$\begin{aligned} &\theta=0\sim 2\pi \\ &\nu=-\frac{\pi}{2}\sim\frac{\pi}{2} \end{aligned} \qquad (17.2.17)$$

である．ここで，図17.2.3において，

$$\begin{aligned} &\overline{\mathrm{oA}}=\overline{\mathrm{oP}}=R \\ &\overline{\mathrm{oC}}=\overline{\mathrm{oB}}=R\cos\nu \end{aligned} \qquad (17.2.18)$$

である．o～Aの間の $C_1$ の集合を $\{C_1\}$ とすると，$C_0$ と $C_1$ の円周長さの比，すなわち，半径の比が確率的一様性のための存在確率となる．この比は式(17.2.18)より，角度 $\nu$ の確率変数として与えられる．ここで，式(17.2.17)での角度 $\theta$ と $\nu$ の

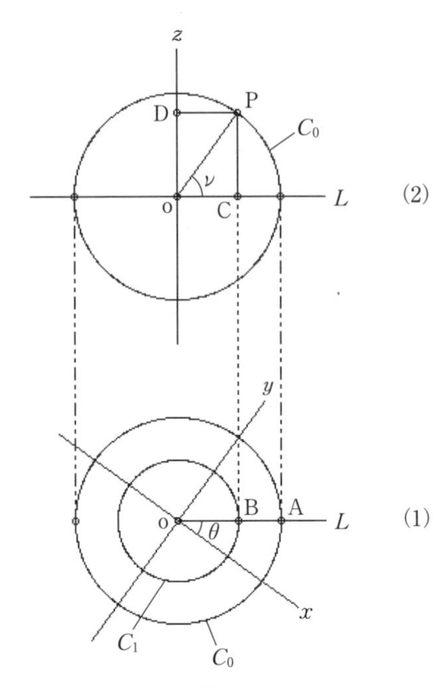


**図 17.2.3**

出現確率を合わせるため，$\nu=0\sim2\pi$ として扱う．これより，

$$A=\mathrm{RND}_1$$
$$\nu=2\pi\cdot A \tag{17.2.19}$$

となり，$C_0$ と $C_1$ の円周長さの比を $M$ とすると，式(17.2.18)より，

$$M=\frac{2\pi R\cos\nu}{2\pi R}=\cos\nu \tag{17.2.20}$$

となる．この $M$ の非存在確率を $H$ とすると，

$$H=1-M \tag{17.2.21}$$

である．ここで，$C_1$ の出現確率を $B$ とすると，

$$B=\mathrm{RND}_2$$

であり，$B$ が $H$ より小さい場合はそのサンプリングを棄却する必要がある．よって，

$$\text{if } H>B \text{ then rejection} \tag{17.2.22}$$

となる．これより，$\nu$ による出現確率の扱いが整ったので，$\theta$ の出現確率を $C$ とすると，

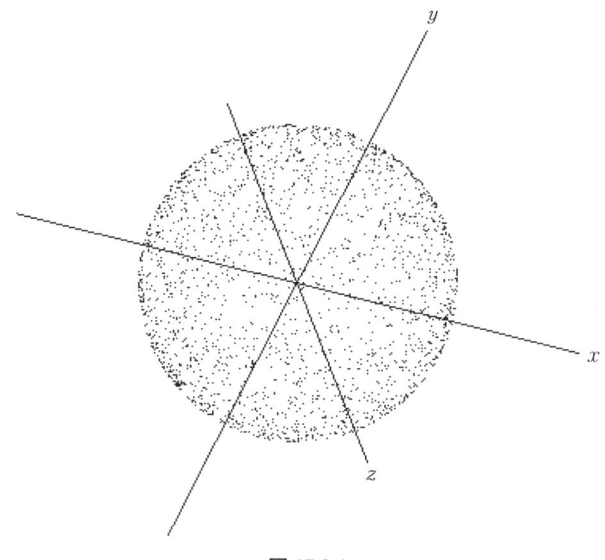


**図 17.2.4**

$$C = \mathrm{RND}_3$$
$$\theta = 2\pi \cdot C \tag{17.2.23}$$

で与えられる．ここで図 17.2.3 において，$\mathrm{P}(x, y, z)$ は

$$x = \overline{\mathrm{oB}} \cos\theta$$
$$y = \overline{\mathrm{oB}} \sin\theta \tag{17.2.24}$$
$$z = R \sin\nu$$

で与えられる．この式(17.2.24)に式(17.2.18)の $\overline{\mathrm{oB}}$ を代入すると，式(17.2.16)と同じ，

$$x = R \cos\nu \cos\theta$$
$$y = R \cos\nu \sin\theta \tag{17.2.25}$$
$$z = R \sin\nu$$

を得る．この式(17.2.19)～(17.2.25)の間の操作が 1 回の試行となる．

図 17.2.4 に $N=7000$ での球表面の確率的に一様となった立体図を示す．外見上球の外縁部で密度が高く見えるが，裏面の重複によるためである．実際にはランダムな表面である．

### 17.2.4　3 次元球の内部での確率的一様性

球でも円の場合と同様に 1 元関数を用いた場合とパラメータ式を用いた場合について議論する．

**〈球の 1 元関数による内部の確率的一様性〉**

1 元関数を用いた場合は，基本的には 2 次元円の拡張にすぎない．2 次元では正方形内での確率であったが，3 次元ではこれが立方体に変わるだけである．球の半径を $R$ とすると，

$$
\begin{aligned}
&-R \leqq x \leqq R \\
&-R \leqq y \leqq R \\
&-R \leqq z \leqq R \\
&x = R(2 \cdot \mathrm{RND}_1 - 1) \\
&y = R(2 \cdot \mathrm{RND}_2 - 1) \\
&z = R(2 \cdot \mathrm{RND}_3 - 1)
\end{aligned}
\tag{17.2.26}
$$

球の内部点列を $\mathrm{PP}(x, y, z)$ とすると，

$$\mathrm{PP}(x, y, z) : R^2 \geqq x^2 + y^2 + z^2 \tag{17.2.27}$$

で与えられる．これが 1 回での試行である．$N=4000$ での $\mathrm{PP}(x, y, z)$ の立体図を図 17.2.5 に示す．また，球の内部に複数の観測球を配置することによって，GPD や GPM を確認することができる．

**〈球のパラメータ式を用いた内部の確率的一様性〉**

球のパラメータ式を用いた場合では，まず球表面での確率的一様性が前提となる．球表面の式は，すでに式(17.2.16)で得られている．球 S の半径を $R$ とすると，S の内部 $\mathrm{S}_0$ に

$$\mathrm{S}_0 \ni \mathrm{S}_i : 0 < r \leqq R$$

なる $R$ より小さい半径 $r$ をもった球 S の細分 $\mathrm{S}_i$ がとれる．$r=0 \sim R$ の間での $\mathrm{S}_i$ の集合を $\{S\}$ とすると，$\{S\}$ の表面により S の内部を稠密に覆うことができる．

$$\mathrm{S}_0 = \{S\} \ni \{S_i\} | (\text{表面}) \tag{17.2.28}$$

これは，2 次元での稠密な集合が 3 次元空間を構成できることを表している．これは 17.2.1 節の( i )を満たしている．これより，この場合は半径 $R$ と $r$ による表面積の比の出現確率が問題となる．球 S の表面積 $S_\mathrm{g}$ は

$$S_\mathrm{g} = 4\pi R^2 \tag{17.2.29}$$

である．ここで，$r=0 \sim R$ として，$r$ の出現確率を $AA$ とすると，

$$AA=\mathrm{RND}_1 \qquad r=AA\cdot R \tag{17.2.30}$$

となり，$R$ で与えられる $S_\mathrm{g}$ に対する $r$ での $S_\mathrm{g}$ の存在確率を $T$ とすると，

$$T=\frac{4\pi AA^2R^2}{4\pi R^2}=AA^2 \tag{17.2.31}$$

で与えられる．そこで，$T$ の非存在確率を $BB$ とすると，

$$BB=1-T=1-AA^2 \tag{17.2.32}$$

である．また，半径 $r$ の球表面の出現確率を $CC$ とすると，

$$CC=\mathrm{RND}_2 \tag{17.2.33}$$

となる．ここで，$BB$ より小さい値の $CC$ は存在し得ないから，このサンプリングを棄却すると，

$$\text{if } BB>CC \text{ then rejection} \tag{17.2.34}$$

となり，この式(17.2.34)の選別により残った点列のみが有効となり得る．これより後の操作は，球の 2 次元表面の確率的一様性の式(17.2.19)～(17.2.25)の $R$ 値を式(17.2.30)の $r$ に変えるだけで式(17.2.19)～(17.2.25)が適用できる．$N$ 回の試行を $N\rightarrow f\mathscr{L}$ とすると，球内部のパラメータ式を用いた確率的一様点列の式は，

$N\rightarrow f\mathscr{L}$：

$$\begin{aligned}
&AA=\mathrm{RND}_1\\
&r=AA\cdot R\\
&BB=1-AA^2\\
&CC=\mathrm{RND}_2\\
&\text{if } BB>CC \text{ then rejection}\\
&A=\mathrm{RND}_3\\
&\nu=2\pi\cdot A\\
&M=\cos\nu\\
&H=1-M\\
&B=\mathrm{RND}_4\\
&\text{if } H>B \text{ then rejection}\\
&C=\mathrm{RND}_5\\
&\theta=2\pi\cdot C\\
&x=r\cos\nu\cos\theta\\
&y=r\cos\nu\sin\theta\\
&z=r\sin\nu
\end{aligned} \tag{17.2.35}$$

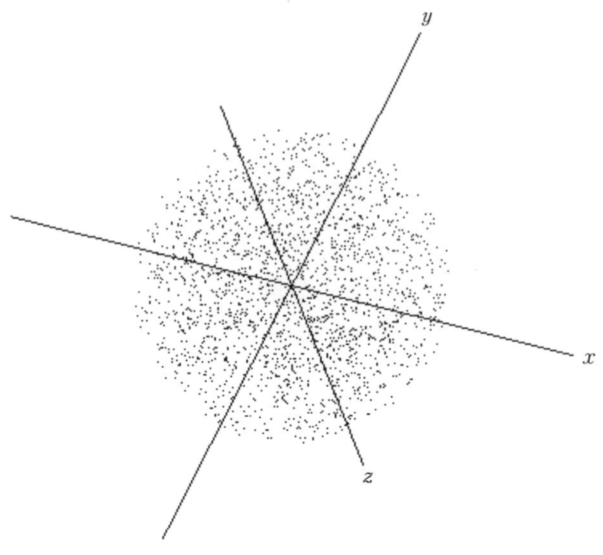


**図 17.2.5**

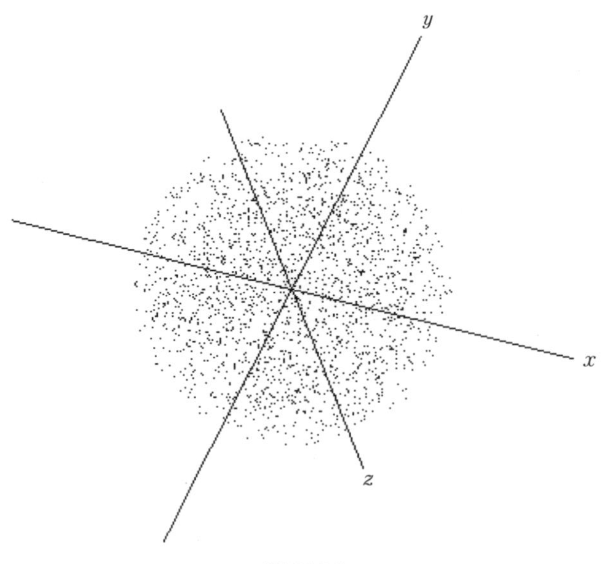


**図 17.2.6**

となる．$N=2\times10^4$ での球内部のパラメータ式を用いた確率的一様点列の立体図を図 17.2.6 に示す．図 17.2.5 と図 17.2.6 は，共に球内部の点列数が 2100 オーダーになるように双方の $N$ 値を設定してある．これより，双方の球内に設置された観測球による GPD も GPM も確率的に有意な値として一致している．1 元関数を用いた場合に比べてパラメータ式を用いた場合のほうが $N$ は 5 倍程度大きくなるが，これは球の中心に近いほど棄却率が大きくなるためである．

## 17.3　円環トーラス内部の確率的一様性

円環トーラス CT は，$xy$ 面上の中央円 $CC$ を中心にして，角度 $\nu$ によって原点 o に向かい $z$ 方向に回転している構造である．ここでは，この CT の内部空間での確率的一様性について議論する．図 17.3.1 にこの場合での CT の加法合成図を示す．図 17.3.1(1)に $xy$ 面での $x$ 軸より角度 $\theta$ だけ回転した直線 $L$ をとる．さらに，図(2)に $zL$ 面をとると，点 A は $CC$ 上の点である．この A を中心に半径 $r$ の円 $C_1$ をとり，$C_1$ の内部に $L$ 線より角度 $\nu$ となった $C_1$ 内部の点 P をとると，$\mathrm{P}(x, y, z)$ が CT の内部の点となる．このとき，$C_1$ の内円 $C_2$ が $C_1$ の内部を稠密に覆う．図 17.3.1(1)において，$C_0$ を $\theta$ による外円とし，$C_3$ を $\theta$ による内円とすると，$C_0$～$C_3$ を $C_4$ が稠密に覆うことによって，CT の内部についての 17.2.1 節の条件(ｉ)が満たされる．そこで，$\theta$, $\nu$ の角度を確率変数とすると，図 17.3.1(2)において，$C_1$ と $C_2$ の間で 17.2.2 節での円による式(17.2.11)～(17.2.14)の円周長さ比に関する確率的選択操作が必要となる．この操作を PV(1)とする．さらに，図(1)において，$C_0$ と $C_4$ の間でも円周長さ比による確率的選択操作 PV(2)を必要とする．
PV(1)については

PV(1)：

図 17.3.1(2)において，式(17.2.11)～(17.2.14)を参照すると，

$$\overline{\mathrm{oA}}=R$$

$$\overline{\mathrm{AB}}=r$$

円 $C_1$ の内円 $C_2$ の半径 $r_1$ は，確率変数によって与えられるから，

$$A=\mathrm{RND}_1$$

$$r_1=A\cdot r$$

これより，$C_1$，$C_2$ の円周長さの存在確率は

$$\frac{2\pi r_1}{2\pi r}=A \tag{17.3.1}$$

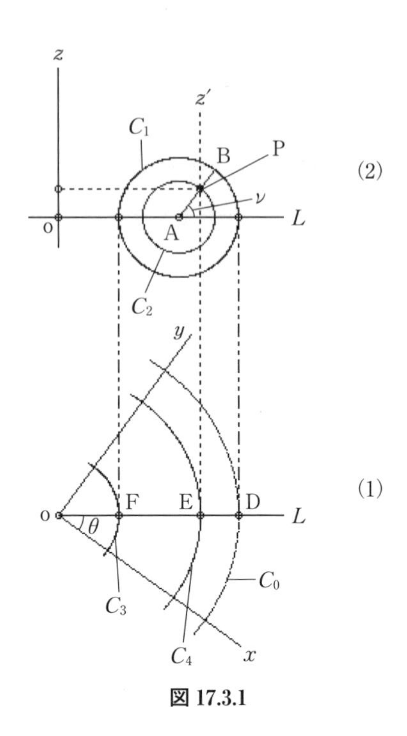


**図 17.3.1**

となる．$A$ に対する非存在確率 $B$ は

$$B=1-A \tag{17.3.2}$$

である．$C_2$ の円の出現確率を $C$ とすると，

$$\begin{aligned}&C=\mathrm{RND}_2\\&\text{if } B>C \text{ then rejection}\end{aligned} \tag{17.3.3}$$

となる．さらに，PV(2)については

PV(2)：

　角度 $\nu$ の確率変数は

$$D=\mathrm{RND}_3$$
$$\nu=2\pi\cdot D$$

で与えられ，角度 $\theta$ の確率変数は

$$E=\mathrm{RND}_4$$
$$\theta=2\pi\cdot E$$

で与えられる．ここで，CT のパラメータ式である式(1.2.1)に $r=r_1$ を適用すると

$$
\begin{aligned}
x &= (R + r_1 \cos\nu)\cos\theta \\
y &= (R + r_1 \cos\nu)\sin\theta \\
z &= R\sin\nu
\end{aligned}
\tag{17.3.4}
$$

である．しかし，式(17.3.4)はPV(1)の補正のみで，PV(2)の補正はなされていない．そこで，$C_0$と$C_4$の円周長さ比は半径比で表されるから，図17.3.1(1)において，$C_0$の半径を$RR_1$とすると，

$$
\begin{aligned}
C_0 &: \text{半径} = \overline{\mathrm{oD}} = R + r = RR_1 \\
C_3 &: \text{半径} = \overline{\mathrm{oF}} = R - r
\end{aligned}
\tag{17.3.5}
$$

である．また，図(2)での点Pの$x$，$y$値は式(17.3.4)より得られる．そこで，$C_4$の半径を$RT$とすると，

$$
C_4 : \text{半径} = RT = \overline{\mathrm{oE}} = \sqrt{x^2 + y^2} \tag{17.3.6}
$$

となる．$C_0$に対する$C_4$の円周長さの非存在確率$VT$は，式(17.3.1)および式(17.3.2)と同じ議論より，

$$
VT = 1 - \frac{RT}{RR_1} \tag{17.3.7}
$$

で与えられる．ここで，$C_4$の出現確率を$F$とすると，

$$
\begin{aligned}
&F = \mathrm{RND}_5 \\
&\text{if } VT > F \text{ then rejection}
\end{aligned}
\tag{17.3.8}
$$

となる．これが1回での試行操作である．$\mathrm{P}(x, y, z)$を求める基本式は式(17.3.4)であるが，式(17.3.3)で$C_2$に関する棄却操作を，式(17.3.8)で$C_4$に関する棄却操作を行っており，1回での試行操作に必要な乱数は$A, C, D, E, F$の5個である．これをまとめると次のようなアルゴリズムとなる．

$N \to f\mathscr{L}$：

$A = \mathrm{RND}_1$

$r_1 = A \cdot r$

$B = 1 - A$

$C = \mathrm{RND}_2$

if $B > C$ then rejection

$D = \mathrm{RND}_3$

$\nu = 2\pi \cdot D$

$E = \mathrm{RND}_4$

$\theta = 2\pi \cdot E$

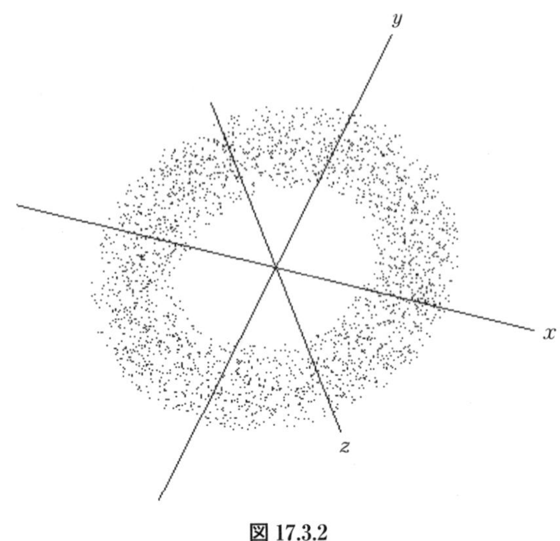


**図 17.3.2**

$$
\begin{aligned}
&x=(R+r_1\cos\nu)\cos\theta \\
&y=(R+r_1\cos\nu)\sin\theta \\
&z=R\sin\nu \\
&RR_1=R+r \\
&RT=\sqrt{x^2+y^2} \\
&VT=1-\frac{RT}{RR_1} \\
&F=\mathrm{RND}_5 \\
&\text{if } VT>F \text{ then rejection}
\end{aligned}
\tag{17.3.9}
$$

$N=7000$ での CT 内部点列の立体図を図 17.3.2 に示す．この点列群は 3 次元でのランダム空間に近い．

この一様性の問題は深く部分と全体に関わる問題である．われわれは卵やサナギの形状を見てきたが，チョウはサナギの中で液状化が起きると言われている．それは幼虫と成虫の差が大きすぎ，各部位が連続的に変化するとは考えづらいからであろう．もし，幼虫の各部位に演算が定義されており，成虫の演算との間には，それらの演算に共通な一様性を形成する瞬間があると考えるのが自然であろう．

第 **18** 章

# 第 3 種の多様体および自己回帰調和波における確率表現

---

波動ポテンシャル $\xi$ が無理数である第 3 種の多様体は，角度変数をどれほど増大しても完全体とはならない．しかし，多様体の場合は，一般にそのコンパクト性は維持されて内部の空間の細分がより細かくなっていくだけであるから，その外形は把握することができる．それに対して自己回帰調和波ではより複雑になっていくため容易にその外形を把握することができない．ここでは，角度変数に確率変数を与えて，$\xi$ の無理数からくる無限を確率的に内部に取り込むことによって，第 3 種の多様体および自己回帰調和波を確率的完全体として表す方法について述べる．

## 18.1　確率的完全体

正弦 sin，余弦 cos などの三角関数は周期関数であるから，$\theta$ の増大に対して次のように書ける．

$$\begin{aligned}\sin\theta&=\sin(2n\pi+\theta)\\ \cos\theta&=\cos(2n\pi+\theta)\end{aligned} \tag{18.1.1}$$

ただし，$n=0, 1, 2, 3, \cdots$
である．ここで，

$$0\leqq\theta<2\pi \tag{18.1.2}$$

として，この $\theta$ を十分大きくとったものを $\theta_0$ とすると，

$$\theta_0=2n\pi+\theta \tag{18.1.3}$$

これより，

$$\sin\theta_0=\sin(2n\pi+\theta)=\sin\theta \tag{18.1.4}$$

とおける．そこで，$fN$ を十分大きな有限の自然数とすると，

$$n\to fN$$

式(18.1.3)において $n$ を $fN$ にとることができて，この場合の $\theta_0$ に対しても式(18.1.3)は成り立つ．$n$ は自然数であるから，$n$ に $fN$ より大きな超限的自然数 $N_w$ がとれて，

$$n\to fN\to N_w\to\infty$$

となって，$n$ が自然数の無限大となっても式(18.1.4)は成り立つ．ここで，重要なことは，

$$\theta_0\Rightarrow(n,\theta)\,|\,0\leqq\theta<2\pi \qquad \text{only} \tag{18.1.5}$$

となり，任意の $\theta_0$ に対して $n$ と $\theta$ が唯一定まるということである．これは，逆に式(18.1.2)の範囲で $\theta$ を指定したとき，$n$ に自然数の無限大をとれば無限に大きな $\theta_0$ をとれるということでもある．

$$\left.\begin{array}{l}\theta\,|\,0\leqq\theta\leqq 2\pi\\ \quad n\to\infty\end{array}\right)\Rightarrow\theta_0\to\infty \tag{18.1.6}$$

これより，

$$\begin{array}{l}\theta_0\to\infty\\ \sin\theta_0=\sin(2n\pi+\theta)=\sin\theta\\ 0\leqq\theta<2\pi\end{array} \tag{18.1.7}$$

が導かれる．これを今われわれが議論しようとしている波動ポテンシャル $\xi$ が無理数の場合に適用すると，

$$\xi=\text{無理数}:\text{HMP}=\infty\Rightarrow\theta_0\to\infty \tag{18.1.8}$$

となって，第3種の多様体および自己回帰調和波にも式(18.1.7)が適用できる．これは式(18.1.3)において，$n$ が自然数になるようにとられた $\theta$ を用いると $\sin\theta\to\sin\theta_0$ が得られることを意味している．もし，式(18.1.2)の間で $\theta$ に確率変数をとり，多数回の試行を行えば，式(18.1.8)の HMP＝∞を確率空間の中に取り込むことができる．

$$\|\,\text{Pr}:\theta=\text{確率変数}:\sin\theta\to\sin\theta_0 \tag{18.1.9}$$

これは余弦 cos の場合でも同じである．これが第3種の多様体および自己回帰調和波における確率表現となる．この確率表現によって表される第3種の多様体および自己回帰調和波を確率的完全体とよぶ．

## 18.2　第3種の3次元球の確率表現

球体類における第3種の多様体は完全体とはならないから，超限多様体とよばれる．この超限多様体としての球の例は，第2巻12.3節で述べられている．ここでも第2巻の式(12.3.2)による第3種の球を用いよう．第2巻の式(12.3.2)は

$$\begin{aligned} x &= R\cos\nu\cos\theta \\ y &= R\cos\nu\sin\theta \\ z &= R\sin(\xi\nu) \end{aligned} \tag{18.2.1}$$

で与えられ，$\xi=\sqrt{2}$ である．この構造は半径 $R$，長さ $2R$ の円筒 $C_\lambda$ の内部である(第2巻12.3節参照)．ここで，$z$ 成分の $\nu$ に十分大きな $\nu_0$ を適用すると，式(18.1.3)より，

$0\leqq\nu<2\pi$ として，

$$\xi\nu_0=2n\pi\xi+\xi\nu \tag{18.2.2}$$

となる．そこで，式(18.2.2)の右辺第1項の $2n\pi\xi$ について考えよう．これからの議論では，第1巻第1章で定義された第1形式の切断代数の作用素 $\mathfrak{C}(\quad)$ を必要とする．ここでは，1つの実数値 $G$ に $\mathfrak{C}(\quad)$ が作用した場合，

$$G=A+B:(A=\text{整数},\ B=\text{少数})$$

のとき，

$$\mathfrak{C}(G)=A$$

となる（詳しくは第1巻第1章を参照）．

$\xi=\sqrt{2}$ であるから，この $\xi$ に切断代数を適用し，$\xi$ の整数部分と少数部分に分けよう．

$$\begin{aligned} &\xi\text{の整数部分}:M=\mathfrak{C}(\xi) \\ &\xi\text{の小数部分}:K=\xi-\mathfrak{C}(\xi) \end{aligned} \tag{18.2.3}$$

これより，

$$\begin{aligned} 2n\pi\xi &= 2n\pi(M+K) \\ &= 2(nM)\pi+2n\pi K \end{aligned} \tag{18.2.4}$$

となり，さらに，$2n\pi K$ には $m<n$ なる自然数 $m$ を用いると，

$$2n\pi K=2m\pi+b \tag{18.2.5}$$

として書くことができる．ここで $b$ は，

$$0\leqq b<2\pi \tag{18.2.6}$$

である．つまり，$2n\pi\xi$ の $n$ がいくら増大しても $2n\pi\xi$ は $b$ 値で表される．よって，

式(18.2.5)の両辺を $2\pi$ で割って

$$nK = m + \frac{b}{2\pi} \tag{18.2.7}$$

を得る．ここで，式(18.2.7)の右辺第2項を，

$$\mathbb{P} = \frac{b}{2\pi} : 0 \leqq \mathbb{P} < 1 \tag{18.2.8}$$

とおく．式(18.2.7)において，$m$ は $nK$ の整数部分であり，$\mathbb{P}$ は小数部分であるから，この $nK$ に対して $\mathbb{P}$ を得るためには式(18.2.3)の小数部分が適用できる．よって，

$$nK - \mathfrak{C}(nK) = \mathbb{P} \tag{18.2.9}$$

を得る．式(18.2.9)での $n=0,1,2,3,\cdots$ による $n$ の増大に対する $\mathbb{P}$ 値のグラフを図18.2.1(1)に示す．これは $\xi=\sqrt{2}$ での $\mathbb{P}$ 値のグラフである．これは，$n=0$〜300までであるが，$\mathbb{P}$ の値は2種類の仮想直線の交点として得られ，この点列の傾向は $n$ の増大とともに必ず別の仮想直線上に移る．この傾向は第1巻第2章での切断距離関数CMFの傾向と同じである．そして，この傾向の特徴は $n$ が増大しても変わらないことにある．なお，$\xi$ が有理数でもHMPの値が大きい場合も同様な傾向となる．この点列群を図18.2.1(2)に示すA上に並べると1本の直線を形成する．これより，$N \to f\mathscr{L}$ で $\mathbb{P}$ の区間を $m_1$ 個に等間隔に分割したとき，任意の区間 $\delta\mathbb{P}$ に点列が入る確率は，

$$\| \mathrm{Pr} : \delta\mathbb{P} = \frac{1}{m_1} \tag{18.2.10}$$

である．この傾向は他の無理数でも同様となり，これを無理数の切断関数ICFとよぶ．このICFは $n$ がいくら増大しても常に同じ傾向であるから，任意の $n$ ($n\to\infty$ でも)に対して $b$ 値の確率として常に式(18.2.10)が成り立つ．これは任意の $\nu$

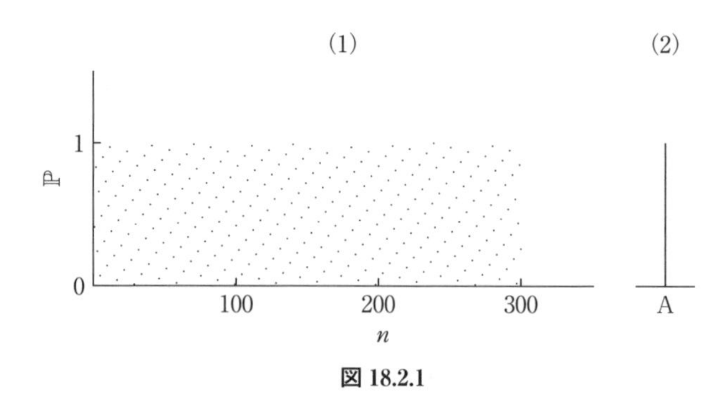


**図18.2.1**

に対する $b$ 値の確率として式(18.2.10)が常にとれることを意味する．これより，$\xi\nu_0$ は式(18.2.2)，(18.2.4)および式(18.2.5)より，

$$\xi\nu_0=2(nM)\pi+2m\pi+(b+\nu\xi) \tag{18.2.11}$$

となって，$nM$ および $m$ はすべて整数であるから，式(18.1.1)より，

$$\sin(\xi\nu_0)=\sin(b+\nu\xi) \tag{18.2.12}$$

を得る．これより，式(18.2.12)の右辺の $b$，$\nu$ に確率変数をとれば，式(18.2.12)は $\nu\to\infty$ での確率値を与える．すなわち，$b$ 値は式(18.2.10)より $\nu\to\infty$ でも同じ確率値を与えるから，確率変数としての乱数がとれる．ここで，式(18.2.12)右辺を

$$\eta=b+\nu\xi \tag{18.2.13}$$

とおく．式(18.2.13)の $b$ 値に乱数（RND）を与えると，

$$\begin{aligned}A&=\mathrm{RND}_1\\ b&=2\pi A\end{aligned} \tag{18.2.14}$$

また，角度 $\nu$ に確率変数をとると，

$$\begin{aligned}B&=\mathrm{RND}_2\\ \nu&=2\pi B\end{aligned} \tag{18.2.15}$$

となり，式(18.2.14)および式(18.2.15)より得られた $b$，$\nu$ の値を式(18.2.13)に与えて $\eta$ の値を得る．さらに，$\theta$ の確率変数を別にとると，

$$\begin{aligned}C&=\mathrm{RND}_3\\ \theta&=2\pi C\end{aligned} \tag{18.2.16}$$

となる．ここで，これらの確率変数を式(18.2.1)に適用すると，$z$ 成分の $\xi\nu$ は式(18.2.13)の $\eta$ で置き換えればよいことがわかる．これより，式(18.2.1)は

$$\begin{aligned}x&=R\cos\nu\cos\theta\\ y&=R\cos\nu\sin\theta\\ z&=R\sin\eta\end{aligned} \tag{18.2.17}$$

で与えられる．よって，式(18.2.13)～(18.2.17)までの操作が１回の試行での操作となる．これより，第３種の球表面の確率表現は，

$N\to f\mathscr{L}:\xi=$ 無理数

$$\begin{aligned}A&=\mathrm{RND}_1\\ b&=2\pi A\\ B&=\mathrm{RND}_2\\ \nu&=2\pi B\\ \eta&=b+\nu\xi\\ C&=\mathrm{RND}_3\end{aligned}$$

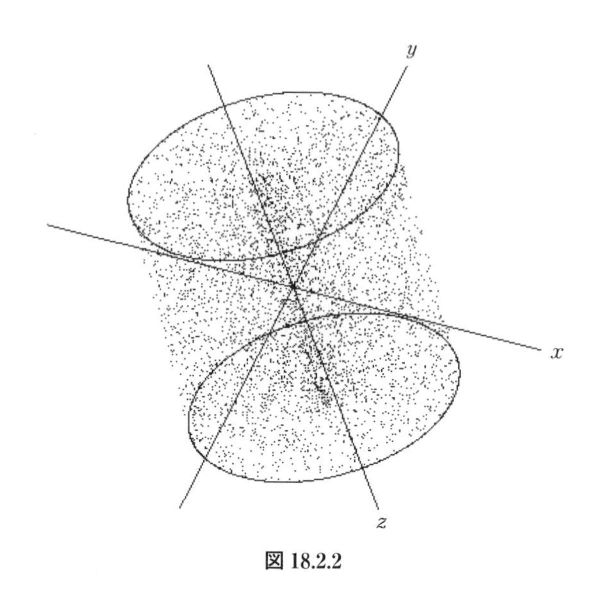


**図 18.2.2**

$$
\begin{aligned}
&\theta=2\pi C\\
&x=R\cos\nu\cos\theta\\
&y=R\cos\nu\sin\theta\\
&z=R\sin\eta
\end{aligned}
\tag{18.2.18}
$$

となる．$N=5000$ での式(18.2.18)による立体図を図 18.2.2 に示す．図中の 2 つの楕円は円筒 $C_\lambda$ の上下の面である．これより第 3 種の球表面は $C_\lambda$ の内部に埋め込まれていることがわかる．また，$z$ 軸周辺で点列密度が高いのは，内部の円錐形状の成長の反映である（第 2 巻 12.3 節参照）．ここで，重要なことは HMP$=\infty$ による $\xi\nu\to\infty$ の扱いが確率表現の内部に取り込まれているため，試行の回数 $N$ が有限値であっても第 3 種の多様体の点列を描き，確率的完全体を構成するということである．

## 18.3　無理数を含む多重波動ポテンシャルの確率表現

無理数を含む多重波動ポテンシャルの例として，第 2 巻 12.4.2 項の例をここで再び取り上げよう．

$$
\begin{aligned}
&x=R_1\cos(\xi_1\theta)\\
&y=R_2\sin(\xi_2\theta)
\end{aligned}
\tag{18.3.1}
$$

ここで,

$$\xi_1=\sqrt{2} \qquad \xi_2=1.5 \tag{18.3.2}$$

である．式(18.3.1)はもともと2次元平面での楕円のパラメータ式である．$\xi$で無理数をもつものは$\xi_1$だけであるから，まず，この$\xi_1\theta$に確率表現を適用しよう．式(18.2.12)は余弦 cos の場合でも同じく適用できるから,

$$\cos(\xi_1\theta_0)=\cos(b+\theta\xi_1) \tag{18.3.3}$$

を得る．これより，2次元であるから式(18.2.13)～(18.2.15)の$\nu$を$\theta$に変えてそのまま適用できる．

$\xi_1\theta$：

$$\begin{aligned} &A=\mathrm{RND}_1\\ &b=2\pi A\\ &B=\mathrm{RND}_2\\ &\theta=2\pi B\\ &\eta=b+\theta\xi_1 \end{aligned} \tag{18.3.4}$$

次に，$\xi_2$は$\xi_2=1.5=3/2$より，HMP＝2である．そこで，$\xi$が有理数の場合は,

$\xi$：有理数

$$\begin{aligned} &\mathrm{HMP}=m\ (\text{自然数})\\ &\sin(\xi\theta)=\sin(2(nm)\pi+\theta_1)\\ &0\leqq\theta_1<m\cdot 2\pi \end{aligned} \tag{18.3.5}$$

で与えられる．これは，$\theta$が増大しても$\theta_1$は常に$m\cdot 2\pi$で1サイクルをなすことを意味している．これより，$\xi_2$での$\theta_1$の1サイクルは$2\times 2\pi=4\pi$となるから，$\theta_1=\lambda$として，新たな乱数を$C$とすると,

$$\begin{aligned} &C=\mathrm{RND}_3\\ &\lambda=4\pi C \end{aligned} \tag{18.3.6}$$

を得る．この$\lambda$と$\eta$を式(18.3.1)に適用すると,

$$\begin{aligned} &x=R_1\cos\eta\\ &y=R_2\sin\lambda \end{aligned} \tag{18.3.7}$$

となる．この式(18.3.4)～(18.3.7)が1回での試行となる．これより，式(18.3.2)による確率表現は,

$N\to f\mathcal{L}$：$\xi_1$＝無理数，$\xi_2$＝有理数(HMP＝2)

$$A=\mathrm{RND}_1$$

$$b=2\pi A$$

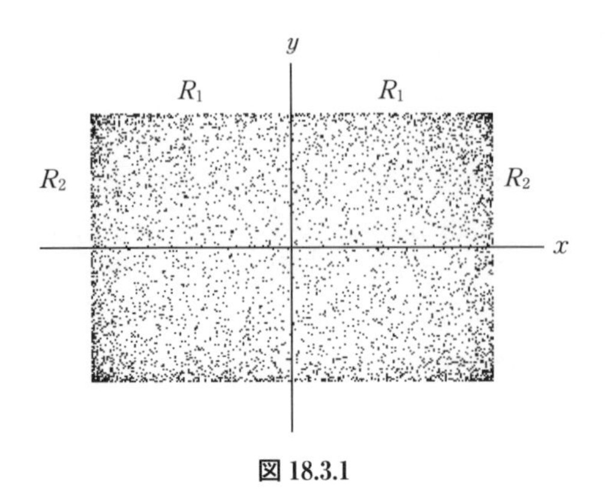


**図 18.3.1**

$$
\begin{aligned}
&B=\mathrm{RND}_2\\
&\theta=2\pi B\\
&\eta=b+\theta\xi_1\\
&C=\mathrm{RND}_3\\
&\lambda=4\pi C\\
&x=R_1\cos\eta\\
&y=R_2\sin\lambda
\end{aligned}
\qquad (18.3.8)
$$

となる．$N=5000$ による式(18.3.8)による点列集合を図 18.3.1 に示す．この点列集合を囲む領域は縦 $2R_2$，横 $2R_1$ の長方形である．長方形の角点部分で点列密度が高くなるのは軌跡が集中するためである．$N$ が大きくなると全面を埋め尽くすようになる．

## 18.4　第3種の自己回帰調和波の確率表現

第3種の多様体の場合は，確率表現を用いなくてもその全体像はある程度推測はつく．しかし，第3種の自己回帰調和波 TSW では，角度を増大させると，その軌跡はより複雑となって全体像を推測することはもはや不可能となる．そこで，TSW に確率表現を適用することによって確率的完全体としての全体像を見ることができることを示そう．ここでは2つの異なる第3種の自己回帰調和波の例を取り上げてその確率表現について議論する．

### 18.4.1　自由調和波の確率表現

自由調和波の例として第2巻での式(11.1.1)を再び取り上げると，

$$
\begin{aligned}
x &= R_1\cos\theta\sin\theta \\
y &= R_2\sin\theta\cos(\xi\theta) \\
z &= R_3\cos\theta
\end{aligned}
\tag{18.4.1}
$$

である．ここで，$\xi=\sqrt{3}$ とした式(18.4.1)を TSW1 とする．TSW1 の $\theta=0\sim10\pi$ までの3次元軌跡を図 18.4.1 に示す．図中の $z$ 軸上に2つの自己交点 $T_{p_1}$，$T_{p_2}$ が存在し，

$$
\begin{aligned}
T_{p_1} &: \theta=2n\pi \\
T_{p_2} &: \theta=(2n-1)\pi
\end{aligned}
$$

である．$T_{p_1}$ は $\pi$ の偶数，$T_{p_2}$ は奇数ごとのサイクルとなっている．しかし，軌跡がこれらの交点を通っても決して同じ軌跡へ戻ることはない．つまり，第3種の自己回帰調和波は非調和波なのである．TSW1 での確率表現では，角度変数が $\theta$ のみであり，$\xi$ も1つであるから，これまでの議論より，式(18.3.4)および式(18.4.1)を以下のように置き換えるだけで作成できる．

$$
\begin{aligned}
&\text{式}(18.3.4) \Rightarrow \xi_1 \to \xi \\
&\text{式}(18.4.1) \Rightarrow \xi\theta \to \eta
\end{aligned}
$$

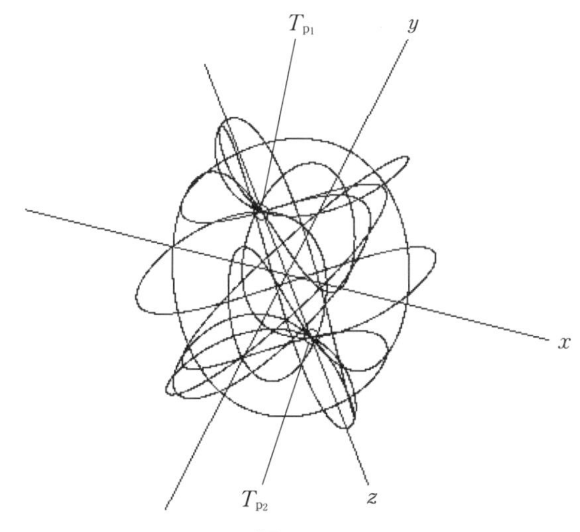


**図 18.4.1**

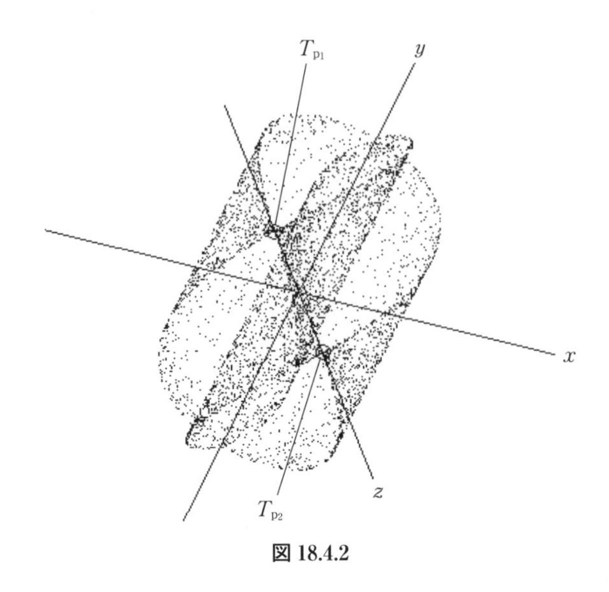


**図 18.4.2**

これより，TSW1 の確率表現は，

$$
\begin{aligned}
&\mathrm{TSW1} : N \to f\mathscr{L} : \xi = \sqrt{3} \\
&\qquad A = \mathrm{RND}_1 \\
&\qquad b = 2\pi A \\
&\qquad B = \mathrm{RND}_2 \\
&\qquad \theta = 2\pi B \\
&\qquad \eta = b + \theta\xi \\
&\qquad x = R_1 \cos\theta \sin\theta \\
&\qquad y = R_2 \sin\theta \cos\eta \\
&\qquad z = R_3 \cos\theta
\end{aligned}
\tag{18.4.2}
$$

となる．図 18.4.2 に $N=5000$ での TSW1 の確率表現による点列集合を示す．図 18.4.2 の $T_{\mathrm{p}_1}$，$T_{\mathrm{p}_2}$ は図 18.4.1 のそれに対応している．図 18.4.1 では 3 次元空間中での複雑な 1 次曲線であったが，図 18.4.2 では 3 次元内での 2 次元曲面を形成していることがわかる．この複雑な曲面が確率的に無限を取り込んだ TSW1 の全体像なのである．

### 18.4.2　分数形式を用いた自己回帰調和波の確率表現

第 11 章で議論された分数形式を用いた自己回帰調和波 FSRW には多くの族があ

るが，例としてここでは式(11.2.11)で与えられた第3種のFSRWの多葉クローバー波の確率表現をみていこう．そして，ここでも第3種のFSRWとして11.2節でのFSRW7を用いよう．FSRW7のパラメータ式は，式(11.2.11)より，

$$x=R_1\cos(n\theta)\sin\theta$$
$$y=\frac{R_2\cos(\xi\theta)}{R_3\sin\theta-R_4\cos\theta+R_5} \tag{18.4.3}$$
$$z=R_6\cos(n\theta)\cos\theta$$

ただし，

$$n=3,\ \xi=\pi \tag{18.4.4}$$

である．FSRW7の $\theta=0\sim6\pi$ までの軌跡は図11.2.9に示されており，$\theta=0$ と $\theta=6\pi$ の点は明らかに異なる．ここで，まず $\xi\theta$ について検討しよう．式(18.4.3)中の $\xi\theta$ の項は $y$ 成分の分子のみにかかっている．$\xi=\pi$ であるから，$\pi$ での切断関数ICFの $n=0\sim300$ のグラフを図18.4.3に示す．点列が2つの仮想直線の交点となっていることは図18.2.1と同じであり，点Aに集積された点列の均一性も同じである．これより，式(18.2.10)も成り立つから，式(18.2.12)をcosに変えた次式が適用できる．

$$\cos(\xi\theta_0)=\cos(b+\theta\xi) \tag{18.4.5}$$

これより，$\cos(\xi\theta)$ の確率表現には，式(18.4.2)での $A=\mathrm{RND}_1\sim\eta=b+\theta\xi$ までの操作が適用される．次に，$x,z$ 成分での $n\theta$ は $n=$ 自然数よりHMP＝1であり，1サイクルでの $\theta$ の範囲は，

$$\theta:\theta=0\sim2\pi \tag{18.4.6}$$

となる．$\theta_0\gg\theta$ でも

$$n\theta_0=2m\pi+\theta_1\,|\,\theta_1=0\sim2\pi$$

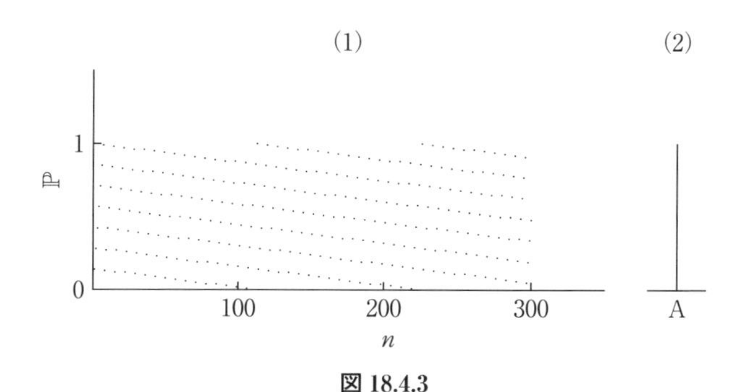


**図 18.4.3**

となり，式(18.4.6)を満たす $\theta_1$ が必ずとれるから，$n\theta$ の場合も $\theta$ と同じ確率変数をとればよい．これより，FSRW7 の確率表現を TSW2 とすると，

$$
\begin{aligned}
&\mathrm{TSW2}: N \to f\mathscr{L}: \xi=\pi: n=3\\
&\quad A=\mathrm{RND}_1\\
&\quad b=2\pi A\\
&\quad B=\mathrm{RND}_2\\
&\quad \theta=2\pi B\\
&\quad \eta=b+\theta\xi\\
&\quad x=R_1\cos(n\theta)\sin\theta\\
&\quad y=\frac{R_2\cos\eta}{R_3\sin\theta-R_4\cos\theta+R_5}\\
&\quad z=R_6\cos(n\theta)\cos\theta
\end{aligned}
\tag{18.4.7}
$$

で与えられる．$N=5000$ での TSW2 の点列集合を図 18.4.4 に示す．図 11.2.9 と比べると図 18.4.4 も複雑な 2 次元曲面となっている．図 11.2.9 でのカール状に巻き上がった部分は，図 18.4.4 では外見上円筒形となっている．

これより，第 0 種～第 3 種の自己回帰調和波は，3 次元空間の中で

第 0 種～第 2 種 ⇒ 1 次閉曲線：1Dim

第 3 種 ⇒ 2 次元曲面(確率空間)：2Dim

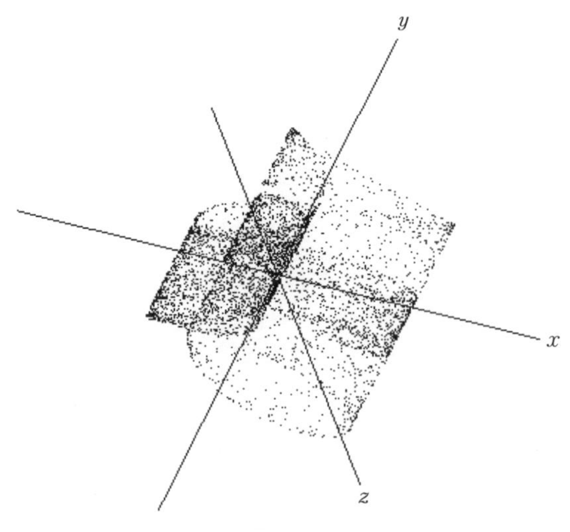


**図 18.4.4**

となる．

無理数は無限の彼方で次元を超えてしまうようだ．これはわれわれの知っている実数のほんとうに仲間なのだろうか．$\pi$ は夜空にうっすらと瞬く恒星のように見える．それは遠いとおい星のように思えるが，もし近寄ってみることができれば，きっとわれわれの想像をはるかに超えた巨大な銀河のように思う…

そして，無限の中の神々が確率という鏡の中に現れるのであるが，それはあくまで化身であり，ほんとうの姿では決してない…

## 18.5　球体類と波動空間の哲学

本書を終わるにあたって球体類と波動空間の哲学的概念について少々考察しておこう．一般に電磁波などは1次元波，水面波は2次元波，水中波などは3次元での波と言われる．本書に出てくる波も同様のことがいえて，多様体の表面波などは波自体はターミナル関数で与えられるが，波の中に多様体の構造をもった波である．簡単にいえば波と多様体の合体物である．したがって，本書の中ではもはや波と多様体とに区別がないのである．

では，ここで言う波とは何であろうか．球体類では波とは「複数の球の相互作用または運動である」と考えられる．この概念を共通にもつ空間が波動空間である．波動空間は第2巻第13章で $S$ を球体次元数，$\xi$ を波動ポテンシャル，$\theta$ を角度のスピンなどとして $W(S,\xi,\theta)$ で定義されるが，本書では明確な空間の定義として使って来なかった．それは波動空間という概念が球体類の構造的ヒエラルキーを構成する空間というよりも，球体類に共通した空間の概念を表すものだからである．球体類は明確な category をもつが，波動空間はもたないであろう．波動空間は動的な空間である．波動空間での $\xi$ は動的な空間の基本的な対称性を表す因子となる．たとえば，球は球体次元数1の第0種の球体類であり，波動空間の中ではあたかも静止しているような像をむすぶ．これを prime body とよぶ．この概念は宇宙のなかには変わることのない絶対静止状態は存在し得ないだろうという哲学的概念に基づく．

この宇宙は常に変化しているという概念は，日常の身の回りでも実感できるため，古来より，思考の中心課題でもあった．西洋においては，「世界とは何か？ヘラクレイトスは次のように言っている．それは人や神によって創り出されたものではない．それは炎のように過去，現在，未来にわたって生滅を繰り返してしている．

それに対してデモクリトスは次のように言う．何もないところからは何も生じない．そして，何も滅しない」[*]と．また，東洋では「諸法は無常である．法は生じることもなければ，滅することもない．それゆえ，法は常なることもなければ，断ずることもない」[**]と．こうした自然の変化の概念は自然と人間，さらには人間の内面への考察へと発展する．

われわれの「動的な空間」とは，このような哲学概念と密接に結びついているのである．この空間を動的なものとして捉えるか，固定的なものとして捉えるかは数学にとっても基本的に重要な概念である．そこには必然的に無限の概念が介在する．たとえば，微分は無限小において，無限の弁証法的な動的過程を前提としなければ成り立たないであろう．それゆえ，本シリーズでの有限の範囲では微分の使用は最小限にとどめた．

われわれの議論によく出てくる多様体に一般楕円環トーラスGETがあるが，GETは$SM(5)$で表される5球体次元の球体類である．つまり5個の球より構成されている．この球の消滅によってGETから球への位相縮退が導かれ，逆に球の生成によって多葉クローバー環などの埋め込み構造が導かれる．したがって，われわれの数学ではヒエラルキー構造の頂点は球である．従来の数学では球は最も簡単な構造の例として扱われる場合が多い．たとえば，楕円体の特例が球であるように．ここには数学上の思考の逆転がみられる．この思考の差とは，古くは，ユークリッドの公理・公準を数学の抽象化として捉えるのか，あるいは基本図形の共通の性質の概念として捉えるのかの違いにあるように思う．しかし，この「特例の球」と先に述べた$SM(1)$の第0種の球体類の球とはほぼ同じものと考えてよい．

それでは「ヒエラルキー構造の頂点の球」とは何であろうか．この球はまだわれわれの知らないものも含めて，すべての球体類を司る真球でなければならないだろう．われわれは球の一切をどこまで知り得るのかという疑問からすれば，真球とは人知を超えた実在といえるかも知れない．ゆえに，われわれはこの真球を天球と名付けるのである．

---

*) L. Noireによる哲学史（in First Part of I. Kant's Critique of Pure Reason, Macmillan and Co. (1881)）
本書はカントの「純粋理性批判」の英訳初版本と聞く．

**) 大正大蔵経第三十巻：中論（龍樹造青目釈）
中論の論理構造（たとえば四句分別など）は今日の論理学とはおよそかけ離れたものであり，むしろ無限に関するカントール哲学に近く，無限を内包した徹底した否定により，人知の極限を論じたものと推測される．

# おわりに

本書は「天球のラビリンス」シリーズの一応の完結編である．本シリーズはアルゴリズム集を含めると1,000ページを超える大書となった．そして，そのほとんどの内容がオリジナルである．なぜ，そのオリジナルな大書が生まれることができたのかとなれば，それは“見ること”と“数えること”へのこだわりであろう．そして，著者が長い旅路の末に数学にたどり着いた者であり，権威の中にいなかったからであろう．中山茂氏によるとパラダイムは権威の中からは生まれないそうである（中山茂：パラダイムと科学革命の歴史，講談社学術文庫（2013））．それゆえ，しがらみからも自由であった．

現代数学は混迷の中にあると言われる（たとえばM.クライン：不確実性の数学上・下（三村護，入江晴栄訳）紀伊國屋書店（1984））が，どうも数学に限らず自然科学一般に言えそうである．人間を取り巻く環境の中で科学技術があまりにも特出して肥大化してしまった感がある．著者はこれは地下資源（原子力も含め）から得た膨大なエネルギーによるものと思っているのだが．昔は人類にとって技術，哲学，宗教は調和がとれていた．今日の電子情報の氾濫を憂いてみても，身の回りのあらゆるところに入り込んでいるのである．科学技術の根底には数学があり，その数学の限界から科学技術の有り様を問い直す必要がある．今のままで科学技術が発展すればその有用性より，人間を疎外する方が大きくなるであろう．われわれには発展しているように見えるが，その裏で着実に知的疎外が忍び込んでいる．自然科学を統御できるのは数学のみかも知れない．したがって，そのような自然科学へくさびを打ち込める数学こそが望まれるべきなのである．

こうした背景による明確な目的の下で追及された本シリーズは，自然科学や哲学の普遍性をもたらすべき誰もが“見ることのできる”数学であった．本シリーズ第1巻の初めに定義された切断代数が本書の最終章で再び議論されるというように，本シリーズでは1つの体系をなしている．数学には論理や算術の根底に丸や三角の形あるいは数についての区別といった先験的直観を必要とする．そのことはすでにカントによって「純粋理性批判」の中で考察されている．本シリーズでは“見えること”の先験的直観を基にして論理や算術が導かれる方法をとっている．われわれの数学では論理や算術を積み木細工のようにテクニックとして積み上げるのではない．本書では自己回帰調和波のパラメータ表現に三角関数の角度に別の三角関数が入れ子のように組み込まれているケースをしばしば見かけるが，この算術表現はあくまで“見えること”の追及の結果なのである．この入れ子構造を論理だけで積み上げることには困難が伴うとともにその過程の理解も難しいであろう．

本シリーズでは定理といったものはほとんど出てこない．著者にとって定理とはピタゴラスの定理ぐらいの普遍性のあるもののことである．他のものは“見えること”の先験的直観性の中に埋没してしまっている．本シリーズの考究で痛感したのは，最も重要なのは論理や演算ではなく，空間の奥に潜む対称性を見出すことであった．体系をもった数学にはその体系を支えるべき哲学を必要とする．その哲学は何も西洋のものとは限らない．その意味で本シリーズは数学書というよりむしろ数理哲学書とよぶべきかも知れない．

本シリーズでは天球すなわち真球のほんの一部を述べたにすぎない．それゆえ，本シリーズの副題はサンスクリットで mandala-ka·sâs-trá「球についての 2，3 の覚書」となっている．

数学研究では 1 テーマに 5 年，10 年とかかることがよくある．普通の科学なら結果がでなくてもその間に 1 編や 2 編の経過の論文は書けるものである．数学の場合は，長い時間をかけて，その方法では結果が得られないことを証明してしまったということがしばしばある．その間に身体や精神を壊すこともある．これが数学史の外伝である．それが創造者のみに授けられる悲しい勲章なのかも知れない．それは常に孤高との闘いの中にあるからである．

ともあれ，本シリーズの考究，執筆中に身体も精神も壊すことがなかったのは，ひとえに家族のおかげと感謝しなければならない．また，本シリーズの公表は自費出版による．オリジナルな大書を安全に刊行するにはこの方法しかない．この出費を含めて，あらためて，妻文代，娘智美，千都紗には感謝する．なお，今回のプロローグの挿絵も千都紗に描いてもらった．

# 索　　引

## あ　行



## か　行



## さ　行



## た　行

## な　行



## は　行



## ま　行



## ら　行



## アルファベット

**著者略歴**

**佐俣満夫**（さまた みつお）

1949 年　川崎市に生れる

1971 年　東京理科大学理工学部工業化学科卒

1998 年　金沢大学　博士（工学）（地球環境科学）

1976～2013 年退職　横浜市環境科学研究所

著者へのコンタクトは［samatamitsuo@yahoo.co.jp］へどうぞ


**著　　書**

『天球のラビリンス――切断代数と離散球体論』
（丸善プラネット，2014）

『天球のラビリンスⅡ――球体類の加法合成原理』
（丸善プラネット，2016）

『ベーシックによる
天球のラビリンス図形アルゴリズム集――以方極圓図数經 CD-ROM 付』
（丸善プラネット，2015）


天球のラビリンス　Ⅲ
自己回帰調和波と分数形式の加法合成原理

2017 年 5 月 15 日　初版発行

著作者　佐　俣　満　夫



発行所　丸善プラネット株式会社
〒101-0051 東京都千代田区神田神保町二丁目17番
電 話（03）3512-8516
http://planet.maruzen.co.jp/

発売所　丸善出版株式会社
〒101-0051 東京都千代田区神田神保町二丁目17番
電 話（03）3512-3256
http://pub.maruzen.co.jp/

組版・印刷／中央印刷株式会社
製本／株式会社 星共社

ISBN 978-4-86345-330-2 C 3041